Lernen in virtuellen Räumen

Lernwelten

Herausgegeben von
Richard Stang

Lernen in virtuellen Räumen

Perspektiven des mobilen Lernens

Herausgegeben von
Frank Thissen

DE GRUYTER
SAUR

ISBN 978-3-11-050041-7
e-ISBN (PDF) 978-3-11-050113-1
e-ISBN (EPUB) 978-3-11-049786-1
ISSN 2366-6374

Library of Congress Cataloging-in-Publication Data
A CIP catalog record for this book has been applied for at the Library of Congress.

Bibliografische Information der Deutschen Nationalbibliothek
Die Deutsche Nationalbibliothek verzeichnet diese Publikation in der Deutschen Nationalbibliografie; detaillierte bibliografische Daten sind im Internet über http://dnb.dnb.de abrufbar.

Coverabbildung: donkeyru/iStock/thinkstock
Satz: Konvertus, Haarlem
Druck und Bindung: CPI books GmbH, Leck
♾ Gedruckt auf säurefreiem Papier
Printed in Germany

www.degruyter.com

Richard Stang

Lernwelten

Vorwort zur Reihe

Bildung ist zum zentralen Thema des 21. Jahrhunderts geworden und dies sowohl aus gesellschaftlicher als auch ökonomischer Perspektive. Unter anderem die technologischen Veränderungen und die damit verbundene Digitalisierung aller Lebensbereiche führen zu vielfältigen Herausforderungen, für die ein Bewältigungsinstrumentarium erst entwickelt werden muss. Lebenslanges Lernen ist dabei der Imperativ biographischer Gestaltungsoptionen. Das traditionelle Bildungssystem stößt weltweit an seine Grenzen, wenn es darum geht, die entsprechenden Kompetenzen zur Bewältigung des Wandels zu vermitteln. Deshalb erstaunt es nicht, dass derzeit in allen Bildungsbereichen Suchbewegungen stattfinden, um Konzepte zu entwickeln, die diesen Herausforderungen Rechnung tragen.

Die Reihe *Lernwelten* nimmt sich diesen Veränderungsprozessen an und reflektiert die Wandlungsprozesse. Dabei geht es vor allem darum, die Diskurse aus Wissenschaft und Praxis zu bündeln sowie eine interdisziplinäre Perspektive einzunehmen. Die verschiedenen Bildungsbereiche wie Hochschulen, Erwachsenenbildung/Weiterbildung, Bibliotheken etc. sollen so vermessen werden, dass für die jeweils anderen Bildungsbereiche die spezifischen Begrifflichkeiten, Logiken, Kulturen und Strukturen nachvollziehbar werden. Es handelt sich bei der Reihe auf diesen verschiedenen Ebenen um ein interdisziplinäres Projekt.

Immer mehr Bildungs- und Kultureinrichtungen haben sich auf den Weg gemacht, Lernangebote konzeptionell und auch räumlich neu zu präsentieren, sowohl im physischen als auch im digitalen Kontext. Von Schulen über Hochschulen bis hin zu Erwachsenenbildungs-/Weiterbildungseinrichtungen, doch auch von Bibliotheken und Museen werden neue Lernangebote und -umgebungen konzipiert. Basis dafür ist auch ein Perspektivenwechsel vom Lehren zum Lernen. Die Lernenden rücken immer stärker in den Fokus, was zu einer erhöhten Sensibilität gegenüber der Gestaltung von Lernarrangements führt. Dabei geht es nicht nur um veränderte didaktisch-methodische Settings, sondern im verstärkten Maße auch um die organisatorische, konkret bauliche und digitale Gestaltung von Lernwelten. Vor diesem Hintergrund wird in der Reihe versucht, einen ganzheitlichen Blick auf die verschiedenen Aspekte von Lernen und Lehren sowie Wissensgenerierung und Kompetenzentwicklung zu richten.

DOI 10.1515/9783110501131-202

Thematische Aspekte der Reihe sind:
- didaktisch-methodische Lehr-Lern-Settings
- Angebotskonzepte
- organisatorische Gestaltungskonzepte
- Gestaltung von physischen Lernumgebungen
- Gestaltung digitaler Lernumgebungen
- Optionen hybrider Lernumgebungen
- Veränderung von Professionsprofilen.

Die Reihe richtet sich an Wissenschaft und Praxis vornehmlich in folgenden Bereichen:
- Bibliotheken: Hier kommt der Gestaltung von Lernoptionen und Lernräumen sowohl im öffentlichen als auch im wissenschaftlichen Bereich eine immer größere Bedeutung zu.
- Erwachsenenbildung/Weiterbildung: Die veränderten Bildungsinteressen und -zugänge der Bevölkerung erfordern konzeptionelle, organisatorische und nicht zuletzt räumliche Veränderungen.
- Hochschulen: Es kündigt sich ein radikaler Wandel von der Lehr- zur Lernorientierung in Hochschulen an. Hier werden immer mehr Konzepte entwickelt, die allerdings einer konzeptionellen Rahmung bedürfen.

Unter der Perspektive des Lebenslangen Lernens kann die Reihe auch für andere Bildungsbereiche von Relevanz sein, da die Schnittstellen im Bildungssystem in Zukunft fluider und die Übergänge neu gestaltet werden.

Inhalt

Frank Thissen

Einleitung

Die Digitalisierung erfasst zunehmend sämtliche Bereiche des privaten und beruflichen Lebens. Das Internet wird nach Aussage des PEW Research Instituts im Jahr 2025 wie Elektrizität für uns sein, weniger sichtbar, aber allgegenwärtig und tief in das Leben der Menschen eingebettet (Anderson/Rainie 2014).

Nach der Erfindung des Buchdrucks im späten 15. Jahrhundert, die sehr vielen Menschen den Zugang zu Informationen, Wissen und Bildung ermöglicht hat, erleben wir heute durch die Speicherung von gigantischen Mengen an Daten eine Intensivierung dieses Zugangs, Informationen können heute mit mobilen Geräten an jedem Ort und zu jeder Zeit abgerufen werden.

Aber nicht nur dieser Zugriff (Web 1.0) stellt eine neue technische und kulturelle Dimension in der Geschichte der Menschheit dar, sondern auch die Möglichkeit der Vernetzung (Web 2.0) von Menschen und Maschinen über geographische, zeitliche, sprachliche und kulturelle Grenzen hinweg, der Austausch von Ideen, Informationen und Medien wie Texte, Fotos und Videos, sowie das kollaborative Arbeiten an (virtuellen) Produkten.

Im Internet können alle das präsentieren, was ihnen wichtig zu sein scheint und was sie mit der Welt teilen möchten. Jede und jeder kann zum Star werden, wie Andy Warhol 1968 bei einer Kunstausstellung im *Moderna Museet* in Stockholm, Schweden vorausgesagt hat: „In the future, everyone will be world-famous for 15 minutes“.[1] Das Internet schafft den Menschen Möglichkeiten, die es vorher in dieser Form und Intensität nicht gegeben hat. Als Beispiel sei hier auf den Kid President verwiesen,[2] den 2004 geborenen US-amerikanischen Jungen Robby Novak, der an der Glasknochen-Krankheit leidet. Seine Videos, mit deren Hilfe er andere Kinder ermutigen will, wurden bisher über 40 Millionen Mal auf YouTube abgerufen,[3] er wurde von Barack Obama im Weißen Haus empfangen und sprach bei den angesehenen TED-Vorträgen.[4]

---

1 https://en.wikipedia.org/wiki/15_minutes_of_fame

2 http://kidpresident.com

3 https://www.youtube.com/watch?v=l-gQLqv9f4o

4 http://www.ted.com/talks/kid_president_i_think_we_all_need_a_pep_talk
TED steht für Technology, Entertainment, Design und ist eine gemeinnützige Organisation, die 1984 von Richard S. Wurman gegründet wurde. Auf ihren Konferenzen halten Experten Vorträge zu den unterschiedlichsten Fachdisziplinen, die auf der Web Site der Organisation (www.ted.com) veröffentlicht werden.

DOI 10.1515/9783110501131-001

Aber auch ideologische Auseinandersetzungen, politische Botschaften, Propaganda, Diskriminierung, Cybermobbing und illegale Geschäfte mithilfe von Bitcoins gibt es im Internet. Und so hat es nicht nur seine demokratischen und aufklärerischen Seiten, sondern auch die dunklen Seiten des *Dark Net* und der Cyber-Kriminalität.

Parallel zur weltweiten Vernetzung durch das Internet schreiten technische Innovationen besonders in den Bereichen der Biowissenschaften, der Künstlichen Intelligenz, der Roboterisierung und der Automatisierung in großen Schritten voran. Was noch vor einigen Jahren Science-Fiction war, lässt sich heute auf der Hannover Messe und in Videos bestaunen: Roboter, die extrem leistungsfähig geworden sind, ausgestattet mit künstlicher Intelligenz und einem menschenähnlichen Verhalten,[5] selbstfahrende Autos, die bereits heute auf unseren Straßen unterwegs sind,[6] 3D-Drucker, die menschliche Organe *drucken* können[7] und vieles andere mehr.

In der sogenannten Industrie 4.0 produzieren sich selbst reparierende Maschinen Produkte ohne menschliches Zutun, gesteuert von künstlicher Intelligenz. Und Super-Computer wie IBMs WATSON[8] werten gigantische Datenmengen aus, um Expertise im Bereich der Medizin und auf anderen Gebieten zur Verfügung zu stellen. Kein Wissenschaftler, kein Arzt hat die Möglichkeit, auf ähnliche Weise stets auf dem aktuellen Stand zu sein und aus dem Datenmeer die für ihn relevanten Informationen auszuwählen und zu nutzen.

Diese technologischen Veränderungen führen zunehmend dazu, dass Arbeitsplätze, die von Computern und Maschinen übernommen werden können, wegfallen. Eine Wirtschaft, die sich in ihren Fundamenten verändert und zunehmend flexibler agiert, erfordert vollkommen andere Arbeitskräfte als die der industriellen Revolution des 19. und 20. Jahrhunderts. Zukünftig werden Menschen gesucht, die in interdisziplinären und interkulturellen Teams kreative Lösungen für äußerst komplexe Aufgaben finden und die die Probleme der Menschheit aktiv angehen, wie z. B. der Klimawandel, die Versorgung der Menschheit mit Trinkwasser und Nahrung, der Bekämpfung von Seuchen und das Ansteigen von Gewalt und Kriegen.

Die Grundlage für das Leben und Arbeiten angesichts dieser großen Herausforderungen sind die sogenannten 21st Century Skills, wie sie von Wagner und anderen (Wagner 2010; Darling-Hammond 2006; Fadel/Trilling 2009) definiert

5 www.bostondynamics.com

6 www.mercedes-benz.com/de/mercedes-benz/innovation/autonomes-fahren/),

7 https://www.nzz.ch/wissenschaft/medizin/3d-drucker-in-der-medizin-bio-tinte-fuer-neue-organe-ld.83554

8 www.techrepublic.com/article/ibm-watson-the-inside-story-of-how-the-jeopardy-winning-supercomputer-was-born-and-what-it-wants-to-do-next/

werden. Zu ihnen gehören unter anderem Informations- und Medienkompetenz, kritisches und kreatives Denken, die Fähigkeit der Kollaboration und Kommunikation, sowie Flexibilität, Initiative und soziale Kompetenzen. Zudem benötigen wir Menschen, die Verantwortung für sich übernehmen, für ihre Gruppe und für diesen Planeten. Außerdem wird zunehmend eine Haltung der Neugier notwendig sein und die Fähigkeit, nicht auf alles eine Antwort zu haben, sondern zunächst einmal „die richtigen Fragen" (Wagner 2010, 2) zu stellen.

Vor diesem Hintergrund gewinnt das seit den 1980er Jahren beschworene Lebenslange Lernen (*life long learning*) einen ganz neuen Stellenwert. In einer digitalisierten Welt sind Veränderungen der Normalfall und erfordern nicht nur im beruflichen Bereich ein permanentes Weiterlernen.

Und traditionelle Institutionen des Lernens – Schule, Hochschule, berufliche Ausbildung, Erwachsenenbildung – werden zunehmend in ihren traditionellen Strukturen und Methoden infrage gestellt, denn sie gehen immer noch von einer „Ordnung der Dinge" (Foucault 1971) aus und der Illusion, dass man einen bestimmten Kanon an Wissen erwerben kann, um davon im wirklichen Leben zu profitieren. Sicherlich benötigt man gewisse Grundlagen und ein Übersichtswissen, um sich weiter mit Themen auseinanderzusetzen. Allerdings wird es zunehmend schwieriger, die einzelnen Wissenschaften, wie wir sie traditionell kennen, voneinander zu separieren, denn immer mehr beeinflussen sie sich gegenseitig. Zudem stellen Unternehmen und Institutionen zunehmend fest, dass die Absolventen von Schulen und Hochschulen für den Einsatz im praktischen Alltag wenig geeignet sind und erst einmal geschult werden müssen. Robinson bringt die Kritik am traditionellen, aus dem Maschinenzeitalter kommenden Bildungssystem auf den Punkt, wenn er diese für unbrauchbar im 21. Jahrhundert hält (Robinson et al. 2015).

Ich bin nach allem, was ich über unser Bildungssystem gelernt habe, nach der Auseinandersetzung mit einer Pädagogik im digitalen Zeitalter und dem Wissen darüber, wie der Mensch lernt, zutiefst davon überzeugt, dass wir uns ein paar kleine Korrekturen, wie zum Beispiel die Einführung von Tablets im Unterricht oder das Veranstalten einer Projektwoche, nicht mehr leisten können, um den Herausforderungen zu begegnen. Kosmetik reicht nicht aus! Wir müssen unsere Bildungssysteme neu denken und alles auf den Prüfstand stellen (Stang 2016)! Vor allem gilt es aber, die Möglichkeiten der neuen Technologien und des Internets sinnvoll und angemessen zu nutzen, also die physischen Lernräume, die es zu überdenken gilt, mit den virtuellen Räumen zu vernetzen.

In diesem Band werden Möglichkeiten aufgezeigt, wie diese Vernetzung stattfinden kann, was der virtuelle Raum zu bieten hat und wie das Lernen im 21. Jahrhundert mit Hilfe von Technologien aussehen kann. Es soll Orientierung bieten in dem Wissen, dass er nur einen kleinen Ausschnitt dessen zeigt, was sich da zurzeit entwickelt, und dass schon in wenigen Monaten ganz neue

Möglichkeiten existieren. Die Autorinnen und Autoren dieses Bandes sind ausgewiesene Expertinnen und Experten auf ihrem Gebiet und ich danke ihnen hiermit für ihre Bereitschaft, einen Beitrag zu leisten.

Grundlagen

Judith Seipold stellt in ihrem Beitrag *Grundlagen des mobilen Lernens. Themen, Trends und Impulse in der internationalen Mobile Learning-Forschung* den aktuellen Stand der Forschung zum mobilen Lernen dar. Dabei geht sie auf die Definition des Begriffes, die verschiedenen Arten und Strategien des mobilen Lernens, auf Theorien, Erwartungen und aktuelle Trends ein.

Richard Stang setzt sich in seinem Beitrag *Analoger Körper im digitalen Raum. Lernen im Zeichen einer ambivalenten Kontextualisierung* mit der Frage auseinander, wie sich die Virtualität auf die Körperlichkeit des Menschen auswirkt und verweist damit auf eine Thematik, die in der Diskussion noch kaum beachtet wird, aber wegen ihrer großen Relevanz für die Weiterentwicklung virtueller und hybrider Lernwelten genau diese Beachtung verdient.

Der Beitrag *Der narrative Lernraum einer Ermöglichungsdidaktik. Lernen mit Geschichten* von *Carolin Nüssle, Frank Thissen* und *Amelie Zimmermann* beschreibt den virtuellen Lernraum als einen Raum, in dem Geschichten erzählt werden, um den Umgang mit schwierigen bzw. wenig attraktiven Lerninhalten zu ermöglichen. Auf der Basis der Erfahrungen aus einem Projekt wird ein Konzept entwickelt, das sehr stark mit emotionalisierten Elementen arbeitet und auf diese Weise nicht nur Verstehen und Wissen, sondern auch Kompetenzen fördern soll.

Florian Sochatzy und *Marcus Ventzke* betrachten in ihrem Beitrag *Die digitale (Bildungs-)Revolution und ihre Folgen. Veränderungen für Unterricht und Unterrichtsmaterialien* die grundsätzlichen Veränderungen, die durch die Digitalisierung in sämtlichen Lebensbereichen stattfinden und fragen nach den Konsequenzen für den Bildungsbereich. Zudem beleuchten sie aufgrund ihrer eigenen Arbeit am mBook, welche Rolle eBooks in diesem Kontext haben können und wie das Schulbuch der Zukunft aussehen sollte.

Bildungskontexte

Almut Reiners verdeutlicht in ihrem Beitrag *Mobiles Lernen an Hochschulen. Formen der Umsetzung* die Bedeutung und vielfältigen Formen des mobilen und hybriden Lernens an Hochschulen. Sie verdeutlicht den Mehrwert, der sich durch digitale Technologien für den Selbstlernprozess und die Ergänzung von Vorlesungen und Seminarveranstaltungen ergibt.

Claudia Bremer gibt in ihrem Beitrag *Mobiles Lernen in der Erwachsenenbildung. Optionen für Lernszenarien* einen Überblick über den aktuellen Stand der Diskussion zum mobilen Lernen in der Erwachsenenbildung.

Dass Bibliotheken im digitalen Zeitalter ihre Bedeutung nicht verlieren, sondern als Lernräume neue Aufgaben erhalten, mag manchen erstaunen. *Frank Nachtwey* zeigt in seinem Beitrag *Bibliotheken und mobiles Lernen. Neue Services zur Wissensvermittlung* anhand zahlreicher Beispiele die veränderte Rolle und ein neues Selbstverständnis von Bibliotheken auf, denn sie können als vertraute Institutionen mit einer langen Tradition einer heterogenen Bevölkerungsgruppe Zugänge zum Lernen und zur Weiterbildung ermöglichen.

Christian Dominic Fehling beschreibt in seinem Beitrag *Erweiterte Lernwelten für die berufliche Bildung. Augmented Reality als Perspektive* die Möglichkeiten der *Augmented Reality*, also der Anreicherung des realen Raums mit Zusatzinformationen aus dem virtuellen Raum durch den Gebrauch mobiler Geräte wie Tablet und Smartphone. Der Vorteil dieser digitalen Erweiterung im Gegensatz zu analogen Informationsquellen liegt in deren Kontextbezug und den Möglichkeiten, nicht nur auf statische Informationen zuzugreifen, sondern auch soziale Medien mit ihrer Dynamik zu nutzen. Auf diese Weise lässt sich beispielsweise im Betrieb das Erfahrungswissen älterer Mitarbeiterinnen und Mitarbeiter konservieren und für andere zugänglich machen.

Der Beitrag *Informelles mobiles Lernen. Definitionen, Formen und Fallbeispiele* von *Matthias Rohs* und *Christoph Pimmer* konzentriert sich auf die informellen Anteile des mobilen Lernens und analysiert anhand von Beispielen sowohl den Begriff des informellen Lernens als auch dessen Verhältnis zum mobilen Lernen.

Didaktische Optionen

Philippe Wampfler zeigt in seinem Beitrag *Lernen mit Social Media. Lernszenarien und Lernumgebungen* anhand von vier Szenarien die Möglichkeiten der sozialen Medien für Lernprozesse auf und stellt dar, wie sich mit ihrer Hilfe Lernen individualisieren lässt und dabei formales und informelles Lernen zusammenkommen.

Lernen mit Hilfe von Erklärfilmen hat eine lange Tradition und auch im digitalen Zeitalter sind Online-Videos vor allem bei Jugendlichen beliebt. *Klaus Rummler* zeigt in seinem Beitrag *Lernen mit YouTube-Videos. Dimensionen einer vielfältigen Lernumgebung* die pädagogischen Möglichkeiten und Grenzen von Youtube-Videos auf, die sowohl in ihrer Rezeption als auch in der mit einfachen

Mitteln möglichen Produktion liegen und beleuchtet dabei die Einsatzfelder Schule, Hochschule und Betrieb.

Andreas Sexauer und *Daniel Weichsel* stellen in ihrem Beitrag *MOOC als didaktisches Konzept. Perspektiven veränderter Lernwelten* das Konzept der Massive Open Online Courses (MOOC) dar und gehen der Frage nach, wie sie in unterschiedlichen Bildungskontexten genutzt werden können. Dabei setzen sie sich auch mit der pädagogischen Einordnung von MOOCs auseinander sowie mit organisatorischen und rechtlichen Herausforderungen.

Kompetenzbedarfe

Karl Peböck untersucht in seinem Beitrag *Media Literacy als Kulturtechnik. Herausforderungen mobiler Lernwelten* den Medienbegriff sowie den der Digitalisierung, um daraufhin die Bedeutung der Medienkompetenz als zentraler Kulturtechnik aufzuzeigen, die im 21. Jahrhundert für sämtliche Lebensbereiche benötigt wird. Am Beispiel des Kurznachrichtendienstes Twitter zeigt er die „neue Dimension von Lernen und Wissensaneignung in der postmodernen Informationsgesellschaft“ auf.

Luzian Weisel setzt sich in seinem Beitrag *Informationskompetenz für das selbstgesteuerte Lernen. Grundlagen für das Leben und Arbeiten im digitalen Zeitalter* mit dem Begriff der Informationskompetenz auseinander und beschreibt dessen Relevanz als die Grundvoraussetzung für das Lernen in unterschiedlichen Kontexten. Anhand von Szenarien zeigt er auf, dass es hier noch einen großen Bedarf an Kompetenzentwicklung in den Bereichen Schule, Hochschule, Wissenschaft, Wirtschaft, Journalismus sowie im privaten Bereich gibt. Zudem stellt er dar, was zur Förderung der Informationskompetenz zurzeit in Deutschland getan wird und wo es noch Defizite gibt.

Heike Krämer und *Lutz Goertz* verweisen in ihrem Beitrag *Medienkompetenz als Grundlage. Perspektiven für die betriebliche Ausbildung* auf die Erkenntnis, dass die sogenannten *Digital Natives* aufgrund mangelnder Medienkompetenz nicht automatisch ein Zugang zu digitalen Lernangeboten haben und deshalb auch in der beruflichen Bildung entsprechende Kompetenzen erworben werden müssen. Dazu setzen Sie sich intensiv mit dem Begriff der Medienkompetenz auseinander und definieren Anforderungen aus betrieblicher Sicht.

Ich wünsche allen Leserinnen und Lesern dieses Bandes vielfältige Erkenntnisse und Inspirationen sowie den Mut, sich auf neue Wege einzulassen. Es lohnt sich!

Literatur

Anderson, J.; Rainie, L. (2014): Digital Life in 2025. Retrieved from http://www.pewinternet.org/2014/03/11/digital-life-in-2025/.

Darling-Hammond, L. (2006): Constructing 21st-century teacher education. *Journal of Teacher Education*, 57(3), 300–314. Retrieved from Google Scholar.

Fadel, C.; Trilling, B. (2009): *21st Century Skills. Learning for Life in our Times*. San Francisco: Bossey-Bass.

Foucault, M. (1971): *Die Ordnung der Dinge. Eine Archäologie der Humanwissenschaften*. Frankfurt/M.: Suhrkamp.

Robinson, K.; Aronica, L.; Moldenhauer, F. (2015): *Wie wir alle zu Lehrern und Lehrer zu Helden werden*. Salzburg: Ecowin.

Stang, R. (2016): *Lernwelten im Wandel. Entwicklungen und Anforderungen bei der Gestaltung zukünftiger Lernumgebungen*. Berlin/Boston: De Gruyter Saur.

Wagner, T. (2010): *The global achievement gap. Why even our best schools don't teach the new survival skills our children need – and what we can do about it*. New York: Basic Books.

I Grundlagen

Judith Seipold

Grundlagen des mobilen Lernens. Themen, Trends und Impulse in der internationalen Mobile Learning-Forschung

Einleitung

Mobiles Lernen – als eigenständiges Forschungsfeld (Traxler 2010b) seit ca. 2000 auszumachen – unterliegt aktuell einem Wandel. Dominierte über viele Jahre hinweg Praxisforschung das Feld, so differenziert es sich in den letzten Jahren immer mehr zugunsten theoretischer Überlegungen und der Schulentwicklungsforschung aus (zu einer Übersicht der Phasen und Entwicklungslinien siehe Seipold 2012, 2013a).

Auch wenn sich diese und andere Trends deutlich zeigen, so ist mobiles Lernen auch im Jahr 2017 noch ein „geräuschvolles" (Traxler 2009, 2) Feld: So wird in Zusammenhang mit mobilem Lernen aus erziehungswissenschaftlicher und pädagogischer Sicht von der Lernendenzentrierung (Naismith et al. 2004, 36; Traxler 2009, 4; Luckin et al. 2010), der Öffnung der Schule für den Alltag der Lernenden (Pachler et al. 2010), Lernen auch in der Freizeit (Naismith et al. 2004, 5; Sharples et al. 2005), Lernen als Lückenfüller (Sharples 2007, 3), von „neuem" Lernen (Naismith et al. 2004, 36), der Verschiebung von Machtverhältnissen beim Zugriff auf und Verteilung von Wissen (Luckin et al. 2010) und der Demokratisierung des Lernens (Luckin et al. 2010) gesprochen. Lernen wird dabei zu Aneignung und Bedeutungszuweisung, Orte und Zeiten zu Kontexten, Mediennutzerinnen und Mediennutzer zu Lernenden und Lehrende zu Moderierenden. Grenzen, die bisher starr gezogen wurden wie z. B. die zwischen Schule und Alltag, formalisierten und informellen Kontexten, verschwimmen. Gleichzeitig nimmt (kulturelle) Situiertheit beim Lernen eine wichtige Position ein. Aber: Eine einheitliche Definition des mobilen Lernens existiert bis dato nicht (Seipold 2012). Es gibt trotz der Versuche von Sharples et al. (2010) noch keine Theorie des mobilen Lernens. Mobiles Lernen wird oft immer noch als Anhängsel des E-Learning gesehen (Traxler 2009; de Witt et al. 2011). Eine systematische und nachhaltige Implementierung des Mobilen Lernens in formalisierte Aus- und Weiterbildungskontexte fehlt ebenso wie umfangreiche didaktische Konzepte (Cochrane 2013b).

DOI 10.1515/9783110501131-002

Mobile Learning Basics

Einige dieser Feststellungen, Forderungen und Visionen finden sich in den folgenden Grundlagen des mobilen Lernens wieder. Die Darstellung von Definitionsversuchen, Forschungsschwerpunkten, Themen und Trends soll helfen, mobiles Lernen zu verstehen, es aus seinem Hype-Status zu entlassen, dem Thema kritisch aber nicht abwehrend gegenüberzustehen und das Innovationspotenzial, das es in sich birgt, anzunehmen und in die alltägliche Praxis des Lehrens und Lernens zu integrieren – und nicht zuletzt mobiles Lernen als das zu beleuchten, was es ist: Ein ernst zu nehmendes Forschungsfeld, das sich mit pädagogischer und didaktischer Innovation in Zusammenhang mit aktuellen technologischen Entwicklungen befasst.

Was ist mobiles Lernen?

Auf den ersten Blick ist mobiles Lernen ein Lernen mit tragbaren digitalen Technologien. Auf den zweiten Blick ist mobiles Lernen jedoch weitaus mehr. Es geht um Technologie, Mobilität und Effizienz, infrastrukturelle Aspekte, soziale Strukturen, Lerntheorien mit Bezug zur Lehr-Lernpraxis, Mobilität von Kontexten und Habitus, Mobilität als Lernprozess zwischen und in lernergenerierten Kontexten und Lernräumen, Mediendidaktik, Medienkultur und Lernkultur (Pachler 2010; Seipold 2012; Sharples et al. 2005; Traxler 2009). Mobiles Lernen ist Anlass zur Diskussion über Technologien, Lernende, Lehrende, Kontexte, Konzepte, Lerninhalte, Didaktik, Lernformen, Lernorte, Lernzeiten, gesellschaftliche Entwicklungen, die Lehrendenaus- und -weiterbildung sowie das Bildungssystem.

Macht man es sich leicht, so argumentiert man pro mobiles Lernen mit der Vereinfachung des Zugriffs auf Lernressourcen (Cochrane 2013a, 248) oder zieht als Indiz für die Relevanz der Mobiltechnologien zum Lernen Hinweise auf gesteigerte Produktivität und Effizienz beim Lernen (Traxler 2010a) heran. Möchte man es eher ein weniger komplexer und griffiger für Lehr- und Lernkonzepte, dann fasst man mobiles Lernen als „spontan, persönlich, informell, kontextualisiert, tragbar, allgegenwärtig (überall verfügbar) und durchdringend" (Kukulska-Hulme 2005, 2). Es „kann [...] situiert, [...] unauffällig [...] und störend sein" (Kukulska-Hulme/Traxler 2005b, 42), ebenso wie „umgebungssensitiv" (Kukulska-Hulme 2005, 2). Es ist „hochgradig situiert, persönlich, kollaborativ und nachhaltig; in anderen Worten wahrhaft lernerzentriert" (Naismith et al. 2004). Die Technologie bringt unmittelbarere und jederzeit verfügbare Interaktionsmöglichkeiten mit sich (Kukulska-Hulme/Traxler 2005a). Mobile Technologien ermöglichen den Lernenden dabei, über die schulische Lehrpraxis der Abstraktion von Dingen und Sachverhalten hinaus in echter Umgebung zu lernen (Pachler 2010).

Definitionen

Mobiles Lernen als Lernen mit tragbaren digitalen Technologien zu charakterisieren, ist mittlerweile wohl eher Allgemeinplatz als Definition. Mobiles Lernen hingegen als Lernen mit mobilen Medien zu beschreiben, macht es willkürlich und wird einigen zentralen Aspekten nicht gerecht, die die aktuellen tragbaren Digitaltechnologien ermöglichen, wie orts- und zeitunabhängiger Zugriff auf digitale Ressourcen über das Internet, digitale Lerngruppen, multimediale Gestaltung von Lerninhalten. Mobiles Lernen über die Steigerung der Lernquantität (Traxler 2010a) und der Lernqualität (Keegan 2005) zu spezifizieren, erscheint lediglich als Totschlagargument für die Implementierung der Mobiltechnologien in Lehr-Lernkontexte. Auch eine Definition, die die aktuellen Trends der M-Learning-Forschung umfasst, nämlich „Lernen über mehrere Kontexte hinweg, durch soziale Interaktion und Interaktion mit Inhalten, unter Nutzung persönlicher elektronischer Geräte“ (Crompton 2014, 8) greift vor dem Hintergrund einer Medienpädagogik, die sich als kulturtheoretisch ausgerichtet begreift und an die die deutschsprachige M-Learning-Diskussion wesentlich angebunden ist, zu kurz. Entsprechend hat sich als Arbeitsdefinition (Seipold 2013b) eine Auflistung von Aspekten als hilfreich herausgestellt, die erstens den Lernbegriff zugunsten von Aktivitäten abschwächen, die auch als Lernen begriffen werden können und dabei verschultes, bewertendes, leistungsmessendes Vokabular aufbrechen: mit „Aneignung“, „Bedeutungszuweisung“ und „Aushandeln von Bedeutungen“ wird ein Vokabular eingeführt, das mit Alltag, Interesse, Nutzung und anderem zu tun hat. Zweitens wird verdeutlicht, dass beim mobilen Lernen sowohl die Interessen und Perspektiven der Bildungseinrichtung als auch die der Lernenden Berücksichtigung zu finden haben. Das gilt insbesondere vor dem Hintergrund des personalisierten und lernendenzentrierten Lernens, das naturgemäß in erster Linie subjektiv sinnstiftend sein muss. Drittens sind Mobiltechnologien, die als Ermöglicher erscheinen, Teil dieser Arbeitsdefinition. Dabei werden zentrale Aspekte der M-Learning-Diskussion berücksichtigt wie z. B. Lernen orts- und zeitunabhängig und über Kontexte hinweg, Lernressourcen und Lernstrukturen, Handlungskompetenzen und kulturelle Praktiken der Lernenden, die sie vor allem in ihrem Alltag im Umgang mit den Mobiltechnologien ausbilden und verstetigen, sowie Attribute von Lernen, die auf Kollaboration einerseits und Personalisierung andererseits ausgerichtet sind:

Mobiles Lernen ist

- Lernen, Aneignung, Bedeutungszuweisung, Aushandeln von Bedeutungen
- unter Berücksichtigung subjektiv sinnstiftenden (Medien-)Handelns und objektiver (schulischer) Anforderungen

- mithilfe von Mobiltechnologien
- die örtliche und zeitliche Flexibilität ermöglichen
- die Zugang zu Ressourcen und Strukturen eröffnen
- die Handlungskompetenzen und kulturelle Praktiken der Lerner unterstützen
- die vernetztes, kollaboratives, personalisiertes, konversationsgeprägtes Lernen in gleichberechtigten Lernumgebungen ermöglichen. (Seipold 2013b)

Orte

Mobiles Lernen findet in allen Bildungskontexten statt, namentlich in Kindergarten, Schule, Hochschule, Berufsausbildung, in der beruflichen Weiterbildung und in der kulturellen Bildung. Adressaten sind dabei Lehrpersonen, Wissenschaftlerinnen und Wissenschaftler, Distributorinnen und Distributoren, Entscheidungsträgerinnen und Entscheidungsträger sowie Eltern von Lernenden. Sie sind als Gatekeeper zu verstehen, die über den Einsatz und die Einsatzszenarien der Mobiltechnologien entscheiden. Auch wenn mobiles Lernen vor allem im Bereich der Schulpädagogik Fuß gefasst und in der öffentlichen Wahrnehmung meist mit der Nutzung von Tablets in Primar- und Sekundarschulkontexten präsent ist, so ist es doch das mobile Lernen in der Hochschule, das die quantitativ größte Aufmerksamkeit auf sich zieht (Pimmer et al. 2016). Ein stetig wachsender Forschungsbereich bildet das mobile Lernen in der Berufsausbildung und der beruflichen Weiterbildung (Pachler et al. 2011).

Arten und Strategien

In der Lehr- und Lernpraxis werden die mobilen Geräte in der Regel als Lehr- und Lernmittel eingesetzt, also z. B. zum Erledigen von schriftlichen oder multimedialen Aufgaben, zum Recherchieren, zum Erstellen von Grafiken, zum Berechnen von Mathematikaufgaben, als Instrumente im Musikunterricht, als Maluntergrund im Kunstunterricht, zum Aufnehmen von Interviews für den Geschichtsunterricht, zum Filmen von Bewegungsabläufen im Sportunterricht und vieles andere mehr. In seltenen Fällen finden Mobiltechnologien zur Administration Verwendung, also z. B. zur Vergabe und zum Sammeln von Hausaufgaben, zur Notenverwaltung, Materialorganisation, dem administrativen Austausch zwischen Lehrpersonen und Schulverwaltung, der Kommunikation zwischen Lehrpersonen und Schülerinnen und Schülern oder Lehrpersonen und Eltern. Konkret kommen in Mainstreamprojekten unter anderem folgende Funktionen der Mobiltechnologien zum Einsatz:

- *Mobil lernen mit Push-Diensten*: Schon in der frühen Phase des Mobilen Lernens wurde mit den Push-Diensten gearbeitet. So wurden z. B. SMS mit Vokabeln oder E-Mails mit Aufgaben für die nächste Unterrichtsstunde verschickt oder die Lernenden wurden aufgefordert, kurze Texte zu verfassen und per SMS oder E-Mail zu verschicken, um Gelerntes zu reflektieren.
- *Mobil lernen mit Apps*: App-basiert zu lernen liegt im Trend, seitdem Smartphones und Tablets für die breite Masse und somit auch für Schulen und Universitäten erschwinglich sind. Sogenannte Edu-Apps gibt es für die meisten Ansprüche, hier stellt sich jedoch die Frage nach den Kosten, der Kompatibilität, der Verfügbarkeit auf unterschiedlichen Betriebssystemen sowie der Nachhaltigkeit.
- *Mobil lernen mit Web 2.0-Tools*: Die Funktionen des Web 2.0 und von Cloudspeichern zu verwenden, funktioniert mit den aktuell verfügbaren Tablets und Notebooks besser, als noch vor einigen Jahren mit den kleinen Displays der damals verfügbaren Smartphones. Mit Apps oder browserbasiert ist es möglich, mit Tablets, Smartphones oder Notebooks an z. B. Fotostorys, Videos, Audioaufnahmen, getaggte Orten oder Dokumenten gemeinsam online zu arbeiten und diese Daten zu teilen, zu diskutieren, zu revidieren und weiter zu bearbeiten.
- *Mobil lernen kontextbasiert*: Der Trend geht in den letzten Jahren hin zum kontextualisierten Lernen, also einem Lernen im außerschulischen Feld. Hier ist in der Regel der Alltag der Lernenden, ihre Alltagsbewältigung und ihre Alltagsorganisation der Lernanlass. Gelernt werden kann alleine, in Gruppen, mit Tandempartnern und unter Zuhilfenahme aktuell verfügbarer digitaler Ressourcen.
- *Mobil lernen mit Augmented Reality, Wearables, Internet of Things*: In den kommenden Jahren wird mobiles Lernen nicht mehr nur Notebook-Lernen, Tablet-Lernen oder Smartphone-Lernen bedeuten. *Augmented reality*-Funktionen sind schon seit Jahren für Smartphones verfügbar und reichern die (Lern-)Umgebung mit digitalen Informationen an. Einsatzmöglichkeiten von *Wearables* wie z. B. *Smart Watches* und in Kleidung eingebaute Sensoren oder das *Internet of Things* sind für pädagogische Anliegen jedoch noch nicht umfassend evaluiert.

Didaktische Ansätze variieren in der Praxis, haben zurzeit allerdings einen deutlichen Hang zur Distribution von Inhalten, einer von behavioristischen und instruktionistischen Theorien geprägten Vorstellung von Lernen und der gängigen methodischen Praxis des Frontalunterrichts. Dabei wäre es, wie die Praxis zeigt, möglich, solche Frontalarrangements in z. B. Vorlesungen durch Teilhabeangebote aufzulockern und Lernende zum Mitmachen zu motivieren, indem Feedbacksysteme und Abstimmungsmöglichkeiten angeboten werden. Zentraler im Sinne von „Lerninnovation“ und „neuem Lernen“ jedoch sind Settings, in denen sich situierte, kollaborative und konstruktivistisch geprägte Ansätze mischen (sog. „Hybriden“; Pimmer et al. 2016). Dadurch ergibt sich in vielen Fällen bei den Lernenden ein „situiertes Bewusstsein“ (situated awareness; Pimmer et al. 2016), das es ihnen ermöglicht, formelles und informelles Lernen sowie Praktiken miteinander in Verbindung zu setzen und Wissen nachhaltiger verfügbar, reflektierbar und diskutierbar zu machen (Pimmer et al. 2016).

Begründungen

In der frühen Phase der Mobile Learning-Forschung wurde mobiles Lernen gerne als Reaktion auf das „konventionelle“ E-Learning und seine Grenzen (Traxler 2009) verstanden, da mobiles Lernen sich von vorgefertigten „Lernpaketen“ weg und hin zu virtuellen Lernumgebungen bewegt, dabei sozialkonstruktivistischer Lernmodelle zugunsten der Abnahme behavioristischer favorisiert und mit Multimediaeinsatz die Erstellung von Lernobjekten durch die Lernenden selbst ermöglicht (Traxler 2009). Aus einer soziokulturell informierten pädagogischen Perspektive heraus, also einer Perspektive, die unter anderem die alltäglichen Handlungspraktiken bei der Mediennutzung fokussiert, ist mobiles Lernen als Reaktion auf und Phänomen der aktuellen gesellschaftlichen und technologischen Entwicklungen beschrieben, als Reaktion auf sich verändernde kulturelle Praktiken beim Lernen und als Reaktion auf sich verändernde institutionelle Kulturen, die Lernen vor neue Herausforderungen stellen (Traxler 2009; Pachler et al. 2010). Argumentativ spannt sich die Linie pro mobiles Lernen also zwischen technologiegestützten Lehrformen, technischen Möglichkeiten und alltagsnahen soziokulturellen Aspekten und Nutzungspraktiken auf. Entsprechend ist die pädagogiknahe Forschung zum mobilen Lernen zentral darauf ausgerichtet, zu erfassen, „wie die Mobilität der Lerner, erweitert durch persönliche und öffentlich verfügbare Technologien, zum Prozess der Gewinnung von Wissen, Fähigkeiten und Erfahrungen beitragen kann“ (Traxler 2009, 3).

Erwartungen

Mobiles Lernen erscheint in den sozialen Netzwerken oft als Hype und steht seit Jahren für die Zukunft des Lernens. Nachdem auch in der wissenschaftlich geführten Diskussion das mobile Lernen lange als Innovationsmotor für neue Formen des Lehrens und Lernens herhalten musste, sind die Stimmen mittlerweile moderater geworden. Ein Grund dafür ist, dass mobiles Lernen bis dato nicht flächendeckend in Aus- und Weiterbildungsstrukturen angekommen ist. Die Akzeptanz fehlt, was häufig auf finanzielle Aspekte, eine adäquate technische und didaktische Betreuung der Lehrpersonen und mangelnde Aufklärung den Entscheidungsträgern, Eltern und Lehrpersonen gegenüber zurückzuführen ist (Dyson et al. 2013; Kukulska-Hulme 2013).

Die Erwartungen an das mobile Lernen sind dennoch enorm hoch: Beim Lehren, Lernen und der Organisation von Lehren und Lernen sind neue und innovative Wege zu beschreiten, so die Forderungen (Berge et al. 2013). Von den Veränderungen, die diese Forderungen implizieren, sollten in der Konsequenz alle Bereiche der Aus- und Weiterbildung betroffen sein, und auch ontologische Verlagerung mit Blick auf Lehren und Lernen sind ebenso wenig von Innovation ausgenommen wie die Veränderungen von Rollenverständnissen:

- *Technologien*: Technologien sollen im Lehr- und Lernprozess als „essentiell" und nicht nur als „Anhang" begriffen werden. Ihre Aufgabe ist es, die Aktivitäten der Lernenden zu stützen und ihnen zu ermöglichen, „Besitz" von ihrem Lernen zu ergreifen (Norris/Soloway 2013, 114). Technologien „führen lernergenerierte Contexte herbei und teilen lernergenerierte Inhalte als zentrale Elemente beim sozialkonstruktivistischen Lernen" (Cochrane 2013b, 30). Zudem ermöglichen sie ad-hoc-Lernsituationen. Somit sind mobile Technologien in ihrer Funktion als Infrastruktur, Werkzeug und Ressourcen die Ermöglicher für lernendenzentriertes, personalisiertes und selbstgesteuertes Lernen an verschiedenen Orten und zu unterschiedlichen Zeiten. Dennoch ist die Technologie nur als eine Ressource unter vielen im Lernprozess zu begreifen (Seipold 2017a).
- *Institution*: Bildungseinrichtungen müssen die für Lernen relevanten Dynamiken auffangen, die die Lernenden mit ihrer mobilen Mediennutzung erzeugen, und diese für das Lehren und Lernen kultivieren (Pachler et al. 2010; Baroudi/Marksbury 2013). Entsprechend sollen Bildungseinrichtungen offen für Ressourcen aus dem Alltag der Lernenden sein, also ihren Technologien, ihrem Wissen, ihren Expertisen, Informationen, Medieninhalten, Interessen und Praktiken offen gegenüberstehen. Sie sollten die Ressourcen der Lernenden in den Lernprozess integrieren und damit Innovationen, die Emanzipation von Lernenden und deren Demokratisierung fördern. Daneben sollten

Bildungseinrichtungen administrative Strukturen an den Möglichkeiten der Mobiltechnologien ausrichten (Kukulska-Hulme/Traxler 2005a), Technologien und Netzinfrastruktur verfügbar machen, die Lehrenden und die Lernenden rechtlich absichern und ethische Richtlinien einhalten. Lehrpersonen sollten nicht mit der Rolle als Technikwart überfordert werden, sondern angemessene Schulungen, Netzwerke und Techniksupport müssen verfügbar gemacht werden (Warren/Wakefield 2013; Aufderheide 2013; Dyson et al. 2013).

- *Lernen*: Mobilem Lernen wird zugeschrieben, das Verständnis von Lehren und Lernen vor Herausforderungen zu stellen und die Grenzen traditioneller Pädagogik zu durchbrechen (Crompton 2014, 7). In diesem Sinne sind „traditionelle“ Konzepte von Lernen und Lehren (z. B. „die Kultur der Instruktion“ (Hamm et al. 2013, 182–183)) zugunsten einer „learn-by-doing-Pädagogik“ (Norris/Soloway 2013, 109) (z. B. projektbasiertes Lernen, forschendes Lernen, aktives Lernen etc.) zu überdenken (Norris/Soloway 2013, 114). Dabei geht es also vor allem darum, die Lernenden aktiv in den Lernprozess einzubeziehen und das Lernen zu personalisieren.
- *Lehren und Didaktik*: Didaktische Konzepte zu entwickeln, die dem Wunsch der Lernenden nach Effizienz, nach vielfältigen und reichhaltig mit Technologien ausgestatteten Umgebungen, nach Zugriff auf unterschiedliche Arten von Ressourcen (Technologien, aber auch andere Lernende, Lehrende oder Peers; Kukulska-Hulme 2013) und nach Orts- und Zeitunabhängigkeit beim Lernen nachkommen, ist Herausforderung und Aufgabe. Dabei muss nicht nur auf Lernergenerierte Contexte und Inhalte (Cochrane 2013b, 28) geachtet werden, sondern es ist auch auf die zunehmende Personalisierung beim Lernen und informelles Lernen (Cochrane 2013b, 29) zu reagieren. Besonders der Alltag der Lernenden sollte für das Lernen wichtig werden (bspw. Ziele, Lernsituationen, Lernumgebungen, Perspektiven auf Lernen, Ziele im Alltag, die nicht ursprünglich Lernen sind, soziokulturelle Umstände etc.; Kukulska-Hulme 2013; Pachler et al. 2010).
- *Lernende*: Die Lernenden sollen ihren Lernprozess, ihre Lern-Kontexte (sog. Lernergenerierte Contexte; vgl. z. B. Luckin 2010, Seipold 2014, 2017a) und ihre Lernobjekte selbstgesteuert, selbstverantwortlich, „autonom“ (Milrad et al. 2013, 98), „unabhängig“ (Hamm et al. 2013, 178), kreativ, kompetent, vernetzt, nachhaltig und lebenslang selbst gestalten. Lernende sollen so zu gleichberechtigten Partnern im Lernprozess werden, Hierarchien sollen nach Möglichkeit und soweit förderlich abgebaut und egalisiert werden. In diesem Zusammenhang müssen sich die Lernenden mit verschiedenen Lernformen vertraut machen wie z. B. dem kollaborativen, vernetzten und konversationsbasierten Lernen, mit dem Communitybuilding und dem Teambuilding

(Gerstein 2013, 283) – und das sollten sie orts- und zeitunabhängig realisieren können, indem sie verschiedene Kontexte miteinander verbinden.

- *Lehrende*: Forderungen an Lehrpersonen betreffen die Rolle der Lehrenden. Es ist weniger der Anspruch, dass die Lehrenden lediglich für Technikangelegenheiten zuständig sind oder all ihre Lehrmaterialien digitalisieren und auf die Anforderungen und Möglichkeiten der neuen Technologien ausrichten. Vielmehr sollten Lehrende beim mobilen Lernen dort einspringen, wo den Lernenden das selbstgesteuerte und personalisierte Lernen nicht gelingt. Sie sollten bei der Konzeption und Umsetzung lernerzentrierter und personalisierter Lernpfade beraten, Orientierungs- und Einordnungsrahmen beim Aushandeln von Bedeutungen bieten und in der Lage sein, durch die Lernenden subjektiv geprägtes Lernen an objektive institutionelle Anforderungen anzudocken und zu überführen. In ihrer Rolle als Mentorinnen und Mentoren (Ozan/Kesim 2013) müssen sie vorgeben, anleiten, ermutigen und vorantreiben (Norris/Soloway 2013). Besonders sollen sie „Lernenden situative, bedeutsame Kommentare bereitstellen, die ein besseres Verständnis" (Warren/Wakefield 2013, 80; Hamm et al. 2013) des Lehrstoffes ermöglichen.

Theorien

In den ersten zehn Jahren der Mobile Learning-Diskussion waren es vor allem drei Modelle und Konzepte, die für die Erfassung und Beschreibung von mobilem Lernen herangezogen wurden: Zum einen Wygotski und sein Modell der „Zone of Proximal Development" (Wygotsky 1978/1930), um mobiles Lernen als selbstverantwortliches und selbstmotiviertes Lernen mit Mobiltechnologien zu beschreiben. Weiterhin wurde gerne auf Lave und Wenger (Lave/Wenger 1991) und ihr Konzept des „situated learning", des „learning as engagement in social practice" und die „communities of practice" verwiesen, um mobiles Lernen als stark praxisbezogen, als vernetzte und kollaborative Praktik, bezogen auf bestimmte Situationen, Kontexte und mit Blick auf soziale und kulturelle Hintergründe einzuordnen. Und drittens bezog man sich oft auf Engeströms „activity theory" (Engeström 2001), mithilfe derer mobiles Lernen geplant und analysiert werden kann, und die z. B. als Vorlage für eine Theorie des mobilen Lernens (siehe u. a. Sharples et al. 2010) diente. Auch Konversationstheorien sind populär, um „Wissenskonstruktion als Vereinbarung durch den Austausch von Wissen mittels Konversation" (Crompton 2013, 53) zu beschreiben. Lernen und Lehren als kommunikative Handlung zu verstehen, erlaubt es, sich Diskursen im Lehr-Lernprozess anzunähern (Warren/Wakefield 2013). Aktuell sind die vier gebräuchlichsten Lerntheorien in der Mobile Learning-Diskussion

Behaviorismus, Kognitivismus, Konstruktivismus und Konnektivismus, um mit unterschiedlichen Lehr- und Lernformen umzugehen und Scaffolding-Strategien (d. h. Lernen als angeleiteter Prozess sozialer Interaktion) für neue Anforderungen an Lernen zu entwickeln (Ozan/Kesim 2013). Daneben sind dies die aktuell gebräuchlichsten theoretischen Ansatzpunkte:

> behaviorist, constructivist, situated, collaborative, informal and lifelong, and learning and teaching support [...] behaviorism, cognitivism, constructivism, situated learning, problem-based learning, context-awareness learning, sociocultural theory, collaborative learning, conversational learning, lifelong learning, informal learning, activity theory, and the more recent theories of connectivism, navigationalism, and location-based learning (Crompton 2013, 53).

Und nicht zu vergessen sind „inquiry learning, distributed collaborative learning, authentic learning, and participatory learning" (Milrad et al. 2013, 98).

Trends und Themen

Über die vergangenen Jahre hinweg ist auszumachen, wie sich mobiles Lernen thematisch entwickelt. In der Frühphase der Forschung fand überwiegend Praxisforschung statt, um die Grundlagen des mobilen Lernens wie z. B. Lernen in Zusammenhang mit der Mobilität zwischen Orten, unabhängig von Zeit, zwischen Kontexten und Konzepten oder die Personalisierbarkeit von Lernen (MOBIlearn Consortium 2005) zu verstehen. Nachdem sich ein grundlegendes Verständnis des mobilen Lernens entwickelt hatte, gewannen diverse Lerntheorien und Konzepte an Bedeutung. Ab ca. 2007 erfolgte die Hinwendung zu einer interdisziplinären Ausrichtung. Dabei wurden vor allem gesellschafts- und kulturtheoretisch orientierte Strukturmodelle genutzt und entwickelt und konkrete didaktische Fragestellungen wie z. B. die Ermöglichung von Lernkontexten, die maßgeblich durch die Lernenden hergestellt sind, diskutiert (Pachler et al. 2010; Seipold 2012). Auch erste Ansätze einer Didaktik des mobilen Lernens stammen aus dieser Zeit (Bachmair 2009, de Witt et al. 2011, Seipold 2012).

Aktuell darf man das mobile Lernen vermutlich schon legitim als „Breitensport" innerhalb der Erziehungswissenschaft, Medienpädagogik, Mediendidaktik und Hochschuldidaktik bezeichnen. In der Praxis wird es häufig als Tabletlernen interpretiert und breit umgesetzt. Auch die Systematik der Ausstattung – 1:1, BYOD (bring your own device), CYOD (choose your own device) – ist in diesem Zusammenhang prominentes Thema. Im Fokus der internationalen Mobile Learning-Forschung stehen zurzeit: die Nutzung von Mobiltechnologien in formalen Lernkontexten; die Wirkung, die die Nutzung von Mobiltechnologien auf die Lernleistung hat; das Verhalten der Lernenden in Settings, in denen Mobiltechnologien zum Lernen Einsatz finden; Lehrdesign Didaktik beim mobilen Lehren und Lernen; die Zulieferung von digitalen (Lern-)Inhalten, optimiert für tragbare digitale Technologien; die Potenziale aktueller digitaler Technologien für Lehren und Lernen; kostengünstige Implementierungsstrategien von M-Learning; die Unterstützung von Lernenden in Distanz zu Aus- und Weiterbildung sowie von Lernenden mit Beeinträchtigungen; (Cochrane 2013b); Fragen des Datenschutzes und des Schutzes der Persönlichkeitsrechte bei der Nutzung von Mobiltechnologien beim Lernen und auch in Forschungskontexten (Wishart 2011; Dyson et al. 2013); mobiles Lernen in der interkulturellen Bildung (Kukulska-Hulme 2013); mobiles Sprachenlernen (Palalas et al. 2016); mobiles Lernen in den Gesundheitswissenschaften, vor allem der medizinischen Aus- und Weiterbildung (Pimmer et al. 2013); mobiles Lernen in Hochschulsettings (Rummler 2014); mobiles Lernen in der beruflichen Aus- und Weiterbildung (Pachler et al. 2011). Als zentral werden dabei folgende Fragestellungen bearbeitet: Möglichkeiten der Personalisierung von Lernen; Lernen in, zwischen und über Kontexte hinweg; Konnektivität als eine der zentralen Voraussetzungen mobilen und zeitunabhängiges Lernen (Crompton 2013).

Doch es bleiben Bereiche in der Forschung unterrepräsentiert, auch wenn sie von Zeit zu Zeit und punktuell an die Oberfläche gespült werden. Dazu gehören: Langzeitstudien, was mobiles Lernen oft im Projektstatus verharren und versanden lässt; Forschung zu lernergenerierten Inhalten und lernergenerierten Contexten; Untersuchungen zu Kommunikation und sozialer Interaktion beim mobilen Lernen; die breite Annahme des mobilen Lernens und adäquate und nachhaltige pädagogische Umsetzungen sowie didaktische Konzepte; Diskussionen um ontologischen Verlagerungen, was Lehren und Lernen betrifft; „neues" Lernen und Lehren in der Praxis; technischer Support und Scaffolding in der Lehr- und Lernpraxis für Lernende und Lehrende; Thematisierung bildungspolitischer Implikationen und ihrer möglichen und notwendigen Konsequenzen (Cochrane 2013b; Seipold 2015).

Hot Topics

Nachdem das mobile Lernen bislang vor allem im schulischen Bereich praktisch umgesetzt wurde, ist es als konsequent zu erachten, dass Bildungseinrichtungen versuchen, mit Ideen zur Schulentwicklung auf mobiles Lernen zu reagieren, es skalierbar (Seilhamer et al. 2013) zu machen und es langfristig in Organisationsstrukturen einzubinden. Dabei sind die drei Ebenen der Schulentwicklung Institution, Lehrende und Lernende adressiert (Seipold 2015):

– *Institution*: Die Finanzierung von Geräten, Netzinfrastruktur, Techniksupport und Weiterbildungsmaßnahmen muss abgesichert sein, um infrastrukturelle

Nachhaltigkeit zu garantieren. Daneben sind rechtliche Grundlagen und ethische Richtlinien von Bildungseinrichtungen verfügbar und transparent zu machen, um u. a. die Persönlichkeitsrechte und Daten der am Mobilen Lernen Beteiligten zu wahren (Dyson et al. 2013). Um letztlich mobiles Lernen nachhaltig zu machen, es anzupassen und es zu optimieren, sind Rahmen für die Evaluierung von Mobile Learning-Praxis notwendig. Das bezieht sich auf der Ebene der Bildungseinrichtung auch auf administrative Abläufe, die mittels Mobiltechnologien stattfinden.

- *Lehrende*: Lehrende benötigen konstante Unterstützung für Technikfragen und didaktische Fragestellungen (Summey 2013), sie brauchen Richtlinien (Dyson et al. 2013), Plattformen für den Austausch in „communities of practice“ (O’Loughlin/Ngo 2013) sowie angemessene Weiterbildungsmaßnahmen (Dyson et al. 2013; Summey 2013), um Selbstvertrauen im Umgang mit Mobiltechnologien zu entwickeln, um ihre Ängste vor Geräten und Einsatz der Technologien abzulegen, um ihre Kompetenzen zu kultivieren und um auf dem Laufenden zu bleiben, was die technologischen Entwicklungen, die (informellen) Nutzungs- und Lernpraktiken der Lernenden sowie die didaktischen Möglichkeiten betrifft. Zu evaluieren, welche Strukturen notwendig sind, um Synergien zwischen den Fähigkeiten und Möglichkeiten der Lehrende, der Lernende und der Technologien zu schaffen, wäre in diesem Zusammenhang ein zentraler Entwicklungsbereich.
- *Lernende*: Lernende sind in der Regel weder von Natur aus technisch versiert noch „digital natives“. Entsprechend müssen ihnen Nutzungsmöglichkeiten ebenso wie Strategien für den Selbstschutz im Umgang mit Digitaltechnologien und angebundenen Medien aufgezeigt werden. Auch ist es wesentlich, ihnen darzulegen, wie sie ihre eigenen lernendengenerierten Kontexte erstellen können, um personalisiert und lebenslang zu lernen.

Fazit

Wird mobiles Lernen so innovativ umgesetzt, wie es in der Theorie möglich wäre oder in Best-Practice-Projekten stattfindet? In der Tendenz eher nicht (Pimmer et al. 2016), denn mobiles Lernen findet nach wie vor vornehmlich in Form von zeitlich befristeten Projekten statt. Eine breite Implementierung in Lern-, Aus-, Weiter- und Bildungskontexte gibt es bisher nicht. Fehlende institutionelle Unterstützung, mangelnde Erfahrungen, nicht vorhandene Finanzierungsmöglichkeiten, nicht hinreichender Techniksupport, fehlende Netzwerke, in denen sich Lehrpersonen über Fragen des mobilen Lernens austauschen können, wenig kreative innovative Rollenverständnisse der am Lehr- und Lernprozess Beteiligten, kaum innovatives Verständnis von Lernen und fehlende adäquate didaktische Konzepte lassen Lehrpersonen an der Sinnhaftigkeit des mobilen Lernens in der Praxis zweifeln. Sofern mobiles Lernen dennoch stattfindet, fokussieren die meisten Einsatzszenarien die Distribution von Inhalten, behavioristisches oder instruktionistisches Lernen in Frontalunterrichtssettings, anstatt sich auf soziale Interaktion zwischen Lehrende und Lernende zu konzentrieren oder personalisiertes Lernen systematisch zu unterstützen. Wer es gerne provokativer formuliert hätte, sei auf Seipold (2017b) verwiesen.

Während die Praxis deutliche Anlaufschwierigkeiten bezüglich Systematisierung und Nachhaltigkeit hat, ist das mobile Lernen in der pädagogischen, medienpädagogischen und erziehungswissenschaftlichen Forschung längst angekommen, weltweit und auch in Deutschland. Die Schwerpunkte der Forschung liegen deutlich auf Aspekten des formalisierten, schulischen und universitären Lernens. Dazu werden Lerntheorien, Konzepte und Modelle herangezogen, die bereits in den Jahren und Jahrzehnten vor dem Aufkommen von Mobiltechnologien und dem mobilen Lernen entwickelt wurden. Ideen zu einer Didaktik des mobilen Lernens oder didaktischen Konzepten, die den Möglichkeiten und Anforderungen der Mobiltechnologien und der Nutzung der Lernenden gerecht werden, existieren bisher nur punktuell und bislang nicht auf breiter Ebene. Ein Nebenprodukt der Auseinandersetzung mit sich verändernden Lernformen sind Überlegungen zur Zukunft des Lernens und der Schule der Zukunft. Ideen dazu sind allerdings nur in Maßen visionär, orientieren sie sich doch stark an den aktuellen technischen Möglichkeiten und didaktischen Ideen. Radikale Konzepte, die bisherige Organisationsstrukturen und tradierte Lernformen infrage stellen und revolutionieren möchten, sind publikumswirksam und als Ideengeber interessant, sollten sich jedoch sinnvollerweise in systematischen Überlegungen zur Nachhaltigkeit des mobilen Lernens und adäquaten didaktischen Konzepten kanalisieren. Erste stichhaltige Überlegungen zur Schulentwicklung existieren und müssen weitergetrieben werden. Es besteht also Aufholbedarf nicht nur in der Praxis, sondern auch in der Forschung.

Literatur

Aufderheide, P. (2013): Copyright and Fair Use in M-Learning. In: Z. L. Berge; L. Y. Muilenburg; H. Crompton (Hrsg.): *Handbook of mobile learning*. New York, N.Y.: Routledge, 417–426.

Bachmair, B. (2009): Eckpunkte einer Didaktik des mobilen Lernens. http://www.ben-bachmair.de/Eckpunkte_mobiler_Didaktik_Dez09.doc.

Baroudi, G.; Marksbury, N. (2013): Becoming a mobile institution. In: Z. L. Berge; L. Y. Muilenburg; H. Crompton (Hrsg.): *Handbook of mobile learning*. New York, N.Y.: Routledge, 371–381.

Berge, Zane L.; Muilenburg, Lin Y.; Crompton, H, (Hrsg.) (2013): *Handbook of mobile learning*. New York, N.Y.: Routledge.

Cochrane, T. (2013a): M-learning as a catalyst for pedagogical change. In: Z. L. Berge; L. Y. Muilenburg; H. Crompton (Hrsg.): *Handbook of mobile learning*. New York, N.Y.: Routledge, 247–258.

Cochrane, T. (2013b): Summary and critique of m-learning research and practice. In: Z. L. Berge; L. Y. Muilenburg; H. Crompton (Hrsg.): *Handbook of mobile learning*. New York, N.Y.: Routledge, 24–34.

Crompton, H. (2013): Mobile learning. New Approach, New Theory. In: Z. L. Berge; L. Y. Muilenburg; H. Crompton (Hrsg.): *Handbook of mobile learning*. New York, N.Y.: Routledge, 47–57.

Crompton, H. (2014): A Diachronic Overview of Technology Contributing to Mobile Learning. A Shift Towards Student-Centred Pedagogies. In: M. Ally; A. Tsinakos (Hrsg.): *Increasing Access through Mobile Learning*. Vancouver: Commonwealth of Learning and Athabasca University, 7–15.

de Witt, C.; Ganguin, S.; Kuszpa, M.; Mengel, S. (2011): Mobile learning in the process of work: participation, knowledge and experience for professional development. In: N. Pachler; C. Pimmer; J. Seipold (Hrsg.): *Work-based mobile learning: concepts and cases*. Oxford et al.: Peter Lang, 147–171.

Dyson, L. E.; Andrews, T.; Smith, R.; Wallace, R. (2013): Towards a holistic framework for ethical mobile learning. In: Z. L. Berge; L. Y. Muilenburg; H. Crompton (Hrsg.): *Handbook of mobile learning*. New York, N.Y.: Routledge, 405–416.

Engeström, Y. (2001): Expansive learning at work. Toward an activity theoretical reconceptualisation. *Journal of Education and Work*, 14/1, 133–156.

Gerstein, J. (2013): Team and community building using mobile devices. In: Z. L. Berge; L. Y. Muilenburg; H. Crompton (Hrsg.): *Handbook of mobile learning*. New York, N.Y.: Routledge, 268–284.

Hamm, S.; Saltsman, G.; Jones, B.; Baldridge, S.; Perkins, S. (2013): A mobile pedagogy approach for transforming learners and faculty. In: Z. L. Berge; L. Y. Muilenburg; H. Crompton (Hrsg.): *Handbook of mobile learning*. New York, N.Y.: Routledge, 176–186.

Keegan, D. (2005): The incorporation of mobile learning into mainstream education and training. mLearn 2005, 4th World conference on mLearning: Mobile technology. The future of learning in your hands. Full Paper. http://www.mlearn.org.za/CD/papers/keegan1.pdf.

Kukulska-Hulme, A. (2005): Introduction. In: A. Kukulska-Hulme; J.Traxler (Hrsg.): *Mobile Learning. A Handbook for Educators and Trainers*. London/New York: Routledge, 1–6.

Kukulska-Hulme, A. (2013): Mobile learners. Who Are They and Who Will They Become?. In: Z. L. Berge; L. Y. Muilenburg; H. Crompton (Hrsg.): *Handbook of mobile learning*. New York, N.Y.: Routledge, 145–154.

Kukulska-Hulme, A.; Traxler, J. (Hrsg.) (2005a): *Mobile Learning. A Handbook for Educators and Trainers. New Edition, London*, New York: Routledge.

Kukulska-Hulme, A.; Traxler, J. (2005b): Mobile teaching and learning. In: A. Kukulska-Hulme; J. Traxler (Hrsg.): *Mobile Learning. A Handbook for Educators and Trainers*. London/New York: Routledge, 25–44.

Lave, J.; Wenger, E. (1991): *Situated learning: Legitimate peripheral participation*. Cambridge, UK: Cambridge University Press.

Luckin, R. (2010): *Re-designing learning contexts. Technology-rich, learner-centred ecologies*, New York, N.Y.: Routledge.

Luckin, R.; Clark, W.; Garnett, F.; Whitworth, A.; Akass, J.; Cook, J. et al. (2010): Learner-Generated Contexts: A framework to support the effective use of technology for learning. In: M. J. W. Lee; C. McLoughlin (Hrsg.): *Web 2.0-based e-learning. Applying Social Informatics for Tertiary Teaching*. Hershey, PA: IGI Global, 70–84.

Milrad, M.; Wong, L.-H.; Sharples, M.; Hwang, G.-J.; Looi, C.-K.; Ogata, H. (2013): Seamless Learning. An International Perspective on Next-Generation Technology-Enhanced Learning. In: Z. L. Berge; L. Y. Muilenburg; H. Crompton (Hrsg.): *Handbook of mobile learning*. New York, N.Y.: Routledge, 95–108.

MOBIlearn Consortium (2005): MOBIlearn Project. http://www.mobilearn.org/.

Naismith, L.; Lonsdale, P.; Vavoula, G.; Sharples, M. (2004): *Literature Review in Mobile Technologies and Learning*. Bristol: Futurelab.

Norris, C. A.; Soloway, E. M. (2013): Substantive educational change is in the palm of our children's hands. In: Z. L. Berge; L. Y. Muilenburg; H. Crompton (Hrsg.): *Handbook of mobile learning*. New York, N.Y.: Routledge, 109–118.

O'Loughlin, A. M.; Ngo, L. (2013): Using mobile technology to enhance teaching. In: Z. L. Berge; L. Y. Muilenburg; H. Crompton (Hrsg.): *Handbook of mobile learning*. New York, N.Y.: Routledge, 293–306.

Ozan, O.; Kesim, M. (2013): Rethinking scaffolding in mobile connectivist learning environments. In: Z. L. Berge; L. Y. Muilenburg; H. Crompton (Hrsg.): *Handbook of mobile learning*. New York, N.Y.: Routledge, 166–175.

Pachler, N. (2010): The Socio-Cultural Ecological Approach to Mobile Learning: An Overview. In: B. Bachmair (Hrsg.): *Medienbildung in neuen Kulturräumen. Die deutschsprachige und britische Diskussion*. Wiesbaden: VS Verlag für Sozialwissenschaften, 153–167.

Pachler, N.; Bachmair, B.; Cook, J. (2010): *Mobile learning: structures, agency, practices*. New York, N.Y.: Springer.

Pachler, N.; Pimmer, C.; Seipold, J. (Hrsg.) (2011): *Work-based mobile learning: concepts and cases*, Oxford, Bern, Berlin, Bruxelles, Frankfurt a. M./New York/Wien: Peter Lang.

Palalas, A.; Ally, M. (Hrsg.) (2016): *The International Handbook of Mobile-Assisted Language Learning*. Beijing: China Central Radio & TV University Press.

Pimmer, C.; Linxen, S.; Gröhbiel, U.; Kumar Jha, A.; Burg, G. (2013): Mobile learning in resource-constrained environments. A case study of medical education. Medical Teacher, 35/5, e1157–e1165. http://dx.doi.org/10.3109/0142159X.2012.733454.

Pimmer, C.; Mateescu, M.; Gröhbiel, U. (2016): Mobile and ubiquitous learning in higher education settings. A systematic review of empirical studies. *Computers in Human Behavior*, 63, 490–501.

Rummler, K. (Hrsg.) (2014): *Lernräume gestalten. Bildungskontexte vielfältig denken*, Münster/New York: Waxmann.

Seilhamer, R. M.; Chen, B.; Sugar, A. B. (2013): A framework for implementing mobile technology. In: Z. L. Berge; L. Y. Muilenburg; H. Crompton (Hrsg.): *Handbook of mobile learning*. New York, N.Y.: Routledge, 382–394.

Seipold, J. (2015): The ‚Network for Mobile Learning Scenarios'. A network for developing and distributing mobile learning practice. UNESCO Mobile Learning Week 2015, 23. Februar 2015, UNESCO Headquarters, Paris. http://www.slideshare.net/judiths/the-network-for-mobile-learning-scenarios-a-network-for-developing-and-distributing-mobile-learning-practice-45184713.

Seipold, J. (2012): *Mobiles Lernen. Analyse des Wissenschaftsprozesses der britischen und deutschsprachigen medienpädagogischen und erziehungswissenschaftlichen Mobile Learning-Diskussion*. Kassel: Universität Kassel.

Seipold, J. (2013a): Mobiles Lernen. Systematik, Theorien und Praxis eines noch jungen Forschungsfeldes. In: C. de Witt; A. Sieber, (Hrsg.): *Mobile Learning. Potentiale, Einsatzszenarien und Perspektiven des Lernens mit mobilen Endgeräten*. Wiesbaden: Springer VS, 27–54.

Seipold, J. (2013b): Mobiles Lernen. Diskussionsinput. Kick-Off-Meeting „Mobiles Lernen in der Schule", 18.09.2013, Zürich. http://de.slideshare.net/judiths/mobiles-lernen-diskussionsinput.

Seipold, J. (2014): *Das Konzept der Lernergenerierten Contexte und mögliche Anknüpfungspunkte an Lernen, Medienkompetenz und Medienbildung. Herbsttagung der Sektion Medienpädagogik in der DGfE*, 13–14. November 2014, Augsburg: Universität Augsburg. http://www.slideshare.net/judiths/j-seipold-learnergeneratedcontextsmp-dgfe1420141113.

Seipold, J. (2015): What can be learned from the Mobile Learning discussion? Ideas on learning, teaching and policy development. EERA ECER 2015 „Education and Transition – Contributions from Educational Research", 09.09.2015, Corvinus University of Budapest, Budapest, Hungary. http://www.slideshare.net/judiths/what-can-be-learned-from-the-mobile-learning-discussion-ideas-on-learning-teaching-and-policy-development /// https://youtu.be/7WfdoJv9uMU.

Seipold, J. (2017a): Lernergenerierte Contexte. Raum für personalisiertes und selbstgesteuertes Lernen und Ideengeber für ein „Ökologiemodell von Aneignung. In: K. Mayrberger; J. Fromme; P. Grell; T. Hug, (Hrsg.): *Jahrbuch Medienpädagogik 13. Vernetzt und entgrenzt – Gestaltung von Lernumgebungen mit digitalen Medien*. Wiesbaden: Springer VS, 29–43.

Seipold, J. (2017b): Sad Facts About Mobile Learning. http://www.judith-seipold.de/2017/02/22/sad-facts-about-mobile-learning/.

Sharples, M.; Taylor, J.; Vavoula, G. (2005): Towards a theory of mobile learning. Proceedings of mLearn 2005, 1/1, 1–9.

Sharples, M. (2007): A Short History of Mobile Learning and some issues to consider. Präsentation. mlearn 2007. http://www.slideshare.net/sharplem/history-of-mobile-learning-mlearn-2007-doctoral-consortium-oct-2007.

Sharples, M.; Taylor, J.; Vavoula, G. (2010): A Theory of Learning for the Mobile Age. Learning through Conversation and Exploration Across Contexts. In: B. Bachmair (Hrsg.): *Medienbildung in neuen Kulturräumen. Die deutschsprachige und britische Diskussion*. Wiesbaden: VS Verlag für Sozialwissenschaften, 87–99.

Summey, D. C. (2013): Mobile-learning strategies for K-12 professional development. In: Z. L. Berge; L. Y. Muilenburg; H. Crompton (Hrsg.): *Handbook of mobile learning*. New York, N.Y.: Routledge, 447–458.

Traxler, J. (2009): Learning in a Mobile Age. International Journal of Mobile and Blended Learning, 1/1, 1–12. Online: http://wlv.academia.edu/documents/0009/9949/ijmblproof01.pdf /// https://www.academia.edu/171500/Learning_in_a_Mobile_Age.

Traxler, J. (2010a): Education and the Impact of Mobiles and Mobility. An Introduction to Mobiles in our Societies. In: B. Bachmair, (Hrsg.): *Medienbildung in neuen Kulturräumen. Die deutschsprachige und britische Diskussion*. Wiesbaden: VS Verlag für Sozialwissenschaften, 101–111.

Traxler, J. (2010b): Mobile Learning – Starting in the Right Place, Going in the Right Direction?. Conference Key Note at IADIS Mobile Learning 2010 Conference. 19–21. March 2010, Porto, Portugal. Online: http://wlv.academia.edu/JohnTraxler/Talks.

Warren, S. J.; Wakefield, J. S. (2013): Learning and teaching as communicative actions. A Theory for Mobile Education. In: Z. L. Berge; L. Y. Muilenburg; H. Crompton (Hrsg.): *Handbook of mobile learning*. New York, N.Y.: Routledge, 70–81.

Wishart, J. (2011): Ethical concerns relevant to researching work based mobile learning. In: N. Pachler; C. Pimmer; J. Seipold (Hrsg.): *Work-based mobile learning: concepts and cases*. Oxford et al.: Peter Lang, 305–331.

Wygotsky, L. (1978/1930): *Mind in society. The Development of Higher Psychological Processes*. Edited by M. Cole et al., Cambridge, MA: Harvard University Press.

Richard Stang

Analoger Körper im digitalen Raum. Lernen im Zeichen einer ambivalenten Kontextualisierung

Einleitung

Die Digitalisierung und Virtualisierung unseres Alltags schreitet voran. Smartphones und Tablets sind selbstverständlicher Bestandteil des Alltags geworden (SevenOne Media 2016, 4), mit Google Glass wurde in den USA der Einstieg in *Augmented Reality* für den Massenmarkt in Angriff genommen und mit der *Oculus Rift* (2016), *HTC Vive* (2016), *Playstation VR* (2016) oder *Gear VR* (2015) der Einstieg in die virtuelle Realität (LfM 2016, 24). Dass Google bereits 2015 die Vermarktung von *Google Glass* wieder eingestellt hat, könnte allerdings ein Zeichen dafür sein, dass die zunehmende Mediatisierung unseres Alltags an körperliche Grenzen stößt. Doch wird der Trend zu digitalen *Wearables* immer öfter als Zukunftsszenario thematisiert. So heißt es in einer Broschüre der Landesanstalt für Medien Nordrhein-Westfalen (LfM): „Die Zukunft des Computers liegt in seinem Verschwinden: Die Wearables kommen!“:

> Die smarten Begleiter gibt es heute in Form von Armbändern und Uhren, Brillen und Schuhen, Schmuck, aber auch als Tattoos, Kontaktlinsen oder Implantate. Shooting Star unter den Wearables war zunächst die digitale Datenbrille Google Glass, um die es inzwischen stiller geworden ist. Stark verbreitet sind aber die Fitness-Armbänder von Nike oder Jawbone. Smartwatches sind noch enger an das Smartphone gekoppelt und können neben der Datensammlung eingehende Anrufe, E-Mails und Nachrichten oder Navigationshinweise anzeigen. Smart Clothing oder sogenannte E-Textilien treiben die Wearables-Evolution voran und eröffnen weitere neue Optionen der automatisierten Datenerfassung in der Jacke oder den Laufschuhen. (Goldhammer 2016, 4)

Mit Techniken der *Augmented* und der *Virtual Reality* sowie den *Wearables* rückt die virtuelle Welt dem Körper auf den Leib. Die Auseinandersetzung mit diesem Phänomen ist aber keine neue. Bereits Anfang der 1990er Jahre wurden Szenarien für den *Cyberspace* entworfen und kritisch reflektiert (Rheingold 1992; Sherman/Judkins 1993; Steinmüller 1993; Waffender 1991). Als dann 2003 LindenLab mit *Second Life* auf den Markt kam, schien der *Cyberspace* erfahrbar zu werden. Die Faszination entstand aus der sozialen Interaktion mit anderen „Bewohnern und Bewohnerinnen“ sowie der Möglichkeit, sich eine eigene Welt gestalten zu können. Das Handeln in virtuellen sozialen Kontexten ohne reale Konsequenzen – wenn

DOI 10.1515/9783110501131-003

man vor Schwierigkeiten steht, logt man sich einfach aus –, die Inbesitznahme fremder Welten und nicht zuletzt das Spiel mit Identitäten sind sicher Elemente, die den Einstieg in diese virtuelle Welt für Viele reizvoll mach(t)en. Doch hat sich dieser Reiz schnell verflüchtigt. Aus dem anfänglichen Hype ist heute ein kaum mehr wahrgenommenes Phänomen geworden. *Second Life* gibt es zwar noch, aber es spielt im Mediendiskurs keine Rolle mehr. 2017 soll dann *Sansar*, eine neue virtuelle Welt von LindenLab folgen (Bezmalinovic 2016). Muhle sieht in *Second Life* ein Experimentierfeld für „‚gemischte Gesellschaften' aus Menschen und Agentensystemen", in denen Menschen auch simuliert werden (Muhle 2013, 15).

Fast parallel zu *Second Life* entwickelte sich ein anderer Hype. 2004 ging das *Massively Multiplayer Online Role-Playing Game* (MMORPG) *World of Warcraft* an den Start, bei dem sich Spielerinnen und Spieler mit Hilfe von Avataren (Charakteren) in einer Fantasy-Welt in Gilden unterschiedlichen Herausforderungen (Quests) stellen können. Das Agieren in der virtuellen Spielewelt wird allerdings auch hier wie bei *Second Life* mit Tastatur und Maus realisiert. Spielekonsolen wie *Xbox One* und *Playstation 4* habe weiterentwickelte Bewegungssteuerungen als Interface, bei der *Playstation 4* gibt es mit der VR-Brille eine Intensivierung der Immersion. Die Fragen nach den Konsequenzen dieser Entwicklung, hat Rheingold bereits 1992 gestellt:

> Die Virtuelle Realität ist eine wichtige Schwelle für die Entwicklung der Mensch-Computer-Symbiose. Doch eine Symbiose ist ein Austauschprozess in zwei Richtungen. Wenn ein Organismus, auch ein künstlicher, auf Kosten eines anderen existiert, ohne selbst etwas zu der Beziehung beizusteuern, ist die Beziehung parasitär. Zwei Fragen, die sich aus einer Untersuchung der Virtuellen Realität ergeben, sind eng miteinander verbunden: Wie werden die VR-Werkzeuge und -Umgebungen unsere Art zu leben, zu denken und zu arbeiten beeinflussen? Und wie wird der Cyberspace die Art, wie wir die Welt erfassen, unser Selbstverständnis als fühlende, denkende und kommunizierende Wesen verwandeln? (Rheingold 1992, 594–595)

Sherman und Judkins sahen in der Entwicklung virtueller Welten, in die man „einsteigen" kann, die Erfüllung eines menschlichen Traums:

> Man kann eine Welt erfinden, in der man selbst im Mittelpunkt steht, für sich eine Persönlichkeit erfinden, die dazu paßt, und sich eine Geschichte ausdenken, in der man dann eine hervorragende Figur macht. (Sherman/Judkins 1993, 23)

Sie weisen aber gleichzeitig auf zentrale Probleme hin: „Wir haben kaum eine Vorstellung davon, welche psychischen und physischen Folgen eine echte Immersion in eine virtuelle Welt nach sich ziehen kann" (Sherman/Judkins 1993, 70). Ein Grundproblem benennen sie auch:

> VR-Benutzer befinden sich in zwei Wirklichkeiten zur gleichen Zeit. Sie treten mit ihrem physischen Körper in eine virtuelle Welt ein und beschäftigen Augen. Ohren und Hände

> ausschließlich im Rahmen dieser virtuellen Wirklichkeit. Aber ihre Füße (oder ihr Allerwertester) sind fest in der „realen“ Wirklichkeit verwurzelt. (Sherman/Judkins 1993, 149)

Was Sherman und Judkins bereits vor über zwanzig Jahren formuliert haben, ist auch heute noch die zentrale Dimension, wenn wir uns mit den Unterschieden von körperlicher und medialer Präsenz auseinandersetzen: Auch wenn wir im digitalen Raum agieren, sind wir körperlich immer in einem physischen Raum „gefangen“. Der Körper „verflüchtigt“ sich eben nicht im Digitalen, sondern die digitale Kommunikation wird durch den Körper immer im Hier und Jetzt „geerdet“.

Dieser physische Raum wird von den Nutzerinnen und Nutzern auch konstruiert und konstituiert sich erst „in der Wechselwirkung zwischen Handeln und Strukturen“ (Löw 2012, 191). Doch dieses Handeln ist in starkem Maße von der Leiblichkeit bestimmt, die den Gestaltungsoptionen Grenzen setzt. Dies ist das Grunddilemma an der Schnittstelle des Aufenthalts im physischen und digitalen Raum. Der folgende Beitrag ist eine Annäherung an dieses Dilemma unter der Perspektive des Lernens. Dabei geht es um die Frage, ob wir nicht immer in unserer physischen Verortung lernen, auch wenn wir uns in mobilen und digitalen Lernwelten bewegen und welche Relevanz hat der physische Raum für das Lernen in den digitalen Lernwelten. Unberücksichtigt bleibt dabei die Frage nach dem Bewusstsein in Bezug auf den Körper, um die Komplexität des Themas zu reduzieren. So haben zum Beispiel Ataria und Neria in einer Untersuchung nachgewiesen, wie Gefangene unter extremen Haftbedingungen, den Bezug zu ihrem Körper verlieren (Ataria/Neria 2013). Ebenfalls werden konstruktivistische Argumentationsweisen außer Acht gelassen, die davon ausgehen, dass wir uns immer in einem „virtuellen“ Raum bewegen, der durch unser Gehirn konstruiert wird (Westerhoff 2016). In diesem Sinne sind die folgenden Überlegungen sicher unterkomplex, helfen aber vielleicht den Shift von analogem Körper und digitalem Raum im Bezug auf Lernen auszuloten.

Der digitale Raum als Lernraum

Die Entwicklung des *E-Learning* bzw. Web-basierten Lernens hat in den letzten Jahren vor allem durch die Entwicklung mobiler Medien an Fahrt aufgenommen (Edinger/Reimer 2015, 205). Dabei wird vor allem *Mobile Learning* zu einem immer wichtigeren Aspekt des Lernens im digitalen Raum. De Witt grenzt dabei *E-Learning* und *Mobile Learning* voneinander ab:

> Während E-Learning alle Formen des Lernens mit elektronischen oder digitalen Medien meint und Blended Learning für die Kombination von Online- und Präsenzlernen steht, bezeichnet Mobile Learning das Lernen und Informieren unterwegs mit portablen, mobilen

> Endgeräten, die einen sofortigen und direkten Zugriff auf Informationen und Wissen ermöglichen und zumeist vernetzt sind. Vor allem ist Mobile Learning dabei zeit-und-ortsunabhängig. (de Witt 2013, 15)

Neben Lernplattformen scheinen vielfältige neue Entwicklungen wie z. B. *Massive Open Online Courses* (MOOCs) oder *Open Educational Resources* (OER) den digitalen Lernraum zu erweitern (Bremer/Krömker 2013). In einer Studie der *Geschäftsstelle Hochschulforum Digitalisierung* (GHD) werden für den Hochschulbereich vier Kategorien von Lernelementen und -formaten unterschieden und insgesamt 16 Lernelemente und -formate benannt: digitalisierte oder teilweise digitalisierte Lernelemente (Vorlesungsaufzeichnung, *Open Educational Resources*, *E-Portfolio*); digitalisierte oder teilweise digitalisierte Lernformate (*Game-Based Learning*, Inverted Classroom/Flipped Classroom, Mobiles Lernen, Nutzung sozialer Medien, *Online-Peer-* und kollaboratives Lernen, Adaptives Lernen); digitalisierte Wirklichkeit (*Augmented Reality*, Simulationsgestütztes Lernen und *Virtual Reality*); onlinebasierte Veranstaltungsformate und Studiengänge (*E-Lecture*, Online-Seminar, *Open Course*, MOOC, Online-Studiengang) (GHD 2016, 16–52).

Diese Vielfalt zeigt bereits, dass von einer einheitlichen Struktur des digitalen Raums als Lernraum nicht ausgegangen werden kann. In der allgemeinen Erwachsenenbildung bzw. Weiterbildung werden digitale Angebote (MOOCS, OER etc.) vor allem im Kontext von *Blended-Learning*-Arrangements genutzt. Moodle, Adobe Connect, Google Hangout, Google Drive, Google+, YouTube, Facebook, Twitter, Etherpad, Xing, Podcast, Screencast etc. sind Plattformen bzw. Dienste, die zum Einsatz kommen (Klottmann et al. 2014, 19–33). Allerdings erfolgt dies bislang in nur sehr reduziertem Ausmaß. Anders ist dies in der beruflichen Weiterbildung, wo *Web Based Training*, Virtuelle Klassenräume und Webinare oder Wikis für das betriebliche Lernen genutzt werden (MMB/Haufe Akademie 2014, 8). Dass auch im Schulbereich der digitale Raum immer stärker als Lernraum genutzt wird, zeigt Thissen in seiner Publikation *Mobiles Lernen in der Schule*, in der er Beispiele des Einsatzes digitaler Medien in der Schule zusammengeführt hat (Thissen 2015). Allerdings sind die Projekte meist noch Pilotprojekte. Ob dann zum Beispiel die *Bildungsoffensive für die digitale Wissensgesellschaft* des Bundesministeriums für Bildung und Forschung (BMBF) die Entwicklung im Schulbereich weiter voranbringen wird, bleibt abzuwarten (BMBF 2016).

Castells hat allerdings bereits vor fünfzehn Jahren auf das Beharrungsvermögen der Institutionen hingewiesen, und grundlegende Veränderungen kommen anscheinend nur langsam voran:

> Schulen und Universitäten sind paradoxerweise die Institutionen, die von der virtuellen Logik, die in die Informationstechnologie eingebettet ist, am wenigsten betroffen

> sind, trotz des absehbaren, nahezu allgemeinen Einsatzes von Computern in den Hörsälen und Klassenzimmern der fortgeschrittenen Länder. Aber sie werden kaum in den virtuellen Raum entschwinden. [...] Im Fall der Universitäten ist der Grund, dass Bildung noch immer und auf lange Sicht mit der Intensität der persönlichen Interaktion zusammenhängt. [...] Sie könnten in einem künftigen verbesserten System der Erwachsenenbildung eine wichtige Rolle spielen, aber kaum die gegenwärtigen Institutionen der höheren Bildung ersetzen. Was sich jedoch an guten Universitäten abzeichnet, ist die Kombination des ‚distance-learning' on-line mit Bildung an Ort und Stelle. (Castells 2001, 452–453, H.i.O.)

Die digitalen Optionen sind unter der Bildungsperspektive allerdings nicht uninteressant, wenn sie elaborierte Möglichkeiten zum Probehandeln in ungewohnten Umgebungen eröffnen und damit die Lernenden unterstützen, sich mit Neuem auseinanderzusetzen. Dies ist schon immer eine Grundlage zur Gestaltung pädagogischer Prozesse. Allerdings sind viele der digitalen Angebote nur ein Abbild klassischer Lehr-/Lern-Situationen – meistens eher textbasiert. *Virtual Reality* könnte sich in Zukunft als ein Raum für formelle und informelle Lernprozesse erweisen, allerdings wissen wir bislang zu wenig darüber, wie Menschen in virtuellen Lernumgebungen agieren und wie der Shift zwischen virtueller Welt und physischer Verortung verarbeitet wird.

Doch zeigt die zunehmende Digitalisierung auch ein Problem auf, dass auch für den digitalen Lernraum von Relevanz ist. Wie die Mediennutzungsdaten deutlich machen, ist die digitale Welt vor allem eine Welt der gut gebildeten und finanziell gut gestellten Bevölkerungsschichten, während das Fernsehen noch immer das Leitmedium der sozial Benachteiligten ist. Während die einen sich in den digitalen Lernraum begeben können, werden die anderen nach wie vor auf dem Sofa sitzen bleiben (Initiative D21 2016, 58–59; Simon/Kloppenburg 2016, 240).

Der physische Raum als Lernraum

Die Diskussionen um das *E-Learning* bzw. *Mobile Learning* haben in den letzten Jahren in allen Bildungsbereichen zu einem starken Fokus auf den digitalen Raum geführt (Sesink 2014, 37), obwohl der physische Raum bzw. die physische Verortung der Lernenden für das Lernen von besonderer Relevanz ist. So hatte bereits Loris Malaguzzi, Mitbegründer der Reggio-Pädagogik, vom Raum als drittem Erzieher (Pädagogen) gesprochen, d. h. dass der Raumgestaltung für pädagogische Prozesse eine besondere Bedeutung zukommt (Schäfer/Schäfer 2009, 240–242).

Einer differenzierten Gestaltung von Lernumgebungen – sowohl der physischen als auch der digitalen – kommt vor dem Hintergrund unterschiedlicher Lernzugänge und didaktischer Settings eine immer größere Rolle bei der Raumgestaltung in Schulen, Weiterbildungseinrichtungen, Hochschulen und Bibliotheken zu (Stang 2016). Peschl und Fundneider (2012) weisen darauf hin, dass es bei der Gestaltung von Lernumgebungen um die Gestaltung von *Enabling Spaces* geht:

> *Enabling Spaces* dürfen nicht nur als ‚*Möglichkeitsräume*', sondern müssen als ‚*Ermöglichungsräume*' verstanden werden: d. h., sie bieten Rand-/Rahmenbedingungen, die Prozesse der Innovation, des individuellen und kollaborativen Lernens und der Wissensgenerierung ermöglichen und unterstützen, diese aber nicht explizit und mechanistisch vorgeben. (Peschl/Fundneider 2012, 75, H.i.O.)

Dabei geht es eben auch darum, die Lernenden mit ihren Bedürfnissen im physischen Raum ernst zu nehmen und den Körper als wichtige Komponente im Lernprozess zu berücksichtigen. Hier können zum Beispiel unterschiedliche Sitzmöglichkeiten von Relevanz werden, da die Lernenden verschiedene Präferenzen haben (Strahl 2017). Auch Kraus weist darauf hin, dass Lernen in den unterschiedlichsten physischen Kontexten stattfindet, die allerdings nicht immer „pädagogische Räume" (Kraus 2010, 46) sein müssen:

> Ein Ort wird dann zum Lernort, wenn die Konstellation von Wissensträger, Infrastruktur, Atmosphäre und Ko-Präsenz für eine bestimmte Person und einen konkreten Lerngegenstand zu einem gegebenen Zeitpunkt passend ist. (Kraus 2010, 49)

Aspekte wie Ausstattung, wie z. B. Möblierung, und Atmosphäre sind unter anderen zentrale Elemente, die einen Lernort und damit die physische Repräsentanz der Lernumgebung prägen (Kraus 2016, 45–47). Sehr stark strukturierte Raumarrangements, wie Hörsäle, Seminarräume mit festinstalliertem Mobiliar usw., grenzen die Möglichkeiten der Gestaltung von Lehr-/Lernprozessen stärker ein als flexible Lernraumarrangements. So ermöglicht die Vielfalt von Möblierung die Raumnutzung den Vorlieben beim Sitzen und Arbeiten anzupassen. Auch der Einsatz digitaler Medien verändert den Bedarf an Raumgestaltung, da man z. B. für die Verwendung einer Computertastatur und eines Bildschirms andere Möblierungsvoraussetzungen benötigt als beim der Verwendung eines Tablets. Das bislang verwendete Konzept, dass ein Raum *ein* Lehr-/Lernkonzept abbildet, ist in Anbetracht unterschiedlicher individueller Lernformen nur noch bedingt funktional (Montag Stiftung 2012, 22). Im physischen Raum agieren die Lernenden immer in ihrer Leiblichkeit, auch wenn sie digitale Medien nutzen. Diese „Begrenzung" gilt es zu berücksichtigen, wenn wir über die Gestaltung des Lernens mit digitalen Medien nachdenken.

Vom Analogen im Digitalen

Die zunehmende Digitalisierung des Alltags führt tendenziell dazu, dass der Körper in Diskurskontexten zu verschwinden scheint. Hahn und Stempfhuber konstatieren dies für die medientheoretischen Diskurse:

> Während nämlich einerseits neue Ergebnisse zur detaillierteren Erforschung von Praktiken um den Körper und seiner Inszenierung entstehen, wird gleichzeitig in weiten Teilen der Medientheorie das Verschwinden des Körpers im herkömmlichen Sinne als materielles, beständiges oder authentisches Substrat von Kommunikationsprozessen beschrieben. (Hahn/Stempfhuber 2015, 7)

Bezogen auf die Kommunikationskultur in digitalen Kontexten sehen allerdings Klemm und Staples nicht die Konstituierung einer „virtuellen" Welt, sondern sehen darin, „echte" Kommunikation, „echte" soziale Beziehungen, „echtes" subjektives Erleben und „echte" Interaktion:

> Die sich digitalisierende Kommunikationskultur, deren Element digitale Textkommunikation ist, ist unter Interaktionsgesichtspunkten deshalb gerade keine virtuelle Welt des spielerischen Selbstinszenierens, sondern im Textkörper ist unser Interaktionsselbst verbindlich objektiviert. Die Annahme, digitale Kommunikation schaffe eine ‚virtuelle' Welt, ist sowohl in sozialer Hinsicht als auch im Hinblick auf das Erleben des Selbst eine verzerrte und in unseren Augen sogar gefährliche Annahme. Vielmehr ist digitale Kommunikation ‚echte' Kommunikation, sie vermittelt ‚echte' soziale Beziehungen und erzeugt ein ‚echtes' subjektives Erleben des Selbst im Kontext ‚echter', wenn auch zeitversetzter Interaktionen. (Klemm/Staples 2015, 131, H.i.O.)

Doch was bedeutet „echt", wenn der Bezug zur analogen Leiblichkeit nicht hergestellt wird. Der Körper ist aber eben ein zentrales Element menschlicher Kommunikation, wie dies Hahn und Stempfhuber ausführen:

> Der Körper, der in der Kommunikation als Zeichenträger, insofern als eine Art Display fungiert, repräsentiert subjektiven und sozialen Sinn, der in (mindestens) einem weiteren, dem technologisch basierten und materialisierten, Rahmen inszeniert wird. (Hahn/Stempfhuber 2015, 7)

Die Trennung von analogem Körper und digitaler Kommunikation oder Lernen mit digitalen Medien wird der Bedeutung beider Aspekte nicht gereicht. Für Hahn

> wird die Erklärungskraft einer bisher sehr geläufigen Theoriefigur – nämlich der kategorialen Unterscheidung zwischen Kommunikation in körperlicher Anwesenheit und körperlicher Abwesenheit – zunehmend fragwürdig (Hahn 2015, 23).

Für Konzepte des Lernens mit digitalen Medien bedeutet dies, dass die körperliche Verortung der Lernenden immer einbezogen werden sollte. Es geht also darum, die Beziehung dieser beiden Ebenen stärker zu berücksichtigen. Tabti formuliert diese Herausforderung:

> Dabei geht es weniger um die Differenz zwischen realer Situation und virtueller Kommunikation, sondern darum, dass diese beiden Realitäten in einer Art Verschränkungsbeziehung zueinander stehen und die soziale Interaktion auf unterschiedlichen Ebenen erweitern. (Tabti 2015, 43)

Stempfhuber sieht in der physischen Kopräsenz ein wichtiges Element menschlicher Kommunikation:

> Sobald Körper kopräsent sind, geht damit die Verpflichtung einher, Situationen gemeinsam und auf angemessene Weise zu handhaben. Interaktionsordnungen widmen sich dem Problem des (gegenseitigen) Schutzes verletzlicher Körper und verletzlicher Selbstbilder – einer Verletzlichkeit, die in Situationen der Kopräsenz besonders deutlich zum Tragen kommt. (Stempfhuber 2015, 138)

Durch die soziale Struktur in digitalen Kontexten sieht er eine Problematik in Bezug auf den physischen Kontext:

> Eine Kopräsenz von *digital selfs* erscheint exakt an der Stelle, an der die Möglichkeit der Selbst-Absentierung immer offen steht, nicht mehr auf die Kopräsenz von physischen Körpern abbildbar zu sein. (Stempfhuber 2015, 139, H.i.O.)

Gerade dieser Aspekt macht deutlich, in welcher sensiblen Konstellation sich Lernen mit digitalen Medien befindet. Lernen mit digitalen Medien gemeinsam mit anderen in einem physischen Lernraum konstituiert sich anders, als dies in „reinen" digitalen Lernarrangements der Fall ist. Die Verortung des Körpers stellt sich ebenfalls anders dar, wenn andere im Raum sind, wie wenn die Lernenden sich alleine im physischen Raum aufhalten.

Der physische Raum als sozialer Bindungsfaktor sollte in Lernprozessen nicht aus dem Blick geraten. Auch die Ausstattung und Atmosphäre spielt dabei eine große Rolle. Klassische Lehrraumkonzepte begrenzen die Optionen den analogen Raum zu einem wichtigen Faktor des Lernens in digitalen Kontexten zu machen, vielfältig gestaltete Räume können hier Möglichkeiten entfalten. Vor diesem Hintergrund betrachtet, wird der Einsatz der digitalen Medien in Lehr-/Lernkontexten zu eine Veränderung physischer Lernraumkonstellationen führen. Gleichzeitig wird die Gestaltung der physischen (Lern-)Räume das Lernen mit digitalen Medien stark prägen. (Didaktische) Konzepte, die diese ambivalente Konstellation außer Acht lassen, werden kaum dazu beitragen, eine sinnvolle, hybride Lehr-/Lernkultur zu entwickeln. Doch wie sieht eine solche hybride Lehr-/Lernkultur aus? Das Finden der Antwort auf diese Frage wird in den nächsten Jahren eine zentrale Herausforderung pädagogischer Diskurse werden. Sinnvolle

Konzepte finden sich bereits im Alltag der Verschränkung von analoger mit digitaler Welt, wie zum Beipiel bei der App *Be my eyes*, die Menschen mit Sehbehinderungen und Sehende per Videochat zusammenbringt, damit die Sehenden den Menschen mit Sehbehinderungen sagen können, was sich in deren Umgebung befindet, was diese nicht sehen können.

Literatur

Ataria, Y.; Neria, Y. (2013): Consciousness-Body-Time: How Do People Think Lacking Their Body?. *Human Studies*, 36/2, 159–178. DOI:10.1007/s10746-013-9263-3.

Beck, U. (1996): Die offene Stadt. Architektur in der reflexiven Moderne. Deutsches Architektenblatt, 3, 362–364.

Bezmalinovic, T. (2016): Project Sansar. Der Nachfolger von Second Life beeindruckt Journalisten. *VRODO – Magazin für virtuelle Realität*. https://vrodo.de/project-sansar-der-nachfolger-von-second-life-beeindruckt-journalisten/.

BMBF – Bundesministerium für Bildung und Forschung (Hrsg.) (2016): Bildungsoffensive für die digitale Wissensgesellschaft. Strategie des Bundesministeriums für Bildung und Forschung. https://www.bmbf.de/files/Bildungsoffensive_fuer_die_digitale_Wissensgesellschaft.pdf.

Böhme, J. (2012): Schulräumliche Ordnungsparameter der Disziplinierung. Perspektiven einer Pädagogischen Morphologie. In: H. Schröteler-von Brandt; T. Coelen; A. Zeising; A. Zische (Hrsg.): *Raum für Bildung. Ästhetik und Architektur von Lern- und Lebensorten*. Bielefeld: transcript, 219–231.

Bremer, C.; Krömker, D. (Hrsg.) (2013): *E-Learning zwischen Vision und Alltag. Zum Stand der Dinge*. Münster; New York: Waxmann.

Castells, M. (2001): *Der Aufstieg der Netzwerkgesellschaft. Teil 1 der Trilogie „Das Informationszeitalter"*. Opladen: Leske + Budrich.

de Witt, C. (2013): Vom ELearning zum Mobile Learning. Wie Smartphones und Tablet PCs Lernen und Arbeiten verbinden. In: C. de Witt; A. Sieber (Hrsg.): *Mobile Learning. Potenziale, Einsatzszenarien und Perspektiven des Lernens mit mobilen Endgeräten*. Wiesbaden: Springer VS, 13–26.

Edinger, E.-C.; Reimer, R. T. D. (2015): Thirdspace als hybride Lernumgebung. Die Kombination materieller und virtueller Lernraume. In: C. Bernhard; K. Kraus; S. Schreiber-Barsch; R. Stang (Hrsg.): *Erwachsenenbildung und Raum. Theoretische Perspektiven – professionelles Handeln – Rahmungen des Lernens*. Bielefeld: W. Bertelsmann, 205–216.

GHD – Geschäftsstelle Hochschulforum Digitalisierung (2016) (Hrsg.): Digitale Lernszenarien im Hochschulbereich. https://hochschulforumdigitalisierung.de/sites/default/files/dateien/HFD_AP_Nr15_Digitale_Lernszenarien.pdf.

Goldhammer, K. (2016): Die Zukunft des Computers liegt in seinem Verschwinden: Die Wearables kommen!. In: LfK (Hrsg.): Wearables. Düsseldorf: LfM. http://www.lfm-nrw.de/fileadmin/user_upload/lfm-nrw/Foerderung/Digitalisierung/Digitaltrends/Digitaltrends_Wearables.pdf, 4–7.

Hahn, K. (2015): In welcher Kopräsenz leben wir? Eine Untersuchung zu Mitspielkompetenzen auf einem roten Teppich. In: K. Hahn; M. Stempfhuber (Hrsg.): *Präsenzen 2.0. Körperinszenierung in Medienkulturen*. Wiesbaden: Springer VS, 23–42.

Hahn, K.; Stempfhuber, M. (2015): Präsenzen 2.0. Zur Einführung in die soziologische Erforschung differenzierter Präsenz. In: K. Hahn; M. Stempfhuber (Hrsg.): *Präsenzen 2.0. Körperinszenierung in Medienkulturen*. Wiesbaden: Springer VS, 7–19.
Initiative D21 (Hrsg) (2016): 2016 D21-DIGITAL-INDEX. Jährliches Lagebild zur Digitalen Gesellschaft. http://www.initiatived21.de/wp-content/uploads/2016/11/Studie-D21-Digital-Index-2016.pdf.
Klemm. M.; Staples, R. (2015): Warten auf Antwort. Digitale Kommunikation im Spannungsfeld körperlicher und textueller Selbstrepräsentation. In: K. Hahn; M. Stempfhuber (Hrsg.): *Präsenzen 2.0. Körperinszenierung in Medienkulturen*. Wiesbaden: Springer VS, 113–134.
Klottman, E.; Kock,C.; Lindner, M.; Oberländer, N.; Sucker, J.; Winkler, B. (Hrsg.) (2014): Der vhsMOOC 2013. Wecke den Riesen auf. Bielefeld: W. Bertelsmann. https://www.wbv.de/de/download/shop/download/0/_/0/0/listview/file/-direct%406004409w/area/shop.html?cHash=00099165a180160394c0f112f5e73175.
Kraus, K. (2010): Aneignung von Lernorten in der Erwachsenenbildung. Zur Empirie pädagogischer Räume. *Hessische Blätter für Volksbildung*, 2, 46–55.
Kraus, K. (2016): Orte des Lernens als temporäre Konstellationen. Ein Beitrag zur Diskussion des Lernortkonzepts. In: C. Bernhard; K. Kraus; S. Schreiber-Barsch; R. Stang (Hrsg.): *Erwachsenenbildung und Raum. Theoretische Perspektiven – professionelles Handeln – Rahmungen des Lernens*. Bielefeld: W. Bertelsmann, 41–54.
LfM – Landesanstalt für Medien Nordrhein-Westfalen (Hrsg.) (2016): Wearables. Düsseldorf: LfM. http://www.lfm-nrw.de/fileadmin/user_upload/lfm-nrw/Foerderung/Digitalisierung/Digitaltrends/Digitaltrends_Wearables.pdf.
Löw, M. (2012): *Raumsoziologie*. 7. Aufl. Frankfurt a. M.: Suhrkamp.
MMB – Institut für Medien- und Kompetenzforschung; Haufe Akademie (2014): Der Mittelstand baut beim e-Learning auf Fertiglosungen. Repräsentative Studie zu Status quo und Perspektiven von e-Learning in deutschen Unternehmen Ergebnisbericht zur Studie 2014. http://www.mmb-institut.de/projekte/digitales-lernen/E-Learning_in_KMU_und_Grossunternehmen_2014.pdf.
Montag S. (Hrsg.) (2012): *Schulen planen und bauen. Grundlagen und Prozesse*. Berlin: Jovis.
Muhle, F. (2013): *Grenzen der Akteursfähigkeit. Die Beteiligung „verkörperter Agenten" an virtuellen Kommunikationsprozessen*. Wiesbaden: Springer VS.
Peschl, M. F.; Fundneider, T. (2012): Räume bilden Wissen. Kognitive und epistemologische Grundlagen der Ermöglichung von Wissensgenerierung in Enbabling Spaces. In: H. Schröteler-von Brandt; T. Coelen; A. Zeising; A. Zische (Hrsg.): *Raum für Bildung. Ästhetik und Architektur von Lern- und Lebensorten*. Bielefeld: transcript, 73–80.
Rheingold, H. (1992): Virtuelle Welten. Reisen im Cyberspace. Reinbek bei Hamburg: Rowohlt.
Schäfer, G. E.; Schäfer, L. (2009): Der Raum als dritter Erzieher. In: J. Böhme (Hrsg.): *Schularchitektur im interdisziplinären Diskurs. Territorialisierungskrise und Gestaltungsperspektiven des schulischen Bildungsraums*. Wiesbaden: VS Verlag für Sozialwissenschaften, 235–248.
Sesink, W. (2014): Überlegungen zur Pädagogik als einer einräumenden Praxis: In: K. Rummler (Hrsg.): *Lernräume gestalten. Bildungskontexte vielfältig denken*. Münster; New York: Waxmann, 29–43.
Sherman, B.; Judkins, P. (1993): *Virtuelle Realität. Computer kreieren synthetische Welten*. Bern: Scherz.
Simon, E.; Kloppenburg, G. (2016): ‚Generation Mitte' sieht fern. Analyse der Fernsehnutzung der 35- bis 55-Jährigen. *Media Perspektiven*, 4, 236–245.

Stang, R. (2016): *Lernwelten im Wandel. Entwicklungen und Anforderungen bei der Gestaltung zukünftiger Lernumgebungen*. Berlin; Boston: DeGruyter Saur.
Steinmüller, K. (Hrsg.) (1993): *Wirklichkeitsmaschinen. Cyberspace und die Folgen*. Weinheim; Basel: Beltz.
Stempfhuber, M. (2015): ‚Always on, but not always there'. Praktiken der Selbst-Absentierung im Web 2.0. In: K. Hahn; M. Stempfhuber (Hrsg.): *Präsenzen 2.0. Körperinszenierung in Medienkulturen*. Wiesbaden: Springer VS, 135–152.
Strahl, A. (2017): *Selbstlernzentren in Hochschulen. Entwicklungen und Anforderungen bei der Gestaltung zukünftiger Lernumgebungen*. Stuttgart: Hochschule der Medien. Unveröffentlichte Masterarbeit.
SevenOne Media (Hrsg.) (2016): Mobile/ Activity Trends 2016. https://www.sevenonemedia.de/documents/20182/183907/Mobile_Activity_Trends_2016_I.pdf/fb16acc9-6834-4f97-b2e4-8389d6068af1.
Tabti, S. (2015): Hijab-Styles: Körperästhetische Figurationen sozialer Sichtbarkeit im Web 2.0. Einblick: Bildmedien im Web 2.0. In: K. Hahn; M. Stempfhuber (Hrsg.): *Präsenzen 2.0. Körperinszenierung in Medienkulturen*. Wiesbaden: Springer VS, 43–56.
Thissen, F. (2015). Mobiles Lernen in der Schule. 3. Aufl. eBook. http://www.frank-thissen.de/ML3.pdf.
Waffender, M. (Hrsg.) (1991): *Cyberspace. Ausflüge in virtuelle Wirklichkeiten*. Reinbek bei Hamburg: Rowohlt.
Westerhoff, J. (2016): What it Means to Live in a Virtual World Generated by Our Brain. *Ekenntnis*, 81/3, 507–528. DOI: 10.1007/s10670-015-9752-z.

Carolin Nüssle, Frank Thissen und Amelie Zimmermann

Der narrative Lernraum einer Ermöglichungsdidaktik. Lernen mit medialen Geschichten in der ökonomischen Bildung

Lernen ist ein komplexer Vorgang, der auf vielerlei Wegen unterstützt werden kann. Eine Möglichkeit besteht darin, Geschichten als narrative Orte zu nutzen, um den Lernprozess zu initiieren und zu unterstützen. Diesem Vorgehen liegt die Annahme zugrunde, dass Geschichten einen emotionalen Zugang zu Lerninhalten schaffen. Dieser Artikel erzählt ebenfalls – durch seine Gliederung in den Ruf des Abenteuers, den Weg und das Elixier – eine Geschichte. Es ist die Geschichte von Lernenden in der ökonomischen Bildung, denen mit digitalen Erzählungen ein für sie zunächst trockener und schwieriger Lernstoff verstehbar und lernbar gemacht wird. Und es ist die Geschichte von einem narrativen Lernraum, der mit moderner Technik den physischen und virtuellen Raum und somit auch die Lebens- und Arbeitswelt der Lernenden verbindet.

Das Problem (Der Ruf des Abenteuers)

Zu den Themenfeldern für Auszubildende im Einzelhandel gehören unter anderem der Wirtschaftskreislauf, das Ökonomische Prinzip, die Preisbildung, die Bilanz-, Gewinn- und Verlustrechnung, Investition, Finanzierung und die verschiedenen Marktformen. Diese Themen sind teilweise sehr abstrakt und daher für Auszubildende schwer zugänglich. Von ihnen wird häufig die Relevanz für die persönliche Arbeits- und Lebenswelt nicht wahrgenommen, was zu einer schwächeren Prüfungsleistung in der schulischen Phase und zu einer schlechteren Leistung im Betrieb führt.

Das vom BMBF geförderte Projekt *Digitale Narration als innovativer didaktischer Ansatz für eine ökonomische Bildung im Handel (DiNöB)* begegnet dieser Herausforderung, indem es eine beispielhafte Lösung für den Einsatz crossmedialer narrativer Elemente in der beruflichen Bildung schafft.

Anmerkung: Dieser Text folgt in seiner Grundstruktur dem Konzept der Heldenreise von Vogler (2004).

DOI 10.1515/9783110501131-004

Neben der Vermittlung von Fachwissen aus dem ökonomischen Bereich sollten vor allem Kompetenzen der Lernenden gestärkt und eine die Zielgruppe ansprechende und emotional berührende Geschichte entwickelt werden, die crossmedial im Unterricht eingesetzt wird. Die Zielgruppe setzte sich zusammen aus in der Ausbildung befindlichen Kaufleuten im Einzelhandel sowie angehenden Handelsfachwirten und war somit heterogen in Bezug auf Alter und Erfahrungshintergrund.

Aus den nun folgenden theoretischen Überlegungen zu Kompetenzen, narrativen Strukturen zur Anbindung von Lerninhalten sowie Lernräumen und deren medialen Voraussetzungen ergibt sich das methodisch-didaktische Konzept, das die Grundlage für das Lernarrangement im Projekt DiNöB bildete. Auch wenn es sich hier um ein ökonomisches Thema handelt, sind die Ansätze, das Vorgehen und die Ergebnisse auch auf andere Themen und Lernfelder anwendbar.

Kompetenzen durch Geschichten erwerben (Der Weg)

Zum Kompetenzerwerb

Bereits 1902 rückte John Dewey den handlungsfähigen Lernenden ins Zentrum seiner Reformpädagogik, als er schrieb: „Not knowledge or information, but self-realization, is the goal“ (Dewey 1902, 6). Die Selbstorganisationsfähigkeiten des Lernenden sollten im Gegensatz zur reinen Anhäufung von Wissen gestärkt werden, um ihn handlungsfähig zu machen. Im Projekt DiNöB wurde Deweys Einschätzung als Paradigma vorausgesetzt. Die Kompetenzen der Lernenden werden daher verstanden als „Fähigkeiten von Menschen, sich in neuen, offenen und unüberschaubaren, in komplexen und dynamischen Situationen selbstorganisiert (aus sich selbst heraus) zurechtzufinden und aktiv zu handeln“ (Heyse 2010, 55). Erst durch die Förderung von Kompetenzen lässt sich Wissen in der Anwendung erwerben und wird in seiner Relevanz verständlich.

Heyse (2010) unterscheidet zwischen strategischen und operativen Kompetenzen. Für eine Ausbildung im Handel sind spezielle *strategische Kompetenzen* wie zum Beispiel Folgebewusstsein, Beurteilungsvermögen und eigenverantwortliches Handeln von Nöten. Für deren gezielte Entwicklung wird stets die Steigerung der Handlungsfähigkeit der Auszubildenden fokussiert.[1] Demgegenüber beinhalten *operative Kompetenzen* Wissen, Fertigkeiten und Qualifikationen. Diese allein reichen aber nicht aus, sondern sind essentielle Voraussetzungen für die Entwicklung strategischer Kompetenzen (Heyse 2010, 73). Um eine Qualifikation zu erlangen, ist zwar Handlungsfähigkeit notwendig, diese ist aber selten selbstorganisiert (Heyse 2010, 72). Für die Entwicklung strategischer Kompetenzen sind *selbstorganisierte Handlungen* aber eine Voraussetzung, z. B. Problemlösungsprozesse, kreative Denkprozesse, konkrete Handlungsvollzüge (gedankliche und instrumentelle Handlungen), Gespräche, Verkaufstätigkeiten, Selbstdarstellungen (kommunikative Handlungen), Selbsteinschätzungen, Selbstveränderungen, neue Selbstkonzeptbildungen (reflexive Handlungen) sowie gesamte Handlungsspektren kreativer Mitarbeiter, Teams oder Organisationen (Handlungsgesamtheiten) (Heyse 2010, 80). Diese Handlungen müssen forciert werden, wenn das Ziel eine Entwicklung strategischer Kompetenzen sein soll.

Um diese Formen von selbstorganisierten Handlungen zu unterstützen, nennen Kuhlmann und Sauter (Kuhlmann/Sauter 2008, 124) den *Blended Learning*-Ansatz, der sich aus ihrer Sicht für die Kompetenzentwicklung besonders eignet. Bei ihm ist der Erwerb von Wissen nicht das Ziel, sondern eine wichtige Voraussetzung für die Kompetenzentwicklung. Da sich Kompetenzen aber nicht einfach vermitteln lassen, sprechen die Autoren mit Bezug auf Arnold von einer „Ermöglichungsdidaktik" (Arnold 1997; Quilling 2015).

Im Fall des hier dargestellten Projektes bedeutet Ermöglichungsdidaktik die gezielte Einbeziehung von *emotionalisierenden* Elementen im Rahmen eines *Blended Learning*-Ansatzes, da „Menschen ihr Wissen zu Emotionen und Motiven ihres eigenen Handelns machen" (Kuhlmann/Sauter 2008, 50) müssen, um Kompetenzen entwickeln zu können. Durch eine emotionale Labilisierung[2] der Lernenden soll deshalb eine intensive Auseinandersetzung mit den Inhalten ermöglicht werden. Diese zentrale Annahme bildete die Vorrausetzung für das didaktisch-methodische Konzept im Projekt DiNöB. Und hier kommen die Geschichten ins Spiel.

---

1 Im aktuellen Rahmenlehrplan für den Ausbildungsberuf Kaufmann im Einzelhandel/Kauffrau im Einzelhandel und zur Verkäufer/Verkäuferin ist die Handlungskompetenz unter dem Bildungsauftrag der Berufsschulen verankert. (Beschluss der Kultusministerkonferenz 2004)

2 Emotionale Labilisierung meint das Erleben und Bewältigen von Dissonanzen. Diese treten dann auf, sobald Erfahrungen und Informationen in Widerspruch zu persönlichen Einstellungen stehen. (Kuhlmann/Sauter 2008, 207)

Geschichten als Basis

Der Mensch ist ein narratives Wesen, das sich selbst erzählend betätigt, wenn es vom Zahnarztbesuch, der Anstrengung des Tages oder der neuen Liebe berichtet – also eigene Geschichten erzählt. Durch das Erzählen von Geschichten geben wir unseren Erlebnissen eine Bedeutung, dem Leben einen Sinn und unserer Person eine Identität (McAdams 1993). Deshalb erzählen wir selbst nicht nur ununterbrochen, sondern lieben Geschichten, mit denen wir ständig konfrontiert werden, im Roman, im Film, im Computerspiel, im Werbespot und vielen anderen Bereichen.

Zwei Ansätze der Narrationsforschung sind für das Lernen mit medialen Geschichten fruchtbar: Zum einen der *eventbasierte Zugang*, der die Handlung, also Aktion in einer Erzählung zentral setzt (Prince 1973), und zum anderen ein Zugang, der die modellhafte Welt der Erzählung im Sinne einer *Storyworld* hervorhebt (Herman 2009, 106).

Storyworld ist die Ebene eines Textes, die als geografischer Ort mit den bevölkernden Figuren, historischen Hintergründen und herrschenden Normen und Werten eines Textes die Grundlage für die Handlung bildet. Sie bildet den Hintergrund einer Erzählung (Lotman 1972). Die kreierte Welt ist also die Folie, vor der Aktion passiert. Handlung ist das, was als eigentliche Erzählung, als Story, als Plot angesehen werden kann. Sie entsteht, wenn Figuren zu Akteuren werden und Funktionen innerhalb eines Textes übernehmen, die mit Bedeutung aufgeladen sind. Dies wiederum geschieht, wenn Figuren in einem Text etwas tun, was eigentlich – aufgrund des Modells von Welt – gar nicht zu ihnen passt. Ein narrativer Text etabliert nämlich in einem ersten Schritt bestimmte Ordnungen, die dann aber von den Figuren nicht eingehalten werden. So entsteht Handlung.[3]

Im Projekt wurde diese zweigliedrige Definition von Narration in die Praxis umgesetzt, indem sowohl die modellhafte Welt, als auch die stattfindende Handlung in der Konzeption fokussiert wurden, um eine narrative Lernumgebung zu schaffen. Es wurde Wert darauf gelegt, eine geeignete *Storyworld* zu kreieren und

3 Hier wird auf das Konzept der semantischen Räume in narrativen Texten von Lotman Bezug genommen. Lotman teilt einen narrativen Text in eine sujetlose Textschicht, ein etabliertes Modell von Welt, und eine sujethafte Textschicht. Letztere bezeichnet das, was in diesem Beitrag als Handlung verstanden wird. Sie entsteht nach Lotman, wenn ein Ereignis, also „die Versetzung einer Figur über die Grenzen eines semantischen Feldes" vorliegt (Lotman 1972, 332). Darauf in diesem Beitrag tiefer einzugehen, wäre nicht zielführend. Bei weiterführendem Interesse empfiehlt sich die Lektüre von Lotman 1972 und die Zusammenfassung bzw. Weiterentwicklung des Konzepts bei Renner 2004 und Titzmann 2013.

gleichzeitig sinnvolle Handlungen in dieser Welt als einzelne Geschichten zu erzählen.

Erzählungen ziehen den Rezipienten durch ihre emotionale Ansprache in ihren Bann (Schweibenz 2009, 86) – er wird in die erzählte Welt „hineingezogen". In der psychologischen Forschung wird mit Konzepten der *Narrative Transportation* oder *Immersion* (van Laer 2014) gearbeitet, um dieses Phänomen zu beschreiben. Nach van Laer (van Laer 2014, 799) setzt sich das „Hineingezogenwerden" aus drei Faktoren zusammen: (1) Rezipienten (in unserem Fall Lernende) rezipieren und interpretieren Geschichten, (2) sie empfinden Empathie zu den Figuren der Geschichte, indem sie eine Welt wie eine Figur kennenlernen und entwickeln mentale Vorstellungen, als würden sie die Erfahrungen der Charaktere selbst machen. (3) So tauchen sie schließlich in die *textinterne* Welt ab und gehen darin auf.[4]

Lernende tauchen also in die *Storyworld* einer Geschichte hinein, indem sie Empathie zu den Figuren entwickeln. Lämsä und Sintonen (Lämsä/Sintonen 2006, 107) stellen genau dieses Empathie fördernde Moment für narrationsbasiertes Lernen in Organisationen heraus, da es die Basis für kognitive und emotionale Reaktionen darstellt. Ein Hineinversetzen des Lernenden in eine Geschichte kann in Organisationen, aber auch in anderen Lernsettings als „Türöffner" für die Auseinandersetzung mit Lerninhalten genutzt werden (Schekatz-Schopmeier 2010, 13). Durch das Öffnen des affektiven Bereichs lassen Geschichten Interesse entstehen. Das wiederum macht eine kognitive Auseinandersetzung möglich (Schmidkunz 2000, 22). Spitzer betont, dass „nicht Fakten und Daten, sondern Gefühle, Geschichten und vor allem andere Menschen" (Spitzer 2002, 160) den Menschen umtreiben. Emotionen ebnen nicht nur den Weg zum Lernen, indem sie Interesse wecken – emotionale Beteiligung verbessere das Lernen erheblich (Spitzer 2002, 159). Es ergibt sich so eine dreigliedrige Kette aus (1) Geschichten, (2) Emotionen und (3) kognitivem Lernen, die für die Auseinandersetzung mit Informationen genutzt werden sollte, um eine Kompetenzentwicklung anzuregen.

Es ist sinnvoll, Lerninhalte in narrative Strukturen einzubinden. Denn Geschichten fördern und verankern Informationselemente, die bewusst oder unbewusst in einer Erzählung kommuniziert werden (Wuttke et al. 2015; Merkel/Nagel 1982). Ein Narrationsbegriff, der auf Handlung ausgerichtet ist, betont die Entwicklung, die Figuren als Akteure in der erzählten Welt erfüllen. Die Betonung der Handlung ist besonders fruchtbar für einen kompetenzorientierten

4 Für mehr Informationen zu Theorien der Immersion des Rezipienten und der Rolle der unterschiedlichen Medien siehe auch Ryan 2015.

Ansatz, so wie er auch im Projekt DiNöB verfolgt wurde. Denn durch die in Erzählungen gesetzten verschiedenen Zeitpunkte, zu denen Figuren bestimmte Aktionen durchführen, erleben die Figuren einen Veränderungsprozess. Sie entwickeln sich. Geschichten können folglich nicht nur einen Lerneffekt in Bezug auf die durch sie vermittelten Informationen hervorrufen, die durch emotionale Anbindung leichter verstanden und behalten werden können. Sie geben Lernenden auch durch das Aufzeigen von Entwicklungsprozessen die Möglichkeit, eine Änderung des eigenen Verhaltens in Erwägung zu ziehen. Somit eröffnen Geschichten die Chance zur persönlichen Weiterentwicklung und zur Veränderung (Rossiter 2002).

Schank geht besonders dann von einer effektiven Verarbeitung von Geschichten durch das menschliche Gehirn aus, wenn Ereignisse in Geschichten *unerwartet* geschehen und somit eine Erwartungshaltung bei Lernenden gebrochen wird und sie irritiert werden (Schank 1990; 1999; Domagk/Niegemann 2009). Dies passt genau zu dem oben beschriebenen handlungsorientierten Narrationsbegriff, der davon ausgeht, dass Handlung dadurch entsteht, dass Figuren nicht das tun, was die Geschichte eigentlich vorsieht. Ein Vorteil dieser narrativen Struktur, die als Entwicklungsprozess des Protagonisten durch Brechen einer textlich etablierten Erwartungshaltung benannt werden kann, für den Einsatz in Lernszenarien ist ihre *Allgegenwärtigkeit*. Erzählungen umgeben uns überall (als Roman, im Film, in alltäglichen Erzählungen von Freunden, etc.) – wir müssen die vertraute Struktur nicht neu erlernen. Das macht die „Narration zu einem idealen Medium [...], um einen ebenso individuellen wie emotionalen Rahmen zu schaffen, in dem eine Botschaft, [Informationen und Handlungsempfehlungen] transportiert werden kann“ (Schweibenz 2009, 81).

Über die Darstellung bzw. Vermittlung von Informationen hinaus erfüllen Erzählungen auch eine andere Funktion, die für ihren bewussten Einsatz in Lernszenarien spricht: Narrationen übernehmen eine Selektions- und Organisationsfunktion, da sie verschiedene, ausgewählte Elemente in Erfahrungen miteinander verbinden und aus Situationen Lösungswege aufzeigen (Lauritzen/Jaeger 1997, 35). „Stories help them [learners] to make sense of what they are and where they come from.“ (Wuttke et al. 2015, 15) Dadurch, dass Geschichten Welten präsentieren und Möglichkeiten aufzeigen, sich darin zu orientieren, helfen sie Lernenden, sich selbst zurechtzufinden.

Zusammenfassend kann konstatiert werden, dass Geschichten durch ihre emotionale Ansprache, ihre eingängige Struktur, ihre Ordnungs- und Orientierungsfunktion sowie die starke Erinnerungsfähigkeit kommunizierter Informationen im besonderen Maße dazu geeignet sind, Lernprozesse anzuregen und zu begleiten (Thissen 2009). Geschichten bilden somit die ideale Grundlage um Lerninhalte kompetenzorientiert darzustellen und somit Lernprozesse in Gang zu setzen.

Der narrative Lernraum

Die Rezeption von und Auseinandersetzung mit Geschichten geschieht im *narrativen Lernraum*, der zwei Dimensionen besitzt. Sesink (2007, 17) unterscheidet den physischen, gestalteten Raum (*room*), zu denen beispielsweise Klassenzimmer gehören, und den virtuellen, zu gestaltenden Raum (*space*). *Room* und *space* sind nicht nur zwei Beschreibungen des Raumbegriffs, sondern zwei unterschiedliche Perspektiven auf den Raum, die zusammengehören (Sesink 2007, 17). Für das mediengestützte Lernen bedeutet dies, dass nicht nur der virtuelle Raum, sondern auch der physische Raum mit ausgestaltet werden muss. Und dies darf nicht getrennt voneinander geschehen, sondern die Perspektiven beider Räume müssen miteinander vernetzt werden und ineinandergreifen.

In diesem Zusammenhang postuliert Sesink die Rolle von Technologie, wenn er schreibt:

> Die wesentliche Leistung der Technik inner- und außerhalb der Bildung wird hierbei weniger in der zweckrationalen Weltgestaltung als in der Schaffung eines *Möglichkeitsraums* gesehen, in dem frei von den Zwängen der Natur und geschützt vor ihren Gewalten menschliche Kreativität sich entfalten kann. (Sesink 2014, 34, H.i.O.)

Die Technik selbst soll nicht im Vordergrund stehen, sondern die Möglichkeiten, die durch sie geschaffen werden. Sesink hat ein breiteres Verständnis von Technik, das mehr auf die Gesamtheit der Möglichkeiten abzielt, welche der Mensch nutzt, um seine Umwelt nutzbar zu machen. Technik schafft Möglichkeiten, um physische (*room*) und virtuelle (*space*) Räume zusammenzubringen, zu überbrücken und gegenseitig anzureichern.

Dieser theoretischen Annahme folgend, soll für Lernende ein narrativer Lernraum geschaffen werden, der sowohl den *physischen* als auch den *virtuellen* Raum vereint. Technische Möglichkeiten, mit Hilfe derer Lernende sich selbstverständlich im virtuellen Raum bewegen, sollten bewusst genutzt werden, um eine Verbindung zwischen der physischen und virtuellen Lebenswelt der Lernenden herzustellen.

Viererbe sieht den Vorteil der digitalen Technologie darin, dass sie Übergänge von einem Medium in ein anderes möglich macht (Viererbe 2010, 30). Diese Form der Multimodalität trägt wesentlich zur Schaffung eines *Möglichkeitsraums* bei. Der narrative Lernraum ist demnach besonders sinnvoll, wenn er die jeweiligen Vorteile von *room* und *space* für sich nutzt.

Daraus folgt, dass multimodal aufbereitete Geschichten von den Lernenden im virtuellen Raum rezipiert werden. Im physischen Raum hingegen setzen sich die Lernenden aktiv und kooperativ mit Aufgaben auseinander. Entscheidend ist nun die Verknüpfung der beiden Räume, um einen narrativen Lernraum zu schaffen, der eine Kompetenzentwicklung ermöglicht.

Ergebnisse (Das Elixier)

Das didaktisch-methodische Konzept

Wie können die Überlegungen zur Kompetenzentwicklung, narrativen Strukturen und dem physischen und virtuellen Lernraum nun praktisch nutzbar gemacht werden? Für die ökonomische Bildung im Handel entstand im Projekt DiNöB ein in den Unterricht integriertes *Blended Learning*-Konzept. Für jedes ökonomische Thema, welches im Rahmen des Projekts umgesetzt werden sollte, gibt es eine geschlossene, digitale Lerneinheit. Eingebettet sind alle Lerneinheiten in eine *Rahmenhandlung*, die diese Einheiten als dahinterliegende *Storyworld* umgibt. Teil der Lerneinheiten sind thematisch passende und narrativ eingearbeitete Aufgaben, authentische Materialien und Arbeitsblätter sowie Community-Funktionalitäten, die kooperative digitale Möglichkeiten von Aufgabenbearbeitungen ausnutzen. Umgesetzt wurden die Geschichten in audiovisuellen Hörspielen, wobei Fotos im *Cut Out*-Stil animiert und vertont wurden.

Jede Lerneinheit setzt sich aus zwei bis vier Episoden zusammen. Eine Episode besteht aus narrativen, audiovisuellen Teilen und den dazugehörigen Aufgaben. Pro Episode existiert eine Webseite, die alle notwendigen Informationen und benötigten Materialien bereitstellt.

Die *Aufgabentypen* sind unterschiedlich gestaltet. Neben *expositorischen* Aufgaben werden auch *explorative* und *problembasierte* Aufgaben angeboten (vgl. Abb. 4). Während die expositorischen Aufgaben vor allem in Einzelarbeit zu lösen sind, sind die übrigen Aufgaben von kooperativen Anteilen geprägt, um die Vorteile des physischen Raums auszunutzen. In den Einheiten fungiert der fiktive Hund Wouter, in der Geschichte das Haustier des Hausmeisters, als Ökonomie-Genie. Ein Bild des Hundes (vgl. Abb. 1) führt zum Glossar, in dem sich alle wichtigen Begriffe nachlesen lassen. Für das Glossar wurde darauf geachtet, die Texte so kurz und prägnant wie möglich zu formulieren und sie mit narrativen Elementen zu verknüpfen. Dies sollte zum einen die Verständlichkeit verbessern und zum anderen die Verbindung zwischen ökonomischen Informationen und Narration leisten.

Jede digitale Lerneinheit beinhaltet die Aufgabenstellungen für die Lernenden. Methodisch wurde ein umfassendes, abgestimmtes *Unterrichtskonzept* konzipiert. Um dieses Konzept dem Bildungspersonal nahezubringen und die Vorbereitungszeit so gering wie möglich zu halten, wurde zu jeder Lerneinheit ein *Begleitheft* entwickelt. Dieses beinhaltet jeweils eine komplette Unterrichtsplanung mit Zeitangaben, methodischem Vorgehen und Lösungshinweisen. Die Lehrenden können dadurch den Unterricht nach dieser Planung durchführen oder aber auch passend zu ihrem Unterricht andere Aufgaben einbinden bzw. Teile weglassen. So soll die modulare Lerneinheit die Lernenden und Lehrenden flexibel gemäß ihres Bedarfs unterstützen.

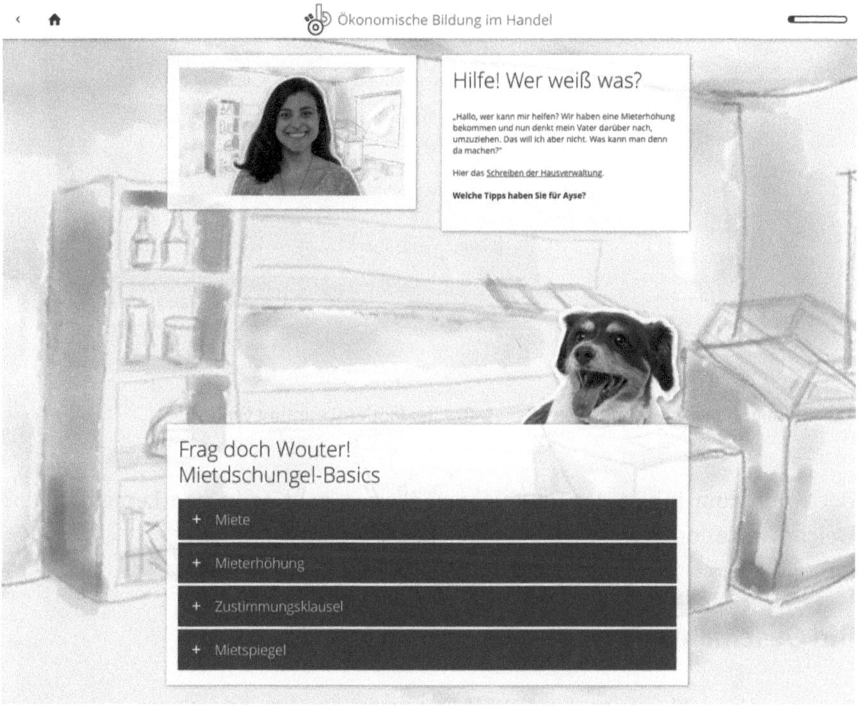

Abb. 1: Glossar (Screenshot, Quelle: ModernLearning GmbH).

Die Lerneinheiten zur ökonomischen Bildung im Handel zielen auf eine Kompetenzentwicklung ab. Bei ihrer Erstellung wurde genau darauf geachtet, ein bis zwei Kompetenzen, die für den beruflichen Bereich sinnvoll sind, gezielt zu fördern. Für die Lernenden wurde in jede Lerneinheit ein Kompetenzerfassungswerkzeug integriert, mit welchem sie vor und nach der Bearbeitung per Selbsteinschätzung eine Kompetenzerfassung durchführen können (vgl. Abb. 2). Diese beiden Ergebnisse sind vergleichbar und es ist möglich, sich als Lernender die Einschätzung als elektronisches Dokument schicken zu lassen. So können die Lernenden überprüfen, ob sie im Bereich der Kompetenzentwicklung Fortschritte gemacht haben.

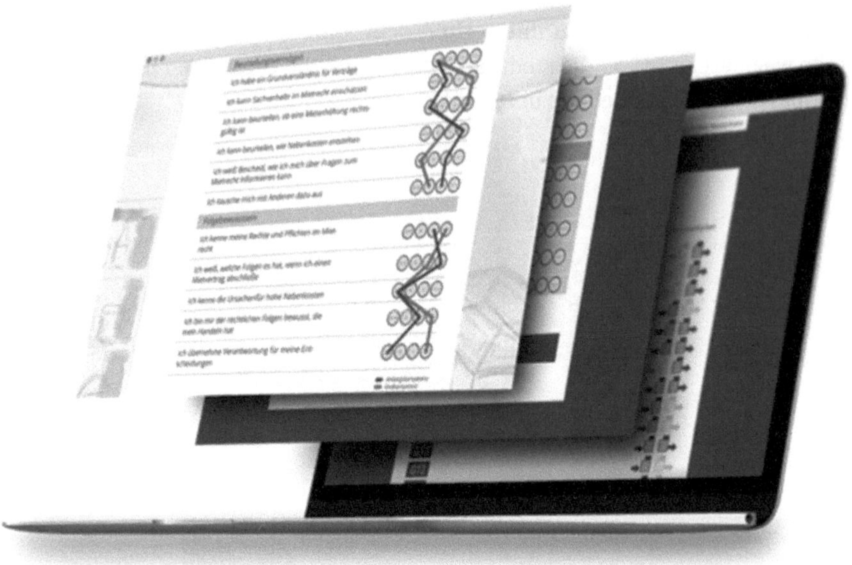

Abb. 2: Kompetenzerfassung (Screenshot, Quelle: ModernLearning GmbH).

Doch nun zum Inhalt der Geschichten. Worum geht es in den Lerneinheiten? Welche Narrationen sollen die Kompetenzen fördern?

Die Geschichten

Die narrativen Elemente des DiNöB-Lernarrangements orientieren sich an der Lebenswelt der Lernenden. In den Geschichten geht es um die fiktiven Auszubildenden Ayse, Sophia, Ben und Johannes (vgl. Abb. 3), die in einer Berliner Wohngemeinschaft leben. Die Protagonistinnen und Protagonisten sind in ihrem Charakter und ihrer Lebenssituation heterogen angelegt, was unterschiedliche identifikationsstiftende Anknüpfungspunkte für die Lernenden bietet. Alltagserlebnisse der Wohngemeinschaft werden mit den Lerninhalten verknüpft. Beispielsweise bekommt Ben in der Lerneinheit *Preisbildung* das Angebot, Schuhe an der Buchführung vorbei zu vertreiben. Die Lernenden werden so mit einer Situation konfrontiert, in der das Bewusstsein für die Folgen des eigenen Handelns und das Beurteilen einer Situation mit negativer Verlockung gegenüber steht. Daran, wie der Protagonist sich im Umgang mit der Situation entwickelt, soll auch eine Kompetenzentwicklung auf Seiten der Lernenden angelegt sein.

Abb. 3: Figuren (Screenshot, Quelle: ModernLearning GmbH).

In der Lerneinheit *Nachhaltigkeit* soll beispielsweise eine Party für Ayse organisiert werden und die anderen Protagonisten stehen vor der Aufgabe, für das Fest ihre Einkäufe zu tätigen. Dabei gehen sie auf unterschiedliche Weise vor, um Fragen des Handelns in ökonomischen Kontexten zu begegnen. Während das narrative Element also die Situation beschreibt und mehrere Möglichkeiten der Ausgestaltung gibt, werden im physischen Raum die konkreten Aufgaben bearbeitet und so herausgefunden, wie die Waren für die Geburtstagsparty am besten beschafft werden sollten.

Im Wohnhaus der Wohngemeinschaft ist Peet van Dongen der Hausmeister, der gemeinsam mit seinem cleveren Hund Wouter die Rolle des Tricksters[5] inne hat. Während Peet van Dongen also für die lustigen Elemente der Narration zuständig ist, erfüllt sein Hund außerhalb der erzählten Welt für die Lernenden eine erklärende Funktion, indem er die Verbindung zum Glossar bildet. Als weitere Figuren gibt es den Antagonisten[6] Jürgen Rieber, der als Hausverwalter auftritt und für viele Probleme der Protagonistinnen und Protagonisten verantwortlich ist. Alle Figuren wurden nach Campbells Konzept der Archetypen gestaltet (Campbell 1999).

5 Der Trickster ist in Geschichten die Figur, die durch Humor und Ironie Ordnungen immer wieder durcheinander bringt und verfahrene Situationen auflöst.

6 Gegenspieler

Für das Schreiben der Lerninhalte waren fachliche Experten aus unterschiedlichen Bildungseinrichtungen zuständig, die Fachkräfte für den Handel aus- und weiterbilden. Um die Experten, die ansonsten weniger schriftstellerisch und dramaturgisch tätig sind, im Schreiben der Geschichten zu schulen, wurde zu Beginn der Projektlaufzeit vom Team der Hochschule der Medien ein *Leitfaden* entwickelt und *Workshops* zum Thema durchgeführt. Hier wurde darauf geachtet, dass der zweigliedrige Narrationsbegriff, der dem Konzept zugrunde liegt, verfolgt wurde. Es wurde eine kongruente *Storyworld* entwickelt, die hinter allen Geschichten liegt und diese wie eine Rahmenhandlung umschließt. In den einzelnen Geschichten passiert Handlung, die durch ein unvorhergesehenes Ereignis[7] ausgelöst wird.

Es wurde Wert darauf gelegt, die unterschiedlichen Lerneinheiten in einer modellhaften Welt zu verorten, die sich durch eine Nähe zur Lern- bzw. Arbeitsumgebung der Lernenden auszeichnet. Nur so lassen sich die vier Protagonisten und Protagonistinnen in verschiedenen Lebensstufen zeigen, die auch für die Lernenden in Weiterbildung Anknüpfungspotential bieten. Jede zentrale Figur wurde mit einem semantisch ihr zugeordneten Gegenstand ausgestattet, der auf zentrale Eigenschaften referiert. Zusätzlich wurden Identifikationsorte für sie geschaffen und für sie ein Ausgangszustand, der individuelle Transformationsprozesse und einen Endzustand der Figuren definiert.

Die wissenschaftliche Erkenntnis

Die Entwicklung der Lerneinheiten wurde fortlaufend wissenschaftlich begleitet. In mehreren Etappen wurden während der Konzeptentwicklung die entstandenen Ideen mit den Zielgruppen evaluiert. Zusammenfassend lässt sich herausstellen, dass die Narrationen von den Lernenden sehr gut angenommen werden. Im Unterricht wurde oft über die Charaktere und deren Entscheidungen diskutiert, was dazu führte, dass sich die Lernenden auch aktiv mit den Lerninhalten auseinandersetzten, wie in Unterrichtshospitationen beobachtet werden konnte.

Das Bildungspersonal stimmte dieser Einschätzung zu. Viele Lernende waren aktiver in der Mitarbeit und in den Diskussionen. In besonders heterogenen Klassen allerdings konnten keine signifikanten Verbesserungen gegenüber dem traditionellen Unterrichtsmodell beobachtet werden. Es hat sich gezeigt, dass je nach Zusammensetzung der Klasse eine unterschiedlich starke Leitung des Lehrenden durch die Lerneinheiten notwendig war.

7 Ereignis verstanden im Sinne Lotmans, siehe Anm. 3.

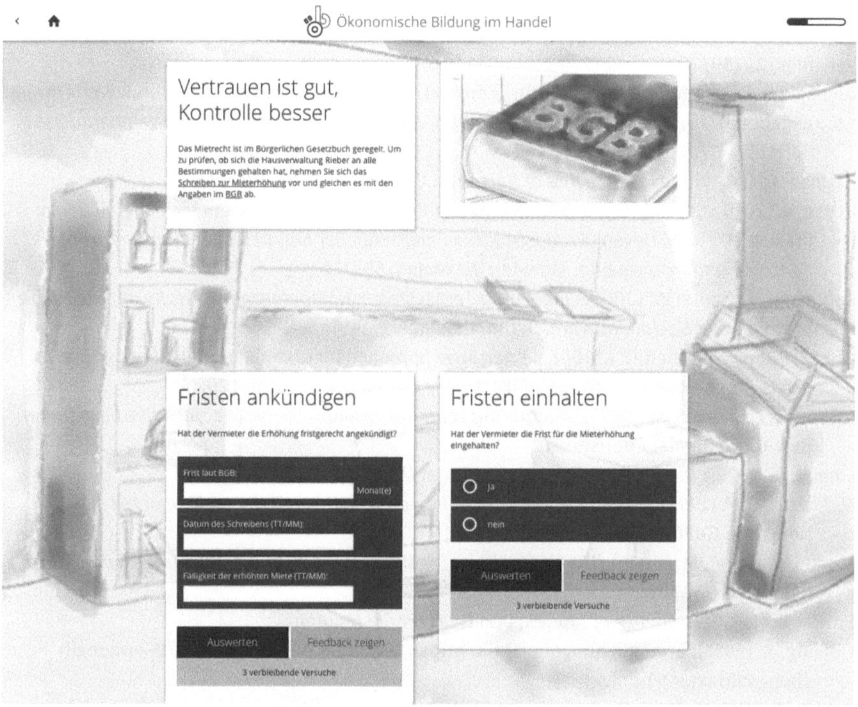

Abb. 4: Fristen (Screenshot, Quelle: ModernLearning GmbH).

Der Hund Wouter und einzelne Charaktere wurden nicht von allen Lernenden positiv bewertet, manchen war die Darstellungsform zu „kindisch". Allerdings war in den Hospitationen zu erkennen, dass aber genau dieser Umstand zu einer emotionalen Labilisierung geführt hat.

Weitere Auswertungen sind zum Zeitpunkt dieser Veröffentlichung im Gange, jedoch noch nicht abgeschlossen. Es bleibt abzuwarten, wie das Gesamtergebnis des narrativen Zugangs zu ökonomischer Bildung im Handel angenommen wird.

Literatur

Arnold, R. (1997): „Von der Weiterbildung zur Kompetenzentwicklung". In: Arbeitsgemeinschaft Qualifikations-Entwicklungs-Management (Hrsg): *Kompetenzentwicklung '97. Berufliche Weiterbildung in der Transformation. Fakten und Visionen*. Münster et al.: Waxmann., 253–307.

Beschluss der Kultusministerkonferenz (2004): *Rahmenlehrplan für den Ausbildungsberuf Kaufmann im Einzelhandel/Kauffrau im Einzelhandel /Verkäufer/Verkäuferin*. Berlin.

Campbell, J. (1999): *Der Heros in tausend Gestalten*. Frankfurt a.M.: Insel.
Dewey, J. (1902): The Child and the Curriculum. http://www.gutenberg.org/files/29259/29259-h/29259-h.htm.
Domagk, S.; Niegemann, H. M. (2009): „Emotion, Narration und Lernen mit interaktiven Lernangeboten". In: H. Giessen (Hrsg.): *Emotionale Intelligenz in der Schule*. Weinheim/Basel: Beltz, 39–62.
Herman, D. (2009): *Basic Elements of Narrative*. Chichester: Wiley-Blackwell.
Heyse, V. (2010): „Verfahren zur Kompetenzermittlung und Kompetenzentwicklung: KODE im Praxistest". In: V. Heyse: *Grundstrukturen menschlicher Kompetenzen. Praxiserprobte Konzepte und Instrumente*. Münster: Waxmann, 55–174.
Kuhlmann A.; Sauter W. (2008): *Innovative Lernsysteme. Kompetenzentwicklung mit Blended Learning und Social Software*. Berlin/Heidelberg: Springer.
Lämsä, A.; M.; Sintonen, T. (2006): „A narrative approach for organizational learning in a diverse organisation". *Journal of Workplace Learning* 18/2, 106–120.
Lauritzen, C.; Jaeger, M. (1997): *Integrating Learning Through Story. The Narrative Curriculum*. New York: Delmar Publishers.
Lotman, J. (1972): *Die Struktur literarischer Texte*. München: Wilhelm Fink.
McAdams, D. P. (1993): *The stories we live by. Personal myths and the making of the self*. New York: Guilford Press.
Merkel, J.; Nagel, M. (Hrsg.) (1982): *Erzählen. Die Wiederentdeckung einer vergessenen Kunst*. Reinbek: Rowohlt.
Prince, G. (1973): *Grammar of Stories*. Den Haag/Paris: Mouton.
Quilling, K. (2015): Ermöglichungsdidaktik. https://www.die-bonn.de/wb/2015-ermoeglichungsdidaktik-01.pdf.
Renner, K. N. (2004): „Grenze und Ereignis. Weiterführende Überlegungen zum Ereigniskonzept von Jurij M. Lotman". In: Frank, G. & Lukas, W (Hrsg.): *Norm – Grenze – Abweichung. Kultursemiotische Studien zu Literatur, Medien und Wirtschaft. Festschrift für Michael Titzmann*. Passau: Karl Stutz Verlag. S. 357–381.
Rossiter, M. (2002): Narrative and Stories in Adult Teaching and Learning. http://files.eric.ed.gov/fulltext/ED473147.pdf.
Ryan, M.-L. (2015): *Narrative as Virtual Reality*. 2. Aufl. Baltimore: John Hopkins University Press.
Schank, R. C. (1990): *Tell me a story. A new look at real and artificial memory*. New York: Scribner.
Schank, R. C. (1999): *Dynamic Memory Revisited*. Cambridge, UK: Cambridge University Press.
Schekatz-Schopmeier, S. (2010): *Storytelling. Eine narrative Methode zur Vermittlung naturwissenschaftlicher Inhalte im Sachunterricht der Grundschule.*. Göttingen: Cuvillier.
Schmidkunz, H. (2000): „Es begann mit Aldehydgrün. Ein Beispiel für den Einsatz narrativer Didaktik". *Naturwissenschaften im Unterricht Chemie* 57, 22–24.
Schweibenz, W. (2009): „Geschichten als Vermittlungsmedium. Narration und digitales Storytelling am Beispiel von Museen". In: H. Giessen (Hrsg.): *Emotionale Intelligenz in der Schule*. Weinheim/Basel:, 78–88.
Sesink, W. (2007): „Raum und Lernen". *Education Permanente* 41/1, 16–18.
Sesink, W. (2014): „Überlegungen zur Pädagogik als einer einräumenden Praxis". In: Rummler, K. (Hrsg.): *Lernräume gestalten. Bildungskontexte vielfältig denken*. Münster: Waxmann, 29–43.
Spitzer, M. (2002): *Lernen. Gehirnforschung und die Schule des Lebens*. Heidelberg: Spektrum.

Thissen, F. (2009): „Geschichtenbasiertes Lernen im Web“. In: H. Giessen (Hrsg.): *Emotionale Intelligenz in der Schule*. Weinheim/Basel: Beltz, 112–123.

Titzmann, M. (2013): „Narrative Strukturen in semiotischen Äußerungen“. In: Krah, H.; Titzmann, M. (Hrsg.) (2013): *Medien und Kommunikation. Eine interdisziplinäre Einführung*. 3., stark erw. Aufl. Passau: Stutz, 115–141.

van Laer, T.; de Ruyter, K.; Visconti, L. M.; Wetzels, M. (2014): „The Extended Transportation-Imagery Model. A Meta-Analysis of the Antecedents and Consequences of Consumers' Narrative Transportation“. *Journal of Consumer Research* 40, 797–817. http://jcr.oxfordjournals.org/content/40/5/797.full.

Viererbe, V. (2010): *Multimedialität in computergestützten Lehrangeboten (E-Learning): kommunikative und semiotische Aspekte der Wissensvermittlung am Beispiel von elektronischen Tutorien*. Tübingen: Narr.

Vogler, C. (2004): *Die Odyssee des Drehbuchschreibers: Über die mythologischen Grundmuster des amerikanischen Erfolgskinos*. Frankfurt a. M.: Zweitausendeins.

Wuttke, M.; Belentschikow, V.; Müller, N. H. (2015): „Storytelling as a Means to Transfer Knowledge via Narration. A Scenario for a Narrating Pedagogical Agent“. *i-com* 14/2, 155–160.

Florian Sochatzy und Marcus Ventzke

Die digitale (Bildungs-)Revolution und ihre Folgen. Veränderungen für Unterricht und Unterrichtsmaterialien

Einleitung

Die digitale Revolution wird zu grundlegenden Änderungen in allen Lebensbereichen führen. Sie verändert Raum-Zeit-Konventionen, wandelt Wertschöpfungsprozesse, schafft neue Teilhabemöglichkeiten aber auch Abhängigkeiten. (Dräger/Müller-Eiselt 2015; Floridi 2015; Stengel 2016; Stengel et al. 2017; Thiede 2014).

Die Effizienz von Algorithmen (Drössler 2016) und künstlicher Intelligenz (KI) wird langfristig alle beruflichen Tätigkeiten in Frage stellen, die sich grundsätzlich in Ablaufplänen beschreiben lassen.[1] Berufe und Tätigkeiten, die noch vor kurzer Zeit als unersetzbar angesehen wurden, gelten schon heute als vollumfänglich von Computern und Robotern substituierbar, und die Geschwindigkeit dieser Entwicklung nimmt zu. Mit Blick auf die Personalkosten werden die ersten Versuche zur Einführung von Pflege-, Verwaltungs- oder auch schulischen Unterrichtsassistenzrobotern wohl nicht mehr lange auf sich warten lassen. Und wir dürfen sicher sein: Sobald die Technik ausgereift ist, werden sich die Abläufe in Produktion, Konsum, Verwaltung, Medizin, Altenpflege und Bildung schnell und radikal verändern.

All diese Veränderungen finden zudem nicht lokal oder regional statt, sie potenzieren sich auf globaler Ebene. Zusammenfassend findet digitale Disruption somit in atemberaubender Geschwindigkeit, unter Einbeziehung aller Lebens- und Arbeitsbereiche und in Nichtbeachtung traditioneller Länder- und Kontinentgrenzen statt.

Die Rolle und das Verständnis von Arbeit werden und müssen sich damit vollständig verändern. Und wenn Menschen nicht mehr in der Mehrzahl nach einem heutigen Verständnis arbeiten, stößt unser Bildungssystem noch schneller an offensichtliche Grenzen, als das bereits heute der Fall ist, weil es seine

1 Eine Studie der ING-DiBa errechnet mittel- und langfristig einen Arbeitsplatzverlust in der Größenordnung von etwa 18 Millionen. Das wäre etwa die Hälfte aller Arbeitsplätze in Deutschland. Andere Studien sind etwas zurückhaltender, jedoch gehen die meisten von einem massiven Verlust von Arbeitsplätzen aus. (Kaiser 2015)

DOI 10.1515/9783110501131-005

Zielperspektiven und Nützlichkeitsbegründungen grundlegend revidieren muss. Im Angesicht digitaler Zukunft erscheint unser Schulsystem an vielen Stellen geradezu grotesk.

Digitalisierung und Globalisierung

Die Globalisierung der Gegenwart wurde in der Öffentlichkeit hinsichtlich ihrer Antriebe und Wirkungen weitgehend falsch gedeutet. Sie war nicht zuallererst ein politisches Phänomen, auch wenn sie verstärkt gerade zu jener Zeit wahrgenommen wurde, als der Eiserne Vorhang fiel und die staatlich-nationalen Grenzen ihre starre Ordnungs- und Begrenzungsfunktion für Wirtschaft, Sozialwesen und Bildung zu verlieren begannen.

Die Öffnung von Räumen und die Beseitigung materieller Begrenzungen war aber die Folge eines Bruchs mit bestehenden Denkfiguren – eines Bruchs, dessen Bedeutung deshalb so groß wurde, weil er sich nicht lediglich auf eine Utopie bezog. Die ‚neuen Welten' erschienen zum einen überaus plausibel und realisierbar, ihre Erschaffung an manchen Stellen sogar selbstverständlich, und zum anderen drängte diese Zukunft bereits allerorten spürbar in die Gegenwart: Die Zukunft realisierte sich sozusagen in der Gegenwart und aus der Virulenz des Neuen wurde fast gleichzeitig die Rasanz ihrer Realisierung.

Im Kern ging es also nicht um einen Wandel dinglicher Ordnungen oder um die Ablösung politisch-ideologischer Systeme; im Kern ging es um die Fortsetzung der in der Frühen Neuzeit begonnenen, westlichen Kommunikations- und Freiheitsrevolution durch den radikalen Bruch mit bestehenden Grundvorstellungen von menschlicher Lebensführung, sozialer Organisation und ökonomischer Zielsetzung.[2]

Dieser Bruch manifestierte sich nun u. a. in der Überwindung kommunikativer Grenzen durch digitale Techniken. Daraus folgte nicht nur eine Veränderung räumlich-zeitlicher Konventionen, sondern auch die Notwendigkeit zu einer Redefinition fast aller Lebensphasen und Lebensinhalte – eine Chance zur Neuerfindung menschlichen Lebens, die so nur durch die Entstehung einer digitalen in und neben einer analogen Welt denkbar wurde.

Die Zeit der beginnenden Durchdringung aller Lebensbereiche durch Informations- und Kommunikationstechnik (IKT) seit den späten 1980er Jahren kann folglich als eine Art Anlaufphase der neuesten, von der Basisinnovation digitaler

---

2 Dass diese Globalisierungsrevolution zu erheblichen Konflikten führt, ist aus historischer Sicht keineswegs ungewöhnlich.

Datenübermittlung getragenen Globalisierungswelle betrachtet werden, in der es um die Verbindung aller menschlichen Aktionsfelder mit digitalen Prozessen ging. (Borries 2010; Dartenne 2016; Kondratjew 1926; Pfister 2015; Förster/Popp 2003).

Man kann diese Zeit auch die Inkubationsphase der digitalen inmitten der analogen Welt nennen. Eine unausweichliche Beschleunigung der Vorgänge in der analogen Welt kennzeichnete sie. Ihr Wesen aber lag und liegt nicht in einer „Veränderung des Gegebenen" (Giesecke 2002, 20), sondern im Bruch mit dem Gegebenen (in diesem Falle der bestehenden analogen Welt), „um etwas – vermutlich – Neues" (Giesecke 2002, 20) zu schaffen.

Die Beschleunigung führt zum Bruch, denn sie zog (und zieht immer mehr) Konflikte mit den in der analogen Welt bestehenden Begrenzungen nach sich. Diese Konflikte nehmen notwendigerweise zu, und sie rühren u. a. von Zeitordnungskonflikten her, in denen zeitliche, sich von digitalen Prozessen ableitende Annahmen an Begrenzungen der analogen Welt stoßen (Virilio 1980, 1993).

Diese Zeitkonflikte münden bei immer mehr Vorgängen gesellschaftlicher Organisation und Wertschöpfung in Realisierungsschwierigkeiten oder sogar -unmöglichkeiten. Seit den 2010er Jahren wird gerade dies immer offensichtlicher: Durch eine zunehmende Verschärfung der Konflikte werden die Grenzen der zuvor weitgehend als selbstverständlich akzeptierten und kaum je im Alltag reflektierten Konventionen immer offensichtlicher. Konflikte erscheinen oder erweisen sich innerhalb dieser Grenzen zunehmend als unlösbar. Also erhöhen sich Notwendigkeit und Bereitschaft, sie zu überschreiten und neue Konventionen zu etablieren.

Herausforderungen zur Grenzüberwindung beziehen sich auf alle ‚kleinen' und ‚großen' Bereiche menschlichen Lebens. Sie betreffen die Interaktion gesellschaftlicher Großgruppen ebenso wie die Organisation des Familienlebens, und sie betreffen selbstverständlich auch die Gestaltung von Lern- und Arbeitsgruppen in Schulen, Universitäten, Firmen usw.

Zusammenfassend spricht viel dafür, die neueste Phase der Globalisierung als Folge der Digitalisierung zu betrachten (und nicht umgekehrt). Fehleinschätzungen bei der Deutung der Digitalisierung entstehen folglich wohl meist daraus, dass sie auf der Grundlage eines im Wesentlichen gleich bleibenden gesellschaftlichen Kontextes gedacht wird – als punktuelle Veränderung an einer Stelle bei ansonsten konstant bleibenden Strukturen.

Konsequenzen für den Bildungsbereich

Dies einbeziehend wird es möglich, den Charakter der gegenwärtigen Veränderungen als revolutionäre Veränderungen genauer zu fassen. Mit Blick auf die

Wandlungen im Bildungsbereich ist diese Charakterisierung von großer Bedeutung, weil sie Hinweise über Art und Ausrichtung zukünftiger Konzepte in einem gesellschaftlichen Gestaltungsbereich gibt, der einerseits immer noch als Schlüsselfaktor zur Gestaltung der Zukunft gelten kann und muss, andererseits jedoch ausgesprochen strukturkonservativ ist, folglich also von überaus langen Veränderungszyklen bestimmt wird.[3]

(1) Was wir als digitale Revolution vor uns haben, initiiert *Wandlungen in allen gesellschaftlichen Gestaltungsbereichen, ist also nicht sektoral*, wie etwa eine neue Produktionstechnologie in einem Wirtschaftsbereich. *Digitalisierung ist kein additiver und kein quantitativer Prozess*. Und sie betrifft nicht nur Änderungen im Verhältnis der gesellschaftlichen Subsysteme zueinander, die sich beispielsweise enger vernetzen. Sie betrifft auch eine Veränderung innerhalb dieser Subsysteme.
Bezogen auf schulische Prozesse bedeutet das: Es geht nicht darum, das Digitale zu einem ansonsten unverändert bleibenden System schulischer Wissensgewinnung und Kommunikation hinzuzufügen, etwa als Technik der Unterrichtsvorbereitung oder der Materialpräsentation. Und im Bereich der Unterrichtsmaterialien geht es also nicht darum, die materiellen Gegebenheiten von Druckwerken digital nachzubilden, sondern zu verstehen, dass die digitale Auseinandersetzung mit der Welt im Lernprozess prinzipiell andere Fragen stellt (oder stellen kann), artverschiedene Betrachtungs- und Analysemethoden ermöglicht (oder sogar erfordert) und neue Interaktionsweisen von Lernenden und Lehrenden bedingt (oder sogar voraussetzt) (Schleicher 2012; Sekretariat der Kultusministerkonferenz 2016, Kap. 2.2).

(2) Digitalisierung zu behandeln wie man bislang realiter neue Aufgaben oder Reformen (etwa die Kompetenzorientierung) in den Schulen behandelt hat, kommt daher einer Verweigerung von Veränderungen gleich, die am Ende jedoch zum Scheitern des gesamten Systems führen wird.[4] Es geht also nicht darum, mit der Digitalisierung noch eine Aufgabe auf den Berg der schulischen Aufgaben zu setzen, sondern Bildung neu zu denken und neu zu machen.

---

3 Die kurzatmige ‚Reformpolitik' der bundesdeutschen Landesregierungen steht zu dieser Aussage keinesfalls im Widerspruch. Die ‚Reformen' der Gegenwart stehen vielmehr oftmals nur für scheinbare Veränderungen, die die Beharrungsmacht des Bestehenden überdecken (sollen).

4 Und darin liegt der Unterschied zu den bislang ‚gewohnten' Reformen, die vielfach am praktischen Unterrichten und seiner Organisation kaum etwas geändert haben. So hat es beispielsweise keine pragmatische Phase der Kompetenzorientierung gegeben, denn diese hätte das System Schule wahrscheinlich in grundlegende Rechtfertigungsnotwendigkeiten gebracht.

(3) Als ‚reale Utopie', die sich in unserer Gegenwart schon realisiert, kaum, dass sie zur Möglichkeit geworden ist, muss die *digitale Revolution Teil des schulischen Lebens* sein. Sie nur ausschnitthaft zuzulassen, etwa bei Vortragspräsentationen oder Rechercheaufträgen, wird der mit ihr verbundenen Veränderungsdynamik und -tiefe nicht gerecht. Digitalisierung und digitale Arbeitsweisen müssen zum Beispiel zu Themen des Fachunterrichts gemacht werden, um die mitunter seit langer Zeit bestehenden Gewissheiten über Erkenntniswege und -ergebnisse aufbrechen zu können.[5]

Die digital denkende Schule der Zukunft muss mehr Fragen stellen als Antworten zu haben. Das bedeutet sicher in weiten Teilen eine Redefinition des Bildungsauftrags, indes kann die Schule nur so ihre Relevanz behaupten: auf ein Leben in einer weithin unbekannten Zukunft vorzubereiten. Die Kompetenzorientierung findet damit zwar keine neue Begründung, aber ihre eigentliche Motivation.

(4) Die digitale Revolution führt zu *qualitativen Veränderungen. Sie hat disruptive Folgen.* Bisherige Techniken und Berufe werden nicht mehr benötigt werden, weil digitale Steuerungen und digital gesteuerte Maschinen Aufgaben schneller, preiswerter und präziser wahrnehmen können: Das gilt auch für die Schule.

Die Digitalisierung könnte dazu führen, dass das Verhältnis von Mensch und Ort, Mensch und Maschine, Mensch und Material in schulischen Bildungsprozessen neu austariert werden muss.

Der auf fortwährend technisch erhobenen Lernstands- und Problemdiagnosen basierende Unterrichtsautomat ist inzwischen denkbar: Er lässt sich als Mischung von Material, Arbeitsanweisungen und interaktiven Kommunikationsformen denken. Das 1:1-Prinzip im Lerngruppen-Lehrpersonen-Verhältnis muss nicht zwingend aufrechterhalten werden. Digitale Assistenzsysteme machen Lehrende als parallele Ansprechpartnerinnen und Ansprechpartner für mehrere Lerngruppen (in einem Fach) denkbar. Sie wären in diesem Falle Expertinnen und Experten oder Problemlöserinnen und Problemlöser im technisch organisierten Prozess digital-multimedialer Bildung. Solche Möglichkeiten werfen etwa mit Blick auf Ausbildungswege und Professionsverständnisse von Lehrenden viele Fragen auf. Hinsichtlich der Kosten des Bildungswesens und politischen Strategien handelnder

5 Dabei geht es etwa um die Unterscheidung und Gewichtung von bloßen Informationen und ‚intelligentem Wissen', die Einordnung des Menschen in Big-Data-Szenarien, ein Leben, das von Technologien 2. und 3. Ordnung bestimmt wird usw.

Regierungen müssen auf diese Fragen recht schnell Antworten gefunden werden.[6]

Medien und ihre Bedeutung

Digitalisierung verändert die Präsenz des Medialen in unserem Leben. Der Mensch der Gegenwart wird zu einem „Medienleben-Subjekt“ (Macgilchrist 2012), verbindet sich also immer stärker mit Medien. Er lebt in Medien, formt sich selbst medial, weil er immer mehr in mit Medien arbeitet, konsumiert, lernt, und entspannt. Die fortschreitende Verwobenheit von medialer und persönlicher Formung wird zu einem massenhaften Phänomen und die Grenzen der Leistungsfähigkeit des Subjekts werden verschoben (Macgilchrist 2012).[7] Voraussetzung und Begleitung dafür ist die sich aus der Digitalisierung ergebende, zunehmende Medienkonvergenz.

Die Medialität der Zukunft wird u. a. nach folgenden Kriterien zu beurteilen sein: Synästhesie, Nonverbalität, Metaphorik/Assoziativität, Kollektivität, Multimedialität und Multiprozessualität (Giesecke 2002, 17). Unter diesen Voraussetzungen ist es sicher unzulänglich, Medien in schulischen Bildungsprozessen weiterhin nur als monofunktionale Mittel anzusehen, als Vermittlungsinstanzen, die nur die Aufgabe haben, eine Informationsweitergabe linear von A nach B zu ermöglichen.

- Die Schule – aber nicht nur diese – wird sich zukünftig zu einem medialen Gesamtraum entwickeln, in dem Informationswahrnehmung und -verarbeitung eine ständige Möglichkeit sind. Die von der Kompetenzorientierung geforderten Fähigkeiten und Fertigkeiten zur Selbstermächtigung über Auswahl und Verarbeitungsmethode wie auch zur Reflexion über Erkenntniswege und deren Ergebnisse werden für den modernen Menschen fundamental, denn die „Verstärkung selbstreflexiver und selbstregulativer Kommunikation wird zu einem Wesensmerkmal der Informationsgesellschaft“ (Giesecke 2002, 17).

---

6 Dabei kann etwa auf Fernunterrichtserfahrungen zurückgegriffen werden (Zawacki-Richter 2013).

7 Im Zusammenhang mit dieser Entwicklung ist auch die Diskussion über die Verankerung der Medienpädagogik in den Fächern und den Ausbau von Schulplattformen zu Arbeitsumgebungen für Lehrende und Lernende in den Schulen zu sehen (Tulodziecki 2011, 11–39; Aufenanger 1997, 15–22; Spanhel 1996, 359–364; LVR Zentrum für Medien und Bildung 2017; Landesmedienzentrum Baden-Württemberg 2017).

- Und wenn heute die Entwicklung einer „kulturelle[n] Informatik" (Giesecke 2002, 17) gefordert wird, um die epochalen Veränderungen der Gegenwart wissenschaftlich angemessen fassen zu können, dann werden sich – in den schulischen Zusammenhang übersetzt – inhaltliche Informationen (Fach), gegenwärtige Orientierungsherausforderungen (etwa den Umgang mit modernen Medien betreffend) und didaktische Zielsetzungen (Kompetenzorientierung) in multimedial-kommunikativen Umgebungen realisieren müssen. Aus informationswissenschaftlicher Sicht werden wir „uns selbst und unsere Umwelt als ein Netzwerk von informationsverarbeitenden Systemen und die ablaufenden Prozesse als Vorgänge der Informationsverarbeitung [...] verstehen" (Giesecke 2002, 13).
- Digitalität ermöglicht es Schule, die mediale Vereinseitigung durch die seit der Frühen Neuzeit entwickelte Schriftkultur zu durchbrechen und damit auch die Einseitigkeit der sinnlichen Wahrnehmungen aufzuheben.
  Menschen sind einerseits eben nicht nur „Augentiere" und sie sind andererseits auch nicht natürlicherweise als ausschließlich kognitive Verarbeitungseinheiten für abstrakte Symboliken einer typographischen Kultur ‚geschaffen'. Aus didaktischer Sicht ergibt sich daher mit einem multimedialen Ansatz die Möglichkeit, andere menschliche Ausdrucksweisen in Form von Bildlichem, Filmischem oder Gesprochenem endlich gleichberechtigt neben das Textliche zu stellen. Die Zukunft wird erfordern, unsere geistigen Fähigkeiten deutlich zu erweitern (innerhalb und außerhalb unserer Selbst) und sie viel stärker kollektiv zu vernetzen, denn:

> so wie jede kulturelle Epoche ihre eigenen Interaktions-, Produktions- und Kommunikationsformen hervorbringt, so entwickelt sie auch eigene Vorstellungen darüber, was für sie gelungene Verständigung und was informativ ist. Wenn wir tatsächlich an einem Epochenwechsel stehen, dann brauchen wir nicht nur andere Medien und Formen der Informationsverarbeitung, sondern auch zeitgemäße, nicht mehr einseitig an der zu Ende gehenden Epoche der Buchkultur orientierte *Modelle von Wahrnehmung, Denken, Präsentation und Verständigung* (Giesecke 2002, 19; H.d.A.).

Nur einige stichwortartige Anmerkungen weisen die Dimension der Herausforderung auf:
- Wie lässt sich bislang standardsprachlich gespeichertes Wissen durch Digitalisierung mit einem didaktischen Nutzen diversifizieren?
- Wie lassen sich ausgelagerte menschliche Gedächtnisse aufbauen und nutzen – etwa als Datenspeicher, die mit unseren Hirnen über Bedeutungsetiketten vernetzt sind?
- Wie lassen sich unterschiedliche sachliche oder soziale Perspektiven konstruieren – bezogen auf den Untersuchungsgegenstand wie auch auf die Lernsituation?

- Wie sollten mehrdimensionale Bildungsräume gestaltet sein, in denen Fachspezifisches und Fachübergreifendes in ein neues Verhältnis zueinander gebracht werden?

  „Sozialität ist die Fähigkeit, mehrere Dinge zugleich zu sein." (Mead 1969, 280) Die Digitalisierung könnte dieses Bedürfnis nach Verwandelbarkeit, nach Neukonstruktion umfassend realisieren. Und der Platz für diese Sozialität ist das Bildungswesen, weil er ein geschützter Raum ist (oder wieder werden muss) und weil er im Schillerschen Sinne die ästhetische Freiheit des unvernutzten Spiels geben kann, die wir mit Blick auf eine weitgehend offene, zugleich aber stark gewandelte Zukunft benötigen (Schiller 1962, 570–668).[8]

Grundsätzlich werden wir ein schulisch-unterrichtliches Medienverständnis erreichen müssen, das ein Medium nicht auf den Informationsträger (das ‚Endgerät') reduziert und Kommunikation nicht mehr auf ein Sender-Empfänger-Modell begrenzt, sondern Medialität als Arbeitsumgebung versteht, die kompetentes, (selbst-)reflexives Lernen ermöglicht (Giesecke 2002, 23).

Bildung in der (digitalen) Zukunft

„Wenn ich momentan an einer Hochschule wäre, dann hätte ich auch Angst, sozusagen, dass mir da die Felle davonschwimmen. Im Sinne der Studierenden, die sich anderswo ihre Bildung suchen." (Friedrichowicz 2015a) Den Universitäten könnten die Studierenden weglaufen. Oder tun sie es schon? Die Studierende Maria Friedrichowicz, im Jahr 2015 Siegerin des Essaywettbewerbs des Stifterverbands für die Deutsche Wissenschaft mit dem Thema „Wie sieht Bildung im digitalen Zeitalter aus?", sprach diese, im ersten Moment Erstaunen hervorrufende Möglichkeit an. Was den einen wie eine Utopie, vielen anderen vielleicht aber auch als Dystopie vorkommt, ist keineswegs eine Fantasterei. Es bestehen bereits erste Konzepte für dezentrale, digital vernetzte universitäre Bildungswelten (Kloepfer 2015).

Das Bildungsideal des zukünftigen Lernens beschreibt Friedrichowicz so:

> Jeder hat das Recht und die Möglichkeit, seine Umgebung so zu wählen und zu gestalten, dass sie für seine Bildung optimal ist. Eine Umgebung ist für die Bildung des Einzelnen

---

8 Lesenswert insgesamt zum Thema Digitalisierung, Schule und Bildung auch Rosa (2014) und Rosa (2016).

> optimal, wenn sie den Erwerb von Wissen und Fähigkeiten einerseits und das Finden und Einüben von Werten andererseits im Sinne des Einzelnen fördert. (Friedrichowicz 2015b, 1)

Und sie beschreibt drei Grundsätze einer digitalen Bildung:

(1) Bildung braucht Beziehungen und Vernetzungen.
(2) Bildung braucht Zeit.
(3) Bildung ist vor allem Privatsache (sich etwas „im vollsten Sinne zu eigen machen“ Friedrichowicz 2015b, 1).

Selbstbildung, im Sinne des *Selbermachens* und des *An-sich-Arbeitens* rückt Ideale wieder in den Vordergrund, die mit der gegenwärtig oft zu beobachtenden Verkürzung des Bildungsbegriffs auf eine lediglich berufsfeldorientierte, arbeitsmarktnahe Bildung nicht kompatibel sind. Beide Faktoren rufen vielmehr jenes höchst individuelle Streben nach Perfektibilität wieder auf, das bereits das Bildungsstreben der Aufklärungszeit prägte (Rousseau 1997, 102). Es geht nicht um die schnelle Karriere, sondern um die Formung des Menschen, denn in der digitalen Welt wird die allseitig geformte, kreative Persönlichkeit der entscheidende Faktor für berufliche Entwicklung und eine sicherungsfähige Existenz. Standen die Fachexpertinnen und Fachexperten für die Spezialisierung der Industrialisierungszeit (vgl. Abb. 4), so könnten sich die Veränderungsexpertinnen und Veränderungsexperten zum Leitbild der Zukunft entwickeln.

Die Strategie der deutschen Kultusministerkonferenz für die Bildung in der digitalen Welt hebt deshalb hervor:

> Beim Lernen selbst rückt weniger das reproduktive als das prozess- und ergebnisorientierte – kreative und kritische – Lernen in den Fokus. Dabei ist klar: Einordnung, Bewertung und Analyse setzen Wissen voraus. Insgesamt wird es noch stärker darauf ankommen, Fakten, Prozesse, Entwicklungen einerseits einzuordnen und zu verknüpfen und andererseits zu bewerten und dazu Stellung zu nehmen. (Sekretariat der Kultusministerkonferenz 2016, 13)

Und diese Weiterentwicklung erfordert von allen Beteiligten, wertschätzende, gleichberechtigte Motivationskulturen aufzubauen und die hierarchischen Kontrollsysteme abzuschaffen.

Verwebung von Digitalität und Kompetenzorientierung am Beispiel des mBooks

Ein schlechtes Lernmaterial zu digitalisieren, ergibt ein schlechtes digitales Lernmaterial. Es ist von fundamentaler Bedeutung, nicht nur Organisationsformen, Abläufe und Grundausrichtungen von Schule zu verändern und neu zu denken, sondern auch die Materialien, mit denen Schülerinnen und Schüler sowie Lehrkräfte gemeinsam lernen. Nur deren Neukonzeption und damit Neuproduktion kann digitalen Mehrwert entstehen lassen.

Ziel von Schule vor dem Hintergrund der digitalen Zukunft kann an keiner Stelle das unreflektierte Auswendiglernen von Informationsfragmenten sein. Das Ziel kann, vor dem Hintergrund der eingangs skizzierten Zukunft, nur anwendbares Wissen sein. Hierfür werden kreative und kritische Bürger mit einem konstruktiven und freudigen Willen benötigt (Dueck 2016): Menschen mit eigener, auf andere ausstrahlender Initiative, mit ausgewogenem Selbstbewusstsein und einer positiven Haltung zur Vielfalt des Lebens, Menschen die die Bedeutung von Fächern auf einer Metaebene verstehen, deren Inhalte kontextualisieren und kommunizieren können. Es geht hierbei um Kreativität, kritisches Denken, Kollaboration und Kommunikation (Rosa 2016).

Digitale Umsetzungen müssen Mehrwerte hinsichtlich der oben genannten Kompetenzen aufweisen. Die Potentiale eines multimedialen Schulbuchs[9] werden im Folgenden am Beispiel des mBooks[10] skizziert. Es finden sich einige konkrete Beispiele,[11] die im mBook, dem ersten digitalen und multimedialen Schulbuch im Fach Geschichte, für das Medium Film entwickelt wurden.[12] Darüber hinaus kommen im mBook auch Audios, Texte, (interaktive) Grafiken, weitere interaktive Elemente, Bilder(-galerien) und Kollagen zum Einsatz. Auf diese Elemente kann hier nicht gesondert eingegangen werden.

Medien können unterschiedliche Funktionen erfüllen: Sie können vereinfachen, elaborieren, veranschaulichen, differenzieren und reduzieren, um historische Kompetenzen möglichst effektiv zu fördern. Bei der Umsetzung des mBooks wurde vor allem das Kompetenzstrukturmodell der FUER-Gruppe mit den Kernkompetenzen Frage-, Methoden-, Orientierungs- und Sachkompetenz als Basis verwendet. Kompetenzorientierung wird dabei vor allem auch als eine Antwort auf die oben skizzierten Herausforderungen der digitalen Revolution verstanden. Filme werden im mBook sowohl als Quelle aus der Zeit als auch als Narration über die Zeit verwendet. Somit gelten für sie, genau wie etwa für schriftliche Quellen,

---

9 Das Schulbuch ist wohl auch in seiner digital-multimedialen Form eine Zwischentechnologie und als Vorform für deutlich freiere digitale Lernräume zu verstehen. Allerdings wird im mBook, trotz seiner noch relativ konventionellen Erscheinungsform, sehr deutlich auf die oben genannten Kompetenzen geachtet.

10 Weitere Informationen zum mBook finden sich auf der Seite www.mbook.schule und auf www.institut-fuer-digitales-lernen.de.

11 Eine deutlich umfassendere Sammlung von Beispielen mit didaktischer Erläuterung findet sich bei Sochatzy 2016. (www.publikationen.multimedia-lernen.de)

12 Unter Filmen wird im Folgenden aus Gründen der Vereinfachung jede Art des nicht durch Nutzer beeinflussbaren Bewegtbilds verstanden.

die methodischen Regulierungen der Methodenkompetenz mit den Kernkompetenzen der Re- und De-Konstruktion (Schreiber 2007). Für die De-Konstruktion von Filmen gelten zwar die gleichen Meta-Regeln (z. B. zu untersuchen, wer die Auftraggeber des Werks waren), die Untersuchung unterscheidet sich aber vor allem auf Tiefenebene[13], also der Ebene der konkreten Machart. Hier muss im Film, im Gegensatz zum Text, auf Ton, Musik, Atmo, Einstellungsgrößen, Kameraposition, Beleuchtung, Ausstattung etc. geachtet werden.

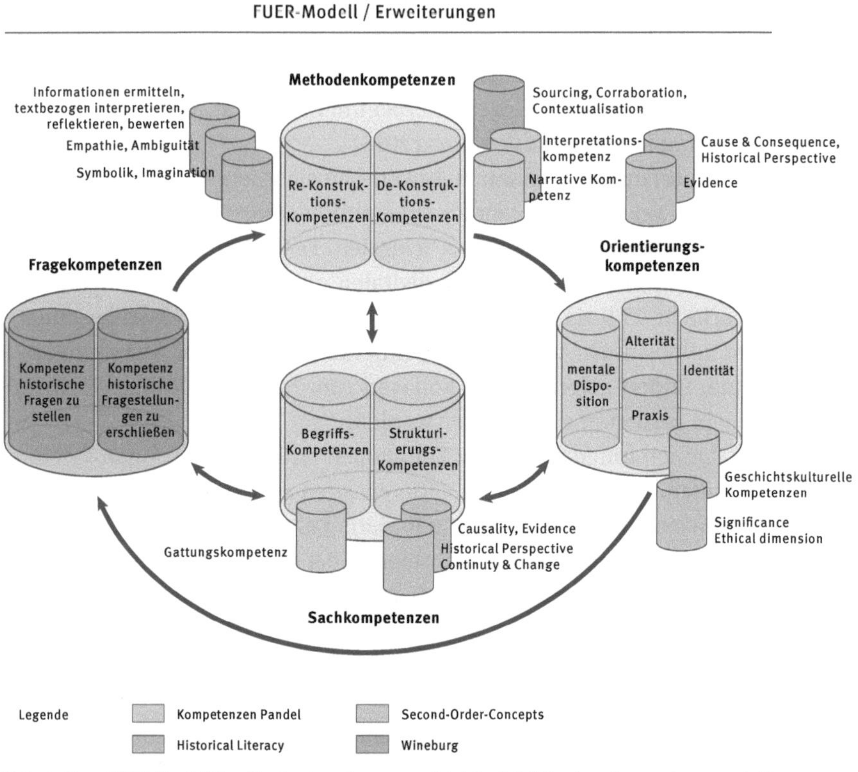

Abb. 1: Das FUER-Modell im Kontext anderer geschichtsdidaktischer Kompetenzmodelle (Borries et al. 2006; Gagnon 1989; Pandel 2005; Taylor/Young 2003, Kap. 3; Wineburg 1997, 255–261; Wineburg 2001).[14]

13 Das FUER-Kompetenzmodell (vgl. Abb. 1) bildet die Grundlage der Grafik. Diesem Modell wurden die Kompetenzen und Kompetenzbereiche der anderen Modelle zugeordnet, wenn sie Ergänzungen oder Abweichungen beinhalten. Die anderen ausgewählten Modelle werden also nicht in Gänze dargestellt, insofern sie als im FUER-Modell enthalten gedacht werden können. Grafik: © T. Zimmermann/M. Ventzke.

14 Dazu immer wieder anregend: Rüsen 1992.

Das Lesen dieser Ausdrucksformen muss erläutert und geübt werden. Daher gibt es im mBook neben zahlreichen Anwendungs- und Übungsbeispielen immer auch ein Methodenkapitel Film, in dem filmische Mittel mit Hilfe von Videos, Audios und Bildergalerien erläutert werden. Die folgenden Beispiele stammen aus dem Bereich der filmischen Darstellungen.

Im Clip (vgl. Abb. 2) sieht man die Hand des Autors, der mit einem Stift die einzelnen Teile der Geschichte bebildert. Dazu hört man seine Erklärungen und Musik. Der (fiktive) Protagonist des Clips, Kimon, hat Probleme im Alltag. Aus diesem Grund geht er ins Theater, um sich dort emotional ansprechen zu lassen. Dadurch entsteht laut Aristoteles ein reinigender Vorgang (Katharsis). Die Erklärung dieser Vorstellung von Reinigung bildet Absicht und Inhalt des Clips. Am Ende des Clips wird diese mögliche Wirkung von Geschichten auf die heutige Lebenswelt übertragen, indem sie auch auf aktuelle Bücher und Filme bezogen wird.

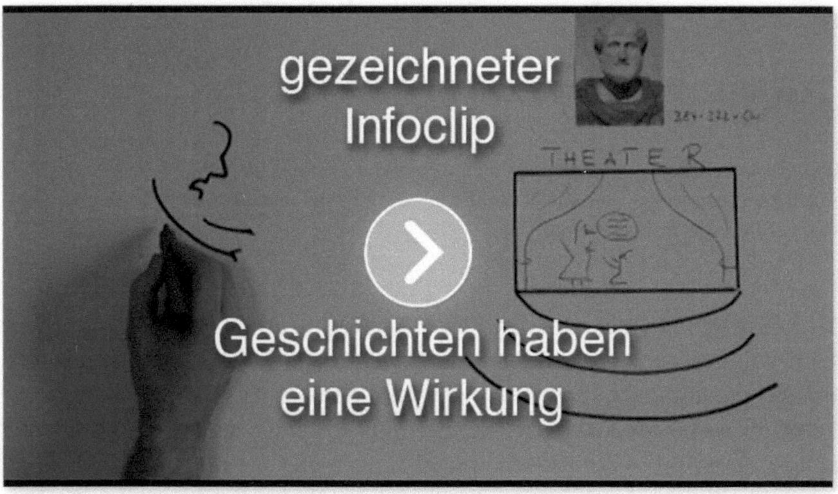

Abb. 2: Beispiel 1: Gezeichneter Infoclipt „Geschichten haben eine Wirkung“, Kapitel 1.2 „Wie aus Vergangenheit Geschichte wird“, www.mbook.schule (Screenshot).

Der gezeichnete Infoclip soll die Bedeutung von Narrationen für Menschen erläutern und damit eine inhaltliche und methodische Auseinandersetzung mit Narrationen grundlegen. Wenn Schülerinnen und Schüler zum Beispiel anhand des Infoclips über die Wirkung von Geschichten verstehen, warum sich Menschen Geschichten erzählen, kann, darauf aufbauend, Methodenkompetenz mit den

Kernkompetenzen der Re- und De-Konstruktion gefördert werden. Mit dem Clip lässt sich zudem Orientierungskompetenz fördern, da Lernenden auf Grundlage des Clips darüber reflektieren sollen, welche Rolle Erzählungen für das eigene Leben haben.

Abb. 3: Beispiel 2: Vorgelesenes Bilderbuch „Hans und Pierre – Eine lustige Schützengrabengeschichte", Kapitel 8.8 „Der Krieg betrifft alle – auch Kinder und Jugendliche", mBook Nordrhein-Westfalen (Screenshot).

Das zweite Unterkapitel stellt eine Vielzahl an Texten und Materialien zum Thema ‚Kinder als Opfer von Kriegspropaganda' zur Verfügung. Ein eigenes Propagandainstrument war hierbei das Bilderbuch (vgl. Abb. 3), da schon die Jüngsten im Sinne der jeweiligen Kriegsparteien beeinflusst werden sollten. Ziel des Unterkapitels ist es, propagandistische Darstellungen de-konstruieren zu lernen und damit ihre Wirkmechanismen zu durchschauen. Bilderbücher werden als eigenständiges Medium in gedruckten Schulbüchern aus offensichtlichen Gründen kaum thematisiert. Im mBook hingegen ist die Beschäftigung mit diesem Genre sogar in unterschiedlichen medialen Aufbereitungen möglich. Insgesamt finden sich in diesem Unterkapitel drei Bilderbücher von Arpad Schmidhammer (1857–1921), zwei davon in jeweils einer Galerie, ein Bilderbuch wird in einem Video vorgelesen (Schmidhammer 1914, 1916, 1915). Dies ermöglicht es Lernenden vergleichend zu arbeiten. Das Video nähert das Bilderbuch dem originalen Rezeptionszusammenhang an. Bilderbücher mit Versen waren und sind vor allem dazu da, von Erwachsenen vorgelesen zu werden. Und gerade darin bestand das

Perfide der Propaganda in diesem Genre. Sie setzte an einer intimen, familiären Situation an und versuchte, alle Beteiligten zu beeinflussen. Um das Medium angemessen dekonstruieren zu können, sollte dieser Rezeptionszusammenhang zumindest erspürt werden können (Demm 2001; Lukasch 2012).

Die Förderung von Methodenkompetenz und vor allem die De-Konstruktionskompetenz steht hier im Zentrum. Allerdings lässt sich auch die Orientierungskompetenz (Frage nach propagandistischen Beeinflussungen in der Gegenwart) oder die Sachkompetenz (Aufbau und Erweiterung des Konzepts Propaganda) fördern. Zu Beginn jedes Hauptkapitels können Schülerinnen und Lehrende ein Interview mit den jeweiligen Autorinnen und utoren abrufen, der Fragestellungen und Vorgehensweisen erläutert. Die Autorinnen und Autoren gehen dabei zum Beispiel auf grundsätzliche Bezüge zu den Leitfragen des Lehrplans und den dort vorfindlichen Kategorien und Begriffskonzepten ein, greifen Orientierungsfragen der Gegenwart oder geschichtswissenschaftliche Forschungsdiskurse auf. Den Kapiteln auf diese Weise ‚ein Gesicht' zu geben und dadurch den Konstruktcharakter von Geschichte zu veranschaulichen, ist in dieser Form nur in einem multimedialen Schulbuch möglich.

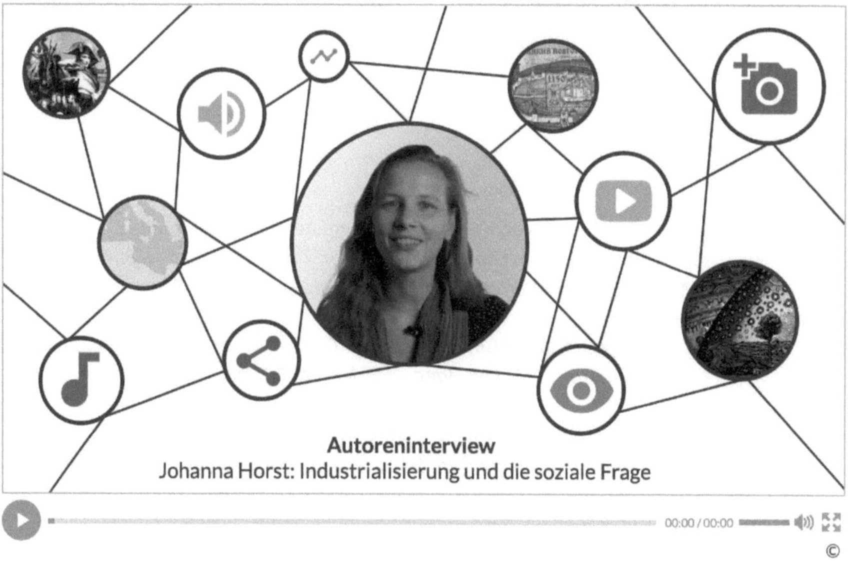

Abb. 4: Beispiel 3: Dialog- und Transparenzvideo, Kapitel 29 „Industrialisierung und soziale Frage. Die moderne Welt entsteht", www.mbook.schule (Screenshot).

Zusammenfassung

Was ist also die Aufgabe eines guten Lernmittels im digitalen Zeitalter? Es muss medienverbindend sein, darf sich also nicht länger auf die statische Präsentation eines Text-Abbildungs-Gemischs beschränken, sondern sollte alle Formen medialer Darstellung (Texte, Bilder(galerien), Karten, Audios, Filme, Animationen) einbeziehen. Es muss die Möglichkeit zur Reflexion anderer medialer Darstellungen über ein vergangenes Geschehen und der mit ihnen verbundenen Botschaften eröffnen. Es muss zur gemeinsamen Arbeit an den Unterrichtsgegenständen anregen. Es darf die ‚harten' politischen, wirtschaftlich-sozialen oder weltanschaulichen Orientierungsfragen und Herausforderungen der Gegenwart nicht länger scheuen. Es muss fachliche und überfachliche Kompetenzen vermitteln, mit deren Anwendung Lernende sich auch andere, vielleicht sogar ganz unbekannte Themen (später) selbst erschließen können. Es muss individualisierbar, interaktiv und adaptiv sein. Aus technischer Sicht sollte es mit Blick auf die Nutzungsgeräte eine größtmögliche Zugänglichkeit unabhängig von einzelnen Firmenstandards ermöglichen (System- und Plattformunabhängigkeit). Kurzum: Ein gutes Schulbuch muss die Lust am Denken anregen – also das Nachdenken, Mitdenken und Weiterdenken möglich machen. Nur dann kann es einen Beitrag zur digitalen Bildungszukunft leisten.

Literatur

Aufenanger, S. (1997): Medienpädagogik und Medienkompetenz. Eine Bestandsaufnahme. In: Deutscher Bundestag (Hrsg.): *Enquete-Kommission Zukunft der Medien in Wirtschaft und Gesellschaft. Deutschlands Weg in die Informationsgesellschaft.* Bonn: Deutscher Bundestag, 15–22.

Borries, B.; Körber A.; Schreiber, W. (2006): *Historisches Denken. Ein Kompetenzstrukturmodell* (= *Kompetenzen: Grundlagen – Entwicklung – Förderung*, Bd. 1). 2. Auflage. Neuried: Ars Una.

Borries, B. (2010): Globalisierung und Geschichtsunterricht. In: M. Ventzke; S. Mebus; W. Schreiber (Bearb.): *Geschichte denken statt pauken in der Sekundarstufe II. 20 Jahre nach der Friedlichen Revolution: Deutsche und europäische Perspektiven im gymnasialen Geschichtsunterricht.* Radebeul: Sächsisches Bildungsinstitut, 15–23.

Dartenne, M. C. (2016): *Die langen Wellen in der Entwicklung des Bildungs- und des Wirtschaftssystems.* Marburg: Tectum.

Demm, E. (2001): Deutschlands Kinder im Ersten Weltkrieg. Zwischen Propaganda und Sozialfürsorge. *Militärgeschichtliche Zeitschrift* 60/1, 51–98.

Dräger, J.; Müller-Eiselt, R. (2015): *Die digitale Bildungsrevolution. Der radikale Wandel des Lernens und wie wir ihn gestalten können.* München: Random House.

Drössler, C. (2016): *Total berechenbar? Wenn Algorithmen für uns entscheiden.* München: Hanser.

Dueck, G. (2016): Bildung der Zukunft oder Kopfreform? https://www.youtube.com/watch?v=gl_zKqodcP0.

Floridi, L. (2015): *Die 4. Revolution. Wie die Infosphäre unser Leben verändert.* Berlin: Suhrkamp.

Förster, J.; Popp, S. (2003): *Curriculum Weltgeschichte. Globale Zugänge für den Geschichtsunterricht,* Schwalbach/Ts.: Wochenschau-Verlag.

Friedrichowicz, M. (2015a): Hoppla, Bildungsrevolution! https://www.stifterverband.org/content/maria-friedrichowicz-hoppla-bildungsrevolution.

Friedrichowicz, M. (2015b): Sei souverän und gib etwas zurück! http://www.stifterverband.de/essaywettbewerb/01_friedrichowicz.pdf.

Gagnon, P. (1989): *Historical Literacy. The Case for History in American Education.* New York: Macmillan.

Giesecke, M. (2002): *Von den Mythen der Buchkultur zu den Visionen der Informationsgesellschaft. Trendforschungen zur kulturellen Medienökologie.* Frankfurt am Main: Suhrkamp.

Kaiser, T. (2015): Maschinen könnten 18 Millionen Arbeitsnehmer verdrängen. www.welt.de/wirtschaft/article140401411/Maschinen-koennten-18-Millionen-Arbeitnehmer-verdraengen.html.

Kloepfer, I. (2015): Sebastian Thrun im Gespräch. Ich will die Unilandschaft revolutionieren. http://www.faz.net/aktuell/wirtschaft/menschen-wirtschaft/sebastian-thrun-im-gespraech-ueber-seine-online-uni-udacity-13363384-p2.html.

Kondratjew, N. (1926): Die langen Wellen der Konjunktur. In: Lederer E. (Hrsg.): *Archiv für Sozialwissenschaft und Sozialpolitik,* Bd. 56. Tübingen: Mohr, 573–609.

Landesmedienzentrum Baden-Württemberg (2017): Medienbildung. http://www.lmz-bw.de/medienbildung.

Lukasch, P. (2012): *Der muss haben ein Gewehr. Krieg, Militarismus und patriotische Erziehung in Kindermedien vom 18. Jhdt. bis in die Gegenwart.* 4. Aufl. Norderstedt: Books on Demand.

LVR Zentrum für Medien und Bildung (2017): Medienpass. https://www.medienpass.nrw.de/de.

Macgilchrist, F. (2012): E-Schulbücher, iPads und Interpassivität: Reflexionen über neue schulische Bildungsmedien und deren Subjektivationspotential. *bildungsforschung* 9/1, 180–204.

Mead, G. (1969): *Philosophie der Sozialität.* Frankfurt a.M.: Suhrkamp.

Pandel, H.-J. (2005): *Geschichtsunterricht nach PISA. Kompetenzen, Bildungsstandards und Kerncurricula.* Schwalbach/Ts.: Wochenschau-Verlag.

Pfister, Ulrich (2015): Globalisierung. In: *Leibniz-Institut für Europäische Geschichte (IEG)* (Hrsg.): *Europäische Geschichte Online (EGO).* http://www.ieg-ego.eu/pfisteru-2012-de.

Rosa, L (2014): Medienbegriff, Lernbegriff und Geschichtslernen im digitalen Zeitalter. Vortrag auf der Tagung Geschichtsdidaktische Medienverständnisse #gld14 am 25./26. April 2014 (https://shiftingschool.word-press.com/2014/04/29/medienbegriff-lernbegriff-und-geschichtslernen-im-digitalen-zeitalter/ [25.11.2016]).

Rosa, L. (2016): Welche digitale Bildungsrevolution wollen wir? https://shiftingschool.wordpress.com/2016/10/24/welche-digitale-bildungsrevolution-wollen-wir/#more-1446.

Rousseau, J. (1997): *Diskurs über die Ungleichheit/Discours sur l'inégalité. Kritische Ausgabe des integralen Textes.* Paderborn/München/Wien/Zürich: Schönigh.

Rüsen, J. (1992): Das ideale Schulbuch. *Überlegungen zum Leitmedium des Geschichtsunterrichts.* In: Internationale Schulbuchforschung 14, 237–250.

Schiller, F. (1962): Über die ästhetische Erziehung des Menschen in einer Reihe von Briefen. In: F. Schiller: *Sämtliche Werke.* Bd. 5. München: Hanser.

Schleicher, A. (2012): *Preparing Teachers and Developing School Leaders for the 21st Century. Lessons from around the world.* Paris: OECD Publishing.
Schmidhammer, A. (1914): *Lieb Vaterland magst ruhig sein! Ein Kriegsbilderbuch mit Knüttelversen.* Mainz: Scholz.
Schmidhammer, A. (1915): *Die Geschichte vom General Hindenburg. Lustig dargestellt und gereimt.* Mainz: Scholz.
Schmidhammer, A. (1916): *Hans und Pierre. Eine lustige Schützengrabengeschichte.* Mainz: Scholz.
Schreiber, W. (2007): Kompetenzbereich historische Methodenkompetenz. In: A. Körber; W.Schreiber; A. Schöner: *Kompetenzen historischen Denkens. Ein Strukturmodell als Beitrag zur Kompetenzorientierung in der Geschichtsdidaktik.* Neuried: Ars Una, 194–235.
Schreiber, W. (2009): Qualitativ-kategoriale Inhalts- und Strukturanalysen von Schulbüchern als Grundlage für empirische Forschungen zum historischen Denken und Lernen. In: J. Hodel; B. Ziegler (Hg.): Forschungswerkstatt Geschichtsdidaktik 07. Beiträge zur Tagung „geschichtsdidaktik empirisch 07". Bern, 239–252.
Sekretariat der Kultusministerkonferenz (2016): *Bildung in der digitalen Welt. Strategie der Kultusministerkonferenz.* Berlin: Kultusministerkonferenz.
Sochaty, F. (2016): Das multimediale Schulbuch (m-book) – von der Theorie in die Praxis. Konzeption, Produktion und empirische Überprüfung eines multimedialen Geschichtsschulbuchs. Eichstätt.
Sochaty, F. (2016): Das multimediale Schulbuch (mBook). Von der Theorie in die Praxis: Konzeption, Produktion und empirische Überprüfung eines multimedialen Geschichtsschulbuchs. Eichstätt: Institut für digitales Lernen.
Spanhel, D. (1996): Integrative Medienerziehung in der Hauptschule. Begründung und Merkmale. *Pädagogische Welt* 8, 359–364.
Stengel, O. (2016): Digitale Produktion und Postkapitalismus. In: J. Wulfsberg; T. Redlich; M. Moritz (Hrsg.): *1. interdisziplinäre Konferenz zur Zukunft der Wertschöpfung. Konferenzband.* Hamburg: Helmut-Schmidt-Universität.
Stengel, O.; Looy, A.; Wallaschkowski, S. (2017): *Digitalzeitalter – Digitalgesellschaft. Das Ende des Industriezeitalters und der Beginn einer neuen Epoche.* Wiesbaden: Springer.
Taylor, T.; Young, C. (2003): *Making History. A Guide for the Teaching and Learning of History in Australian Schools.* Carlton South: Curriculum Corporation.
Thiede, W. (2014): *Die digitalisierte Freiheit. Morgenröte einer technokratischen Ersatzreligion.* 2. Aufl. Berlin/Münster: LIT Verlag.
Tulodziecki, G. (2011): Zur Entstehung und Entwicklung zentraler Begriffe bei der pädagogischen Auseinandersetzung mit Medien. Medien Pädagogik. *Zeitschrift für Theorie und Praxis der Medienbildung* 20, 11–39.
Virilio, P. (1980): *Geschwindigkeit und Politik. Ein Essay zur Dromologie.* Berlin: Merve.
Virilio, P. (1993): *Revolutionen der Geschwindigkeit.* Berlin: Merve.
Wineburg, S. (1997): Beyond ‚Breadth and Depth'. Subject Matter Knowledge and Assessment. *Theory into Practice* 36/4, 255–261.
Wineburg, S. (2001): *Historical Thinking and Other Unnatural Acts. Charting the Future of Teaching the Past.* Philadelphia: Temple University Press.
Zawacki-Richter, O. (2013): Geschichte des Fernunterrichts. Vom brieflichen Unterricht zum gemeinsamen Lernen im Web 2.0. In: M. Ebner; S. Schön (Hrsg.): *L3T. Lehrbuch für Lernen und Lehren mit Technologien.* 2. Aufl. http://l3t.eu/homepage/das-buch/ebook-2013.

II Bildungskontexte

Almut Reiners

Mobiles Lernen an Hochschulen. Formen der Umsetzung

Einleitung

Obwohl sich Artikel zum mobilen Lernen bereits ab 2000 in der Literatur finden lassen, wird das Thema an deutschen Hochschulen erst Jahre später intensiver aufgegriffen. Die *Notebook-Universitäten*, die im Rahmen des gleichnamigen Förderprogramms des Bundesministeriums für Bildung und Forschung (BMBF) von 2002–2003 erste mobile Lernansätze mit Notebooks erarbeiteten, machten den Anfang (Nölting 2012, 288). Anschließend folgten Tablets als Lernbegleiter, Hochschulapps, die alle Services der Einrichtung für den täglichen Gebrauch zusammenfassen und eine Vielzahl an sinnvoll in die Hochschullehre integrierten mobilen Lernlösungen. Vom Verleihen universitätseigener Geräte über das Verschenken von Geräten (Studiengebühren machten es möglich), werden nun Ansätze präferiert, bei denen Studierende ihre eigenen Geräte mitbringen und nutzen (BYOD – bring your own device). Die Hochschulen stehen jedoch weiterhin vor der Herausforderung, eine passende technische Infrastruktur und Anwendungen für mobile Endgeräte zur Verfügung zu stellen.

Parallel zu den Veränderungen, die sich im Hochschulbereich beobachten lassen, haben sich auch die Definitionen des *Mobile Learnings* verändert: Wurde 2000 noch der Fokus vor allem auf die technischen Aspekte des *Mobile Learnings* gelegt, wird aktuell ein deutlich differenzierterer Ansatz vertreten, der – neben der Mobilität der Geräte – auch die Mobilität der Lernenden, des Wissens und die Kontextualisierung der Lernprozesse beinhalten. O'Malley fasst dies wie folgt zusammen:

> Any sort of learning that happens when the learner is not at a fixed predetermined location, or learning that happens when the learner takes advantage of the learning opportunities offered by mobile technologies. (O'Malley 2005, 7; H.i.O.)

Gemäß dieser Definition wird im Folgenden *Mobile Learning* als Lernen mobiler Lernender verstanden, das durch mobile Endgeräte unterstützt wird. Dieses Lernen findet sowohl im formellen Kontext der universitären Veranstaltungen, als auch im informellen Kontext vor und nach den Lehrveranstaltungen statt. Die Kontextualisierung von Lernprozessen stellt hierbei den größten Mehrwert mobilen Lernens und gleichzeitig den größten Unterschied

DOI 10.1515/9783110501131-006

zu klassischem E-Learning dar. Situiertes Lernen, also Lernen im aktuellen physischen und unmittelbaren Kontext anhand realer und relevanter Problemstellungen, kann mit Hilfe von mobilen Endgeräten gelingen, da diese als Informationsquelle, Kommunikationsmedium und kognitives Werkzeug (Möglichkeit zu Erstellung und Austausch von Arbeitsergebnissen) eingesetzt werden können (de Witt 2013, 18).

Aus hochschuldidaktischer Sicht ermöglicht mobiles Lernen in der Hochschullehre neue, technikgestützte Konzepte des situierten Lernens, z. B. für Exkursionen oder Lernorte außerhalb der Seminarräume. Auch die Anreicherung konventioneller, präsenzgebundener Lernszenarien durch die Erweiterung von Kommunikationsmöglichkeiten (synchron / asynchron, einzeln oder in Gruppen z. B. in Hörsälen) stellen einen Mehrwert dar. Mobil abrufbare Simulationen bieten zudem die Chance theoretisches Wissen direkt anzuwenden.

Mobile Endgeräte bieten Unterstützung bei den wesentlichen Lernaktivitäten: Recherche und Nutzung von Lerninhalten, Produktion und Präsentation eigener Lernergebnisse sowie Kommunikation und Kollaboration zwischen Lernenden und Lehrenden (de Witt 2014, 24). Allgemein lässt sich die studentische Wissensaneignung durch die Unterstützung von mobilem Lerncontent besser dem individuellen Lernstil und der eigenen Lebenssituation anpassen (Schmitz 2013, 36).

Studierende und mobiles Lernen

92 Prozent der Deutschen zwischen 18 und 34 besitzen ein Smartphone und 81 Prozent der gleichen Altersgruppe sind in mindestens einem Sozialen Netzwerk registriert (Pew Research Center 2016). Dies legt den Schluss nahe, dass Studierende – die mehrheitlich in diese Altersklasse fallen – durchaus medienaffin sind und Technik als Teil ihres Lebens verstehen. Umso überraschender sind die Ergebnisse einer Studie des Hochschulforums Digitalisierung (Persicke 2016), laut welcher nur ca. 20 Prozent der Studierenden neue Medien, wie Videos, *Web Based Trainings*, Lernspiele, Simulationen und andere für ihre Lernprozesse nutzen. Die Mehrheit der Studierenden nutzen digitale Medien konservativ für ihren eigenen Lernprozess: Sie lernen mit digitalen Texten, Präsentationen oder absolvieren E-Prüfungen. Es wird die Vermutung geäußert, dass Studierende dann digitale Medien nutzen, wenn dies von den Hochschullehrenden forciert wird. Diese Beobachtung deckt sich mit Evaluationsergebnissen von Wegener et al., die zu dem Schluss kommen, dass die Nutzung von mobilem Lernen in universitären Massenveranstaltungen maßgeblich von

der Verbindlichkeit der Lehrenden und deren Unterstützung abhängt (Wegener et al. 2013, 118).

Hochschuldidaktische Überlegungen

Der Erfolg digitalisierter Lehre steht und fällt demnach mit der Performance der Lehrenden und dem erhofften Mehrwert von Seiten der Studierenden. Dementsprechend sind für die Einbindung von mobilem Lernen in der Universitätslehre weiterhin die allgemeinen didaktischen Grundsätze gültig: Zuerst bedarf es einer Prüfung, inwiefern der Einsatz von mobilem Lernen der Erreichung des Lernziels dient und ob die technischen Voraussetzungen gegeben sind. Zudem muss klar sein, ob es sich um ergänzende oder obligatorische Lerninhalte handelt und wie genau die Einbindung von mobilen, Online- und Präsenzphasen aussehen soll. In der Regel bedarf es einer Überarbeitung des gesamten Lehrkonzepts und einer Neugestaltung von Lerninhalten, um diese für mobile Szenarien nutzbar zu machen.

Besonders beachtenswert ist zudem – bei der Nutzung der Geräte der Studierenden (i. d. R. werden keine hochschuleigenen Geräte zur Verfügung gestellt) – die Verschmelzung von formellem und informellen Kontext, da ein emotional beladenes Gerät für Lernprozesse genutzt wird und damit auch ein hohes Ablenkungsrisiko geschaffen wird (Schmitz 2013, 36).

Weitere Störfaktoren vor und während mobiler Lernszenarien können sein (in Anlehnung an Schmitz 2013, 37):

- Außerhalb der Universitätsgebäude: unberechenbares Wetter, Verfügbarkeit des Lernangebotes (z. B. Jahreszeitenabhängige Pflanzen).
- Technik: Fehlender oder unzuverlässiger Internetzugang, leere Akkus, fehlende Funktionalitäten bei den Geräten oder Apps (z. B. QR-Code-Reader), benutzerunfreundliche Gestaltung der Lerninhalte (bspw. zu viel Text für kleine Bildschirme), fehlende Anbindung an gewohnte Lernplattform sowie Schwierigkeiten bei der Contenterstellung.
- Betriebssysteme: die Bereitstellung von Inhalten für iOS, Android, Windows oder als WebApp stellt eine Herausforderung dar.
- Fehlende Motivation, Medienkompetenzen oder Offenheit gegenüber mobilem Lernen auf Seiten der Lernenden.
- Lehrende: Fähigkeit, passenden Content zu erstellen und in sinnvolle Lernszenarien einzubinden, fehlende Medienkompetenz für die souveräne Einbindung der Technik in den Unterricht.

Neben diesen Herausforderungen bietet mobiles Lernen Studierenden jedoch auch eine Vielzahl an Vorteilen: Durch den Einsatz von mobilen Endgeräten können neue Lernorte erschlossen werden, die einen besonderen Praxisbezug zum Erlernten herstellen. Dies können z. B. selbstgesteuerte Exkursionen sein oder Lerntouren zu bestimmten Themenschwerpunkten außerhalb der Seminarräume. Auch ortsunabhängig abrufbare Simulationen können den Praxisbezug von Hochschullehre erweitern. Zudem kann mit Hilfe mobiler Technik die Interaktion mit den Lehrenden und Mitstudierenden verbessert werden, z. B. durch direkte Rückmeldung in Hörsälen. Smartphones und Tablets helfen zudem bei der Recherche von Information und Kommunikation und bieten eine niederschwellige Möglichkeit eigene Inhalte zu produzieren und zu teilen.

Vielfältige Möglichkeiten zur Unterstützung des individuellen studentischen Lernverhaltens, wie z. B. Karteikarten-Apps oder mobile Lerneinheiten über das Lernmanagementsystem, runden die Flexibilisierung des Lernens durch *Mobile Learning* ab.

Lernszenarien mobilen Lernens an Hochschulen

Mobiles Lernen an sich kann als eine Form des E-Learnings verstanden werden (Nölting 2012, 288) und wird in Publikationen auch immer wieder als Unterform desselben beschrieben. Eine Unterscheidung wird jedoch dann nötig, wenn wir versuchen Lernszenarien zu kategorisieren und zu ordnen. Werden E-Learning-Szenarien in der Regel nach Grad der Virtualisierung unterteilt (Präsenzveranstaltung mit begleitendem Online-Lernmaterialien, *Blended Learning* als Verknüpfung von Online- und Präsenz-Lernzeiten oder reine Online-Seminare), reicht dies alleine für *Mobile Learning* nicht aus, da neben den klassischen Merkmalen der aktuelle Lernkontext mitberücksichtigt werden soll. Eine starke Fokussierung vornehmlich auf den Kontext – wie es etwa Frohberg (2008) favorisiert – greift jedoch ebenfalls zu kurz.

De Witt hat 2014 im Rahmen eines Online-Vortrages (de Witt 2014) eine eindrückliche Möglichkeit der Kategorisierung von mobilen Lernszenarien vorgestellt, die mehrere Aspekte abdeckt:

Sie gibt hierbei vier Kategorien (vgl. Abb. 1) in Abhängigkeit von Ort (Kontext) und Zeit vor, in die mobile Lernszenarien eingeordnet werden. Mobile Lernszenarien können demnach zeit- und ortsunabhängig, abhängig sowohl von Ort und Zeit sowie zeitunabhängig aber ortsabhängig und umgekehrt sein.

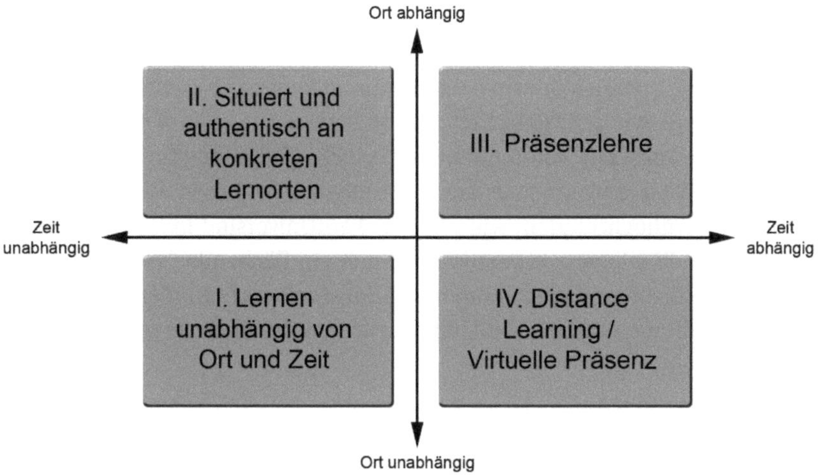

Abb. 1: Kategorien des Mobilen Lernens (de Witt 2014, 13).

Für die Hochschullehre bedeutet dies, dass Lernszenarien, die eine Bandbreite von Präsenzlehre mit einzelnen *Mobile Learning*-Elementen über situiertes Lernen bis hin zu virtuellen Lerneinheiten abdecken, in den folgenden Kategorien beschrieben werden können.

Lernen unabhängig von Ort und Zeit

Mobiles Lernen der ersten Kategorie geschieht orts- und zeitunabhängig (vgl. Abb. 2) und bezeichnet damit Lernprozesse, die von Studierenden außerhalb des universitären Lernorts eigenständig initiiert werden. Dies kann zum Beispiel das Auswendiglernen von Fakten mit Hilfe einer Lernkarten-App während dem Warten auf den Bus sein oder die Aneignung von Lerninhalten, die als Online-Lernmodul oder E-Book auf einem Tablet zur Verfügung stehen während einer Zugfahrt. Apps, die diese Form des mobilen Lernens ermöglichen, bieten Studierenden eine neue Flexibilität im eigenen Lern- und Zeitmanagement. Folgende Beispiele fallen in diese Kategorie:

Mobile Lernumgebungen

Nahezu jedes Lernmanagementsystem bietet mittlerweile ein responsives Design, das das Betrachten und Bearbeiten von Lerninhalten auf mobilen Endgeräten ermöglicht. So können z. B. in ILIAS angelegte Lernmodule oder Tests auch über das Tablet abgearbeitet werden. Neben der Bereitstellung von Lernmaterialien sind vor allem die organisatorischen und kommunikativen Elemente der Lernmanagementsysteme, wie z. B. Einschreibung in neue Kurse, aktuelle Nachrichten und geordnete Sammlung von Content, von großer Bedeutung für Studierende. Die meisten Präsenzuniversitäten bieten Studierenden diesen Service mittlerweile an. Die Fernhochschulen, wie etwa die FernUniversität in Hagen oder die Fernhochschule Riedlingen, ermöglichen durch ein flächendeckendes Angebot von Online-Studienmaterialien, Kommunkationsforen etc. Studierenden große Teile ihres Studiums entsprechend ihrem eigenen Zeitmanagement online zu absolvieren.

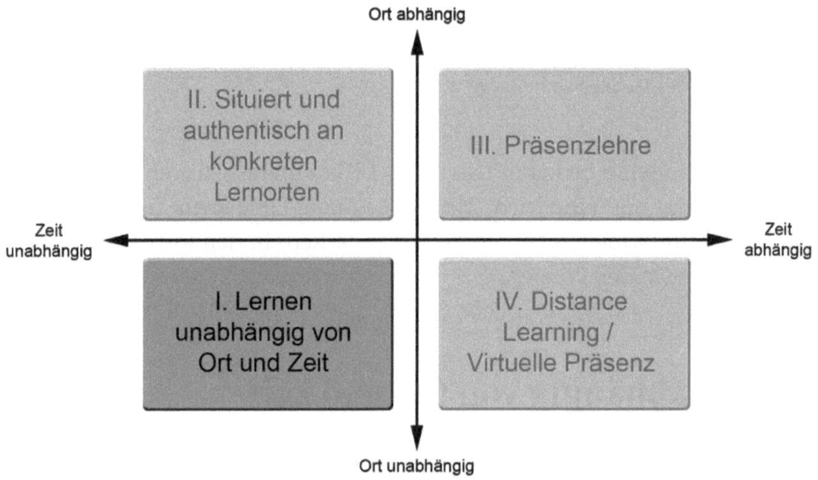

Abb. 2: Kategorie 1: Lernen unabhängig von Ort und Zeit (de Witt 2014, 15–17).

Mobiles Tutorium

An der Hochschule Offenburg wurde für die Propädeutika-Kurse im Fach Mathematik die App *MassMatics* entwickelt, die Studierenden die Möglichkeit gibt, Aufgaben eigenständig zu lösen. Sie tun dies mittels Papier und Stift, können aber über die App Hilfestellungen und Zwischenschritte für den Lösungsweg anzeigen lassen. Zudem ist es möglich, dass Studierende sich aus einem Themenfeld eine Probeklausur mit vorgegebenem Zeitfenster zusammenstellen und absolvieren. Die ausgewählten Inhalte sind offline verfügbar und ermöglichen das Lernen ohne direkten Internetzugang. Mittlerweile beinhaltet die App auch

Aufgaben von weiteren Hochschulen und kann von den teilnehmenden Studierenden genutzt werden (e-teaching.org 2016).

Lernkarten

Manche Lerninhalte müssen im Studium auswendig gelernt werden: Dabei helfen virtuelle Karteikarten. Eine große Bandbreite an kostenfreien und -pflichtigen Apps stehen für alle gängigen Smartphone-Betriebssysteme zur Verfügung (z. B. *Brainyoo*, *Skive*, *Repetico*) und bieten teilweise neben der Option eigene Karten zu erstellen auch die Möglichkeit auf bereits bestehende Inhalte zuzugreifen oder kostenpflichtige Kartensätze zu bestimmten Themen zu erwerben.

Eine enge Verknüpfung zwischen Lernstoff und virtuellen Lernkarten bieten von den Lehrenden zur Verfügung gestellte Lernkarten, wie etwa die Virtuellen Lernkarten der FernUniversität in Hagen oder Inhalte, die über das ILIAS-Plugin *Lernkarten* angeboten werden. Vorteil ist die enge Verzahnung und geprüfte Qualität der Lernkarten. Neben dem Lernen von vorgegebenen Karten gibt es als Lernszenario zudem die Möglichkeit Studierende miteinander und füreinander Karteikarten oder Quizzes erstellen zu lassen. Eine Einbindung der von Studierenden generierten Fragen kann motivierender Teil der Seminarstruktur sein.

Simulationen und Planspiele

Versuchsaufbauten oder komplexe Instrumentarien stehen Studierenden nicht immer dann zur Verfügung, wenn diese den Lernprozess optimal unterstützen könnten, um das gerade erlernte Theoriewissen direkt in die Praxis umsetzen zu können. Webbasierte Simulationen, auf die jederzeit zugegriffen werden kann, können hier einen ersten praktischen Bezug zum Erlernten herstellen. Beispielhaft sei hierfür die Anwendung MyMi.mobile genannt, die es angehenden Medizinerinnen und Medizinern erlaubt „mikroskopisch-anatomische Inhalte anhand höchstauflösender, virtuell mikroskopierbarer und vollständig annotierter histologischer Präparate" (Universität Ulm 2016) zu erlernen.

Neben Instrumentarien, die zur Vertiefung von Wissen genutzt werden können, stellen auch Planspiele eine gute Möglichkeit dar, um Theorieinhalte praxisorientiert zu vertiefen. Das Institut für Automatisierungstechnik und Softwaresysteme an der Universität Stuttgart bietet seinen Studierenden eine App an, mit der acht verschiedene Planspiele gespielt werden können. Dabei schlüpfen die Studierenden z. B. in die Rolle einer Projektleiterin bzw. eines Projektleiters mit der Aufgabe Software in einem Unternehmen zu etablieren (Universität Stuttgart).

Verknüpfung Buch und Online-Content

Ein Projekt, das kontextualisiertes[1] Lernen mit Hilfe von Printmedien ermöglicht, ist bspw. die App *more* an der Universität Trier. Hier wird ein Skript mit QR-Codes versehen um interaktive, digitale Fragen und Übungen in den Lernprozess integrieren zu können.

Printmedien können jedoch mit weiteren digitalen Medien, wie z. B. Videos, Bildern oder sogar 3D-Grafiken angereichert werden, welche über das Smartphone- oder Tablet-Display und die integrierte Kamera als *Augmented Reality* ausgegeben werden. Dies wurde beispielsweise an der Hochschule Wismar umgesetzt mittels der App *Junaio* und Textmarkern in Skripten, die durch den Scan z. B. ein dreidimensionales Atom präsentieren.

Situiertes Lernen an konkreten Lernorten

Die große Stärke – Wissensvermittlung an Ort und Stelle – des *Mobile Learnings* kann in Lernszenarien ausgespielt werden, die Studierenden das Lernen an konkreten Lernkontexten anhand von kontextrelevanten Aufgabenstellungen bietet. Situiertes Lernen (vgl. Abb. 3) ist demnach immer ortsabhängig, aber meist zeitunabhängig, da die Lerninhalte immer verfügbar sind.

Dabei werden Studierende in der Regel mit ihren mobilen Endgeräten auf Exkursionen oder Spaziergänge geschickt, um sich außerhalb des regulären Seminarortes Wissen anzueignen, zu wiederholen oder anzuwenden. Eine besonders intensive Auseinandersetzung mit dem Lernstoff geschieht, wenn Studierende selbst aktiv werden und z. B. Lerntouren für andere Anwenderinnen und Anwender erstellen oder Informationen zu bestimmten Seminarthemen eigenständig sammeln.

---

1 Kontextualisiertes Lernen bedeutet in diesem Zusammenhang im Gegensatz zu situiertem Lernen, dass Lerninhalte zum Kontext passen, wie etwa einem Text im Buch, jedoch nicht zwingend eine Interaktionen des Studierenden mit der konkreten Umgebung erfordern.

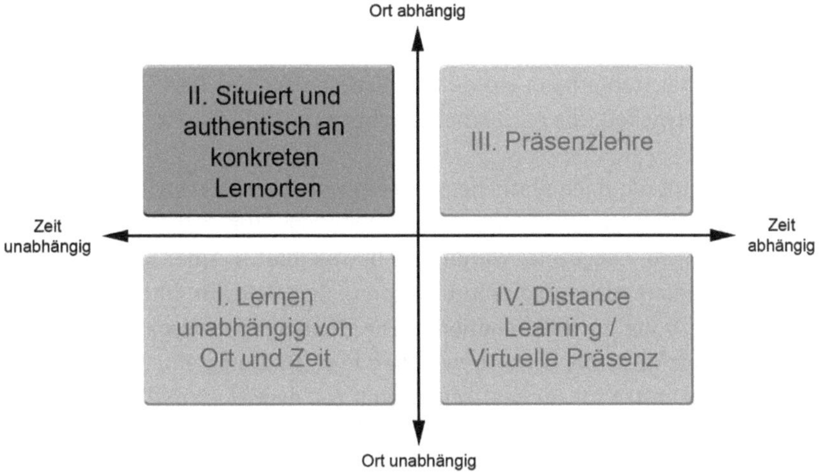

Abb. 3: Kategorie 2: Situiertes Lernen an konkreten Lernorten (de Witt 2014, 18–20).

Lerntouren

An der Georg-August-Universität Göttingen haben wir in enger Abstimmung mit Lehrenden und Studierenden eine App entwickelt, die die einfache Erstellung von Lerntouren ermöglicht. Dabei folgt die App dem Schnitzeljagdprinzip, wo der Hinweis zur nächsten Lernstation erst nach erfolgreichem Absolvieren einer Aufgabe gegeben wird. Lerninhalte zu den einzelnen Stationen können als Text, Bilder, Podcast oder Video hinterlegt werden und mit Multiple-Choice- und Single-Choice-Aufgaben ergänzt werden. Um das Datenvolumen der Studierenden unterwegs nicht unnötig zu belasten, können die kompletten Touren vorab heruntergeladen werden und in der *GöTours*-App gespeichert werden. Start und konkrete Standortbestimmung geschehen über QR-Codes oder Nummern, die an den jeweiligen Stationen fixiert sind. Erfolgreich getestet wurden die Lerntouren bereits mit Studierenden der Biologie im Alten Botanischen Garten (Reiners 2014) in Göttingen. So wurden in einem Master-Seminar Touren zur Bodenkunde von Studierenden erstellt, um damit selbstständig organisierte Exkursionen in die Umgebung von Göttingen zu ermöglichen, die auf Grund steigender Studierendenzahlen und somit weniger Betreuungspersonal sonst ausfallen müssten.

Ein anderes Beispiel ist die Universität Gießen, wo im Fachbereich Soziologie im Rahmen des Projektes *Soziologie to go* Lernpfade gemeinsam mit Studierenden zu Themen der Migration entwickelt werden. Verwendete Technik ist die frei verfügbare Webapplikation *Actionbound*, die die Lehramtsstudierenden später auch weiterhin für ihren eigenen Unterricht nutzen können (Universität Gießen 2015).

Lernorte

An der Universität Hohenheim wurde eine Erweiterung des ILIAS-Lernmanagementsystems entwickelt, die es möglich macht spannende Lernszenarien umzusetzen:

Neben Lerntouren nach ähnlichem Prinzip wie oben dargestellt, nur mittels GPS-Daten als Wegweiser, können Studierende die App nutzen, um eigene Inhalte beizutragen. Umgesetzt wurde dies beispielhaft in einer Marketing-Vorlesung, wo Studierende aufgefordert wurden, Beispiele für unterschiedliche Formen der Werbung zu dokumentieren. Die Studierenden fotografierten ihre Funde und gaben diese als Lernort, versehen mit GPS-Daten ein. Anschließend wurden die Ergebnisse im Hörsaal gemeinsam mit dem Dozierenden diskutiert (Forster 2016, 71).

Mobiles Wiki

Studierende des Bauingenieurwesens der TU Darmstadt bekamen zur Aufgabe, einen Wiki-Artikel über bestimmte Bauwerke oder Bauvorhaben zu verfassen und mit den konkreten Geodaten und Fotos zu dokumentieren. Dazu müssen Sie die realen Gebäude und Standorte besuchen und können mittels einer App die aufgenommenen Daten direkt in das Seminar-Wiki einspielen (Rensing 2013, 134).

Augmented Reality

Augmented Reality bezeichnet die Erweiterung der Realität mit Hilfe von Smartphones und Tablets. Dabei werden reale Informationen mit virtuellen Informationen überlagert, um bestimmte Informationen zur Verfügung zu stellen. An der RWTH Aachen wurde prototypisch *Augmented Reality* zum selbstständigen, realitätsnahen Erlernen der Funktionsweise von Produktionsmaschinen genutzt. „Über die Kamera des Mobilgerätes wird die Maschinenposition erfasst und per Auswahlmenü werden erklärende Inhalte zu einzelnen Komponenten eingeblendet. Abschließend wird der Nutzer zu einer Wissensstandabfrage geleitet" (RWTH Aachen 2014).

Augmented Reality kann in vielen verschiedenen Kontexten eingesetzt werden: In Museen, für die Darstellung historischer Bauwerke oder z. B. auch das Onboarding von Studierenden an der Hochschule unterstützen (Henning 2013).

Mobiles Lernen in der Präsenzlehre

Für das Lernen in dieser dritten Kategorie ist die Mobilität der Studierenden zweitrangig, da das Lernen an einem definierten Ort zur festgesetzten Zeit geschieht.

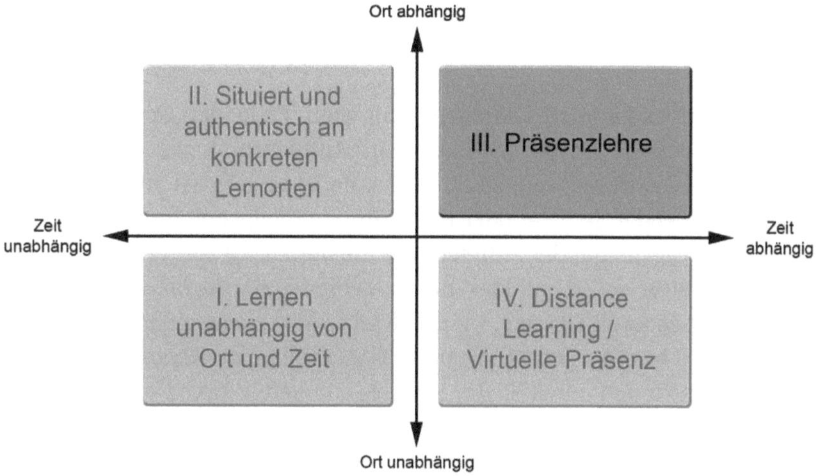

Abb. 4: Kategorie 3: Präsenzlehre (de Witt 2014, 21).

Dennoch bietet der Einsatz von mobilen Endgeräten auch in klassischen Präsenzveranstaltungen, wie Vorlesungen oder Seminaren, Vorteile. Die Mehrzahl der Studierenden verfügt über Smartphones oder Tablets, die für technikgestützte Lernszenarien eingesetzt werden können, um bspw. die Interaktion zwischen Studierenden und Dozierenden zu verbessern (vgl. Abb. 4).

Interaktion im Hörsaal

Eine niedrigschwellige Möglichkeit spontane Rückmeldungen von Lernenden innerhalb einer Vorlesung zu bekommen, besteht beim Einsatz von webbasierten Audience Response Systemen (auch *Clicker* genannt). Klassischerweise wird den Lernenden eine Frage gestellt, die diese über eine App oder Webapplikation mit dem Smartphone oder Tablet beantworten können. Die Dozierenden bekommen eine sofortige Rückmeldung und können gegebenenfalls unklaren Lehrstoff nochmals wiederholen oder mit den Studierenden diskutieren. Verschiedene Methoden sind mit diesen *Clickern* möglich: Quizzes, um den Lernstand vor oder nach einer Veranstaltung abzufragen, Fragen und Antworten für eine Peer-Diskussion oder Abstimmungen à la „Wäre am Sonntag Bundestagswahl würde ich für ... stimmen“ mit anschließender Diskussion, etc. In jedem Fall ist eine Steigerung der Interaktion zwischen Lehrenden und Studierenden zu verzeichnen (Maurer 2015).

Hörsaalspiele und Serious Games

Spielend lernen endet nicht zwingend mit dem Ende der Grundschulzeit: *Game Based Learning* ist als Methodik zur Auflockerung von Vorlesungen oder zur Wissensfestigung geeignet. Ein Szenario ist im Hörsaal kann z. B. sein, dass alle Studierenden in zwei oder mehr Gruppen aufgeteilt werden und mit Hilfe einer App gegeneinander antreten, um Antworten auf vorgegebene Fragen zu geben. Der Wettbewerbscharakter solcher Methoden spornt an und ermöglicht einen anderen Zugang zu Themen. Die Spielvariationen sind vielfältig. Technisch umgesetzt wird dies mit eigenständigen Apps (aktuell an der Universität Göttingen in der Entwicklung), durch *Clicker*-Systeme oder mit Hilfe von selbstgenerierten Webapplikationen, wie sie z. B. auf https://learningapps.org/.

Ein anderes Beispiel für ein mobiles Computerspiel im Unterricht stellt Schreiber (2015) vor: Im Rahmen von Lehrveranstaltungen zum Training Interkultureller Kompetenz setzt sie das *Serious Game* (*Serious* steht hier für Spiele mit bildendem Charakter und definierten Lernzielen) *Movers and Shakers* ein. Es spielen immer zwei Lernende gegeneinander und können dazu PCs, Tablets oder Smartphones nutzen. Die Spielenden können nur gemeinsam das Spielziel erreichen, welches durch unterschiedliche Vorgaben und den Spielenden unbekannte, spielbeeinflussende Elemente erschwert wird. So werden u. a. Frustrations- und Ambiguitätstoleranz spielerisch trainiert.

Mobiles Distance Learning

Als vierte Kategorie in Claudia de Witts Lernszenarienraster wird das zeitabhängige, aber ortsungebundene Lernen aufgeführt (vgl. Abb. 5).

Hierzu gehören alle Anwendungen und Szenarien, die Fernlehre mobil unterstützen. Vorrangig geht es dabei um die Teilhabe an Lehrveranstaltungen oder Prüfungen: Es sind weniger die Lernszenarien oder Technologien zwingend mobil, sondern die Lernenden an sich.

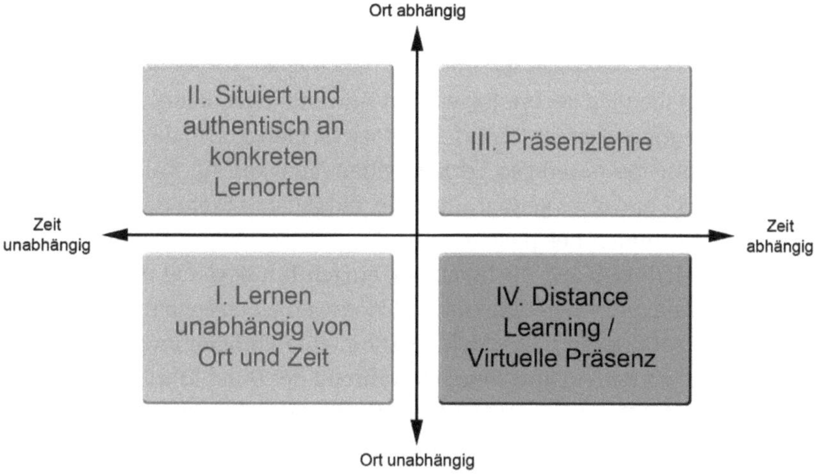

Abb. 5: Kategorie 4: Distance Learning / Virtuelle Präsenz (de Witt 2014, 22).

Livestreaming und Webinare

Die meisten aus der klassischen E-Learning bekannten Anwendungen (z. B. *Adobe Connect*, *Ciscos WebEx*) besitzen Apps, die sich auf mobilen Endgeräten abspielen lassen und damit z. B. die Teilnahme an einem live gestreamten Vortrag oder gar einem Webinar ermöglichen. Wichtig sind hierfür Funktionen, die die Wissensvermittlung und die Interaktion ermöglichen. Der Mehrwert liegt deutlich in der Erweiterung der verfügbaren Lehrveranstaltungen, die ohne physische Präsenz besucht werden können. Auch Gruppenarbeiten von örtlich verteilten Teams sind mit diesen Anwendungen machbar.

Prüfungen unabhängig vom Aufenthaltsort

Neben der Vermittlung gehört auch die Prüfung von Wissen mittels webbasierter Anwendungen zu den Möglichkeiten mobiler Hochschullehre. Das können zum einen E-Prüfungen sein, die zeitgleich in unterschiedlichen Prüfungszentren ablaufen (z. B. TestDaF), zum anderen mündliche Prüfungen, die z. B. über Skype oder Google Hangouts abgenommen werden.

Zusammenfassung und Ausblick

Eine Vielzahl an mobilen Technologien und Anwendungen können bereits jetzt in die Lehre integriert werden. Der Erfolg jedoch ist maßgeblich davon abhängig, ob die Einbindung der jeweiligen Technik einen Mehrwert für Studierende und Lehrende darstellt und ob es gelingt sinnvolle, didaktische Szenarien auszuarbeiten. Die oben genannten Beispiele mobilen Lernens zeigen jeweils nur einzelne Elemente bzw. Methoden auf, die immer gut eingeführt, begleitet und ausgewertet werden müssen, um einen didaktischen Mehrwert zu erzeugen. Eine Analyse der Unterrichtsbedingungen, Lernzieldefinition, gute Vorbereitung der Lehrperson und der Lernenden, Ansprechbarkeit während der Durchführung und Alternativen, falls es nicht funktioniert, sind wichtig für das Gelingen und erfolgreiche Einführen von mobilem Lernen in der Hochschule.

Mobiles Lernen an Hochschulen ist so vielfältig, wie die Lehre an Hochschulen an sich. Lehrende finden dank der sich stetig verändernden Technologien eine immer größere Bandbreite an Tools die Sie einsetzen können. Je etablierter eine Technik ist, umso größer die Auswahl. Zukünftig werden sich mobile Technologien wegen ihrer Alltagstauglichkeit weiter verbreiten und ergänzt werden durch neue Elemente, wie z. B. Smartwatches oder Wearables. Es bleibt allerdings abzuwarten, wie und ob sich die Nutzung dieser Technologien auf das Lernverhalten von Studierenden auswirkt, da sich der technische Fortschritt deutlich langsamer auf das studentische Lernen auswirkt als erwartet.

Literatur

de Witt, C. (2014): Mobiles Lernen. Ein Überblick über Szenarien und Technologien. http://de.slideshare.net/eteaching/mobiles-lernen-ein-berblick-ber-szenarien-und-technologien?qid=a9feb47f-455e-4491-92e2-897f35abbb1c&v=&b=&from_search=1.

de Witt, C.; Sieber, A. (Hrsg.) (2013): *Mobile Learning. Potenziale, Einsatzszenarien und Perspektiven des Lernens mit mobilen Endgeräten*. Wiesbaden: Springer VS.

e-teaching.org. (2016): MassMatics. https://www.e-teaching.org/materialien/apps/massmatics.

FernUniversität Hagen. (2014): Virtuelle Lernkarten. http://ifbm.fernuni-hagen.de/lehrgebiete/mediendidaktik/tools_and_more/elearning/virtuelle-lernkarten.

Forster, U.; Hoffmann, F. (2016). Point of Learning. Ein Projektbericht der Hohenheimer Lernorte. Zeitschrift FüR Hochschulentwicklung. doi:10.3217/zfhe-11-04/05.

Frohberg, D. (2008): *Mobile Learning*. Dissertation. Universität Zürich.

Henning, P. A. (2013): Student Onboarding mit Augmented Reality. In: C. de Witt; A. Sieber (Hrsg.): *Mobile Learning. Potenziale, Einsatzszenarien und Perspektiven des Lernens mit mobilen Endgeräten*. Wiesbaden: Springer VS, 143–158.

Maurer, I. (2015): Einsatz von elektronischen Abstimmungssystemen und internetbasierten Quizfragen in Massenveranstaltungen des Bachelorstudiengangs. In: A. Thielsch;

A. Reiners (Hrsg.): *Digitale Tagungsbroschüre: Warum gutes E-Learning Lehrende braucht,* 19–20. http://www.uni-goettingen.de/de/document/download/455969cd3053a654ebbc85659752f67c.pdf/LehreAufNeuenWegen_edidaktikGoe15_Tagungsbroschuere.pdf.

Nölting, K.; Tavangarian, D. (2012): Mobile Learning an Präsenzhochschulen. http://subs.emis.de/LNI/Proceedings/Proceedings34/GI-Proceedings.34–46.pdf.

O'Malley, C.; Vavoula, G.; Glew, J., Taylor, J.; Sharples, M. et al. (2005). Guidelines for learning/teaching/tutoring in a mobile environment. Public deliverable from the MOBILearn project (D.4.1). https://hal.archives-ouvertes.fr/hal-00696244/document.

Persicke, M., Friedrich, J.-D. (2016): *Lernen mit digitalen Medien aus Studierendenperspektive.* Arbeitspapier Nr. 17. Berlin: Hochschulforum Digitalisierung.

Pew Research Center. (2016): Smartphone Ownership and Internet Usage Continues to Climb in Emerging Economies. http://www.pewglobal.org/2016/02/22/smartphone-ownership-and-internet-usage-continues-to-climb-in-emerging-economies/.

Reiners, A.; Hobert, S.; Schumann, M. (2014): Lernen mit Smartphones an der Georgia-Augusta – eine Zwischenbilanz. In: C. Rensing; S. Trahasch (Hrsg.): Proceedings of DeLFI Workshops 2014 co-located with 12th e-Learning Conference of the German Computer Society (DeLFI 2014). Freiburg, 180–188. http://ceur-ws.org/Vol-1227/paper35.pdf.

Rensing, C.; Tittel, S. (2013): Situiertes mobiles Lernen. Potenziale, Herausforderungen und Beispiele. In: C. de Witt; A. Sieber (Hrsg.): *Mobile Learning. Potenziale, Einsatzszenarien und Perspektiven des Lernens mit mobilen Endgeräten.* Wiesbaden: Springer VS, 121–142.

RWTH Aachen. (2014): Blended Learning – Augmented Reality zum selbstständigen, realitätsnahem Erlernen der Funktionsweise von Produktionsmaschinen (ETS194). http://www.rwth-aachen.de/cms/root/Studium/Lehre/Blended-Learning/Exploratory-Teaching-Space/Digitalisierte-Lernszenarien-an-der-RWTH/ETS-Projekte/~lest/Details/?file=194.

Schmitz, D.; May, D.; Lensing, K. (2013): Mobile Learning in der Hochschullehre. *Journal Hochschuldidaktik,* 24/12, 35–38.

Schreiber, A. (2015): Let's play – seriously! Ernsthafte Computerspiele und Interkulturelle Kompetenz. In: A. Thielsch; A. Reiners (Hrsg.): *Digitale Tagungsbroschüre: Warum gutes E-Learning Lehrende braucht,* 17. http://www.uni-goettingen.de/de/document/download/455969cd3053a654ebbc85659752f67c.pdf/LehreAufNeuenWegen_edidaktikGoe15_Tagungsbroschuere.pdf.

Universität Gießen (2015): Soziologie to go. Lernen mit dem Smartphone. Neues Projekt des ZMI und des Instituts für Soziologie der JLU – ZMI. https://www.uni-giessen.de/fbz/zmi/blogs/soz2gostartet.

Universität Stuttgart – Institut für Automatisierungstechnik und Softwaresysteme (o.J.): Planspiele am IAS. http://www.ias.uni-stuttgart.de/index.html?page_id=69&info_name=planspiele.

Universität Trier. (2016): more: Modular Referencing System for Printed Media. http://www.uni-trier.de/index.php?id=43448.

Universität Ulm. (2016): MyMi.mobile – Histo to go! https://www.uni-ulm.de/med/med-anatomie/lehre/digitales-lernen/mymimobile/.

Wegener, R.; Prinz, A.; Leimeister, J. M. (2013): Mobiles Lernen mit Tablet PCs in universitären Massenveranstaltungen. Eine empirische Untersuchung von Einflussfaktoren aus Nutzungsintention und Lernendenzufriedenheit. In: C. de Witt; A. Sieber (Hrsg.): *Mobile Learning. Potenziale, Einsatzszenarien und Perspektiven des Lernens mit mobilen Endgeräten.* Wiesbaden: Springer VS, 102–120.

Claudia Bremer

Mobiles Lernen in der Erwachsenenbildung. Optionen für Lernszenarien

Aufgrund der wachsenden Verbreitung und Nutzung mobiler Endgeräte, gewinnt das mobile Lernen auch in der Erwachsenenbildung zunehmend an Bedeutung. Je nach Nutzungs- und Bildungskontext lassen sich verschiedene Lehr- und Lernsettings beschreiben, die differenzierte Mehrwerte entfalten. Dabei reicht der Einsatz mobiler Geräte von formalen Lernsettings im Rahmen von Weiterbildungen bis hin zur informellen Nutzungen zum Nachschlagen im Sinne eines eher beiläufigen Lernens. Dieser Beitrag gibt nach einer Einführung in verschiedene Differenzierungsmöglichkeiten entsprechender Szenarien anhand von Beispielen einen Überblick über deren mögliche Ausgestaltungen.

Einleitung

Aktuell gewinnen mobile Lernszenarien in allen Bildungsbereichen an Bedeutung: In einer Trendstudie des *mmb* aus dem Jahr 2011 wurde mobiles Lernen an zweiter Stelle nach dem *Blended Learning* als einer der wichtigsten Trends im Kontext der Digitalisierung der betrieblichen Bildung genannt (MMB 2011). Auch für den Hochschulbereich wies der *Horizon Report*, eine Trendstudie unter der weltweiten Beteiligung von Experten, bereits 2013 den Einsatz von Tablets als eine der wichtigsten kurzfristigen Entwicklungen aus (Johnson et al. 2013). Zahlreiche Studien befassen sich inzwischen auch mit dem Einsatz von mobilen Lernsettings im Kontext des schulischen Lernens, wo diese im Gegensatz zu den anderen Bildungsbereichen oftmals nicht unumstritten ist (Thissen et al. 2015; Aufenanger/Bastian 2016).

Im Unterschied zu den bisher genannten Bildungsbereichen, die relativ gut abgrenzbar sind, ist der Bereich der Erwachsenenbildung weitaus ausdifferenzierter und kann Lehr- und Lernprozesse in beruflichen, allgemeinbildenden, politischen und kulturellen, öffentlichen, privaten und wirtschaftlichen Kontexten von Erwachsenen umfassen, die von den Lernenden selbst oder von anderen initiiert und gesteuert werden. So hat beispielsweise der Deutsche Bildungsrat, Erwachsenenbildung (Weiterbildung) definiert als die „Fortsetzung oder Wiederaufnahme organisierten Lernens nach Abschluss einer unterschiedlich ausgedehnten ersten Bildungsphase“ (Deutscher Bildungsrat 1970). Der Rat der

DOI 10.1515/9783110501131-007

Europäischen Union definiert Erwachsenenbildung „als das gesamte Spektrum formalen, nicht formalen und informellen Lernens Erwachsener im allgemeinen wie im beruflichen Bildungsbereich nach Abschluss ihrer ursprünglichen allgemeinen und beruflichen Bildung".[1]

Dabei werden die Begriffe Erwachsenenbildung und Weiterbildung häufig synonym verwendet (Tippelt/von Hippel 2011), wobei *Weiterbildung* gegenüber *Fortbildung* abgegrenzt wird, welche sich auf eine Weiterqualifizierung in einem derzeit ausgeübten Beruf bezieht. Eine *Weiterbildung d*agegen muss nicht unbedingt in direktem Bezug zu einer aktuellen Berufstätigkeit stehen, sondern hat das Ziel, das Qualifikationsprofil des Lernenden auszubauen. Das heißt mit einer Weiterbildung wird kein konkreter betrieblicher Zweck verfolgt. Sie kann, muss jedoch nicht vom Arbeitgeber finanziell übernommen werden und wird meist durch den Lernenden selbst initiiert und gegebenenfalls auch finanziert. Daher wird Erwachsenenbildung inzwischen auch vielfach mit dem Konzept des *lebenslangen Lernens* in Verbindung gesetzt und umfasst Formen des formalen, nichtformalen und zielgerichteten informellen Lernens – eine Differenzierung, welche später noch detaillierter ausgeführt wird.

Aufgrund dieser verschiedenen Ausprägungen der Erwachsenenbildung ist auch das Spektrum des Einsatzes mobiler Endgeräte äußerst vielfältig. Dass Erwachsene zunehmend mit entsprechenden Geräten ausgestattet sind, zeigen Untersuchungen wie die ARD/ZDF Online Studie, die seit 1997 die Entwicklung der Internetnutzung in Deutschland erhebt, darunter auch die Ausstattung mit mobilen Endgeräten (ARD/ZDF 2016).[2] Laut dieser Studie war 2016 das Smartphone erstmals das meistgenutzte Gerät für den Internetzugang, noch vor dem Laptop und auch die Verbreitung von Tablets steigt inzwischen an. Auch nimmt laut der Studie die so genannte *Unterwegs-Nutzung* zu:

> So gehen 28 Prozent der Bevölkerung (19 Millionen) täglich unterwegs ins Internet, sei es in der Bahn, im Café oder bei Freunden [...]. In der Altersgruppe der unter 30-Jährigen sind es bereits 64 Prozent, die täglich unterwegs auf Netzinhalte zugreifen. (ARD/ZDF 2016)[3]

Durch diese zunehmende Verfügbarkeit und Nutzung mobiler Endgeräte ergeben sich gerade im so vielfältig ausgeprägten Bereich der Erwachsenenbildung zahlreiche neue Lernszenarien, die im Rahmen von formellen Bildungsangeboten, aber auch im Kontext des non-formalen und informellen, beiläufigen Lernens stattfinden.

---

1 http://eur-lex.europa.eu/legal-content/EN/TXT/?qid=1410876121775&uri=CELEX:32011G1220(01)
2 http://www.ard-zdf-onlinestudie.de/
3 http://www.ard-zdf-onlinestudie.de/index.php?id=569

Definitionen und Klassifizierungen

Definitionen

Wann es sich dabei genau um mobiles Lernen handelt, ist nicht ganz eindeutig definiert. Diese Problematik verdeutlicht Jan Bartelsen in Bezug auf die Hochschullehre:

> Wenn ein Student in der Mitte des 20. Jahrhunderts ein Lehrbuch mit auf eine Reise genommen hat und während einer Bahnfahrt gelernt hat, war dies auch mobiles Lernen, da das Lernmedium (hier das Lehrbuch) mobil war und unterwegs werden konnte. *Mobile learning* muss also mehr meinen als einfach nur mobiles Lernen. (Bartlesen 2011, 1)

Er differenziert dazu *mobiles Lernen* und *Mobile Learning* begrifflich.[4] Die Uneindeutigkeit der Definition setzt sich jedoch auch mit dem englischsprachigen Begriff fort (Ryu/Parson 2008; Neumann 2010). Dabei greifen die diversen Definitionen verschiedene Perspektiven auf: Während sich einige auf technologische Aspekte wie die eingesetzten Technologien beziehen, betonen andere die Orts- und Zeitunabhängigkeit oder differenzieren den Lernkontext (Börner et al. 2011; Traxler 2009b). Beispielsweise verstehen Nölting und Tavangarian unter *Mobile Learning* Formen des E-Learnings, „die durch mobile Techniken unterstützt werden und daher ein orts- und zeitunabhängiges Lernen ermöglichen" (Nölting/Tavangarian 2003a, 288). Lehner et al. definieren *Mobile Learning* als einen an E-Learning angelehnten Begriff, „der den Einsatz von Handys, PDAs oder anderen mobilen Endgeräten für Lernzwecke oder die Unterstützung von Lernprozessen bezeichnet" (Lehner et al. 2003, 5). Auch Neumann (2010) bezieht sich auf technische Aspekte und bezeichnet mit Mobile Learning

> alle Formen des Lehrens und Lernens in der Fremd- und Selbstbildung, die beim Realisieren von Lehr- und Lernprozessen drahtlose Informations- und Kommunikationstechnologien einsetzen, um (auch standortbezogene) Inhalte in kurzen (teils ungeplanten) Lernphasen zu vermitteln (Neumann 2010).

Bei den oben aufgeführten Definitionen stellt sich die Frage, welche Geräte einbezogen werden. Gilt z. B. die Nutzung eines mobilen Endgerätes am heimischen Schreibtisch der Studierenden als *Mobile Learning*, während die Nutzung eines Desktop-Computers an demselben Lernort nicht als solches bezeichnet wird

4 Eine andere Position vertreten Wali et al. (2008), die dieses Setting durchaus dem mobilen Lernen zurechnen würde. Zur Abgrenzung und Begründung von Bartlesens These siehe auch Parzl und Bannert (2013).

(Bartlesen 2011)? In den ersten deutschsprachigen Publikationen zum mobilen Lernen an Hochschulen wurde beispielsweise vor allem der Einsatz von Notebooks behandelt. Deutlich wurde bei diesen Konzepten der so genannten *Notebook-Universities* unter anderem auch, dass diese nicht nur den Einsatz von Notebooks in Lehrveranstaltungen, sondern auch in Gruppenarbeits- und Selbstlernphasen auf dem Campus und damit die umfassende Ausstattung mit WLAN umfassen (Stratmann/Kerres 2003; Nölting/Tavangarian 2003a; Kerres et al. 2004). Eine Herausforderung, mit der sich auch Träger der formalen und nonformalen Erwachsenbildung befassen müssen, wenn sie entsprechende Lehr- und Lernszenarien in ihren Gebäuden umsetzen wollen. Zudem werden auch die digitale Unterstützung und der mobile Zugriff auf Verwaltungsprozesse wie z. B. die Prüfungsverwaltung, An- und Abmeldung zu Veranstaltungen usw. in diesen Konzepten behandelt.[5]

Ansätze zur Definition mobilen Lernens jenseits einer rein technologischen Perspektive vermeiden das Problem, das im Zuge des schnellen technologischen Wandels und der Weiterentwicklung und Konvergenz von Geräten und Anwendungen entsteht. Sie beziehen sich auf didaktische Szenarien und stellen neben der Frage nach dem *wie* auch die nach dem *wo* und *wann* der Nutzung, also nach räumlichen und zeitlichen Aspekten. Bartelsen definiert *Mobile Learning* beispielsweise als „Lernen mit mobiler Computer- und Telekommunikationstechnologie, sofern dabei Lehr-Lern-Szenarien zum Einsatz kommen, die speziell auf mobile Endgeräte angepasst sind." (Bartelsen 2011, 4). Auch Pimmer (2008) betont, dass *Mobile Learning* nicht einfach nur E-Learning auf kleineren, portablen Geräten ist. Ähnlich führen Vavoula und Sharples (2002) aus, dass beim *Mobile Learning* das Lernen in Bezug auf Ort, Anlässe, Lebensbereiche und im Hinblick auf zeitliche Aspekte mobil ist. Dies wird oftmals mit dem Konzept des "anytime and anywhere learning" verbunden und berührt aktuell diskutierte Ansätze wie *Ubiquitous Learning, Seamless Learning, Nomadic* (Kramer 2013, Fendler 2015) und *Wireless Learning* (Wong/Chee-Kit 2011; Bartelsen 2011).

---

5 Eine Studie der Goethe-Universität Frankfurt im Rahmen des Projektes *Hessencampus*, in der unter anderem die Infrastruktur an hessischen Volkshochschulen untersucht wurde ergab beispielsweise eine unzureichende Ausstattung mit WLAN in diesen Einrichtungen, was als hinderlich für die Umsetzung entsprechender Lehr- und Lernszenarien angesehen wurde, in denen Lernende ihre eigenen Geräte (BYOD) mitbringen können. Die Bereitstellung von Tabletrechnern für die Teilnehmenden an den Volkshochschulen selbst kommt quasi nicht vor.

Klassifizierungen

Inzwischen wurden verschiedene Klassifizierungen des mobilen Lernens entwickelt. Eine der bekanntesten stammt von Frohberg (2008), der Einsatzszenarien mobilen Lernen nach vier Kontexten unterscheidet:
- irrelevanter Kontext,
- formalisierter Kontext,
- physischer Kontext und
- sozialisierender Kontext.

In Szenarien des *irrelevanten Kontextes* werden Lerninhalte auf mobilen, digitalen Endgeräte verfügbar gemacht, wodurch Lernende zeitlich und räumlich flexibel auf diese zugreifen können. Als *irrelevant* in Bezug auf den Kontext wird dieses Szenario insofern bezeichnet, da der Lernort und Nutzungskontext in keinem Verhältnis zum Lerninhalt steht und nur durch die jeweilige Präferenz des Lernenden, an diesem Ort und zu diesem Zeitpunkt mittels des mobiles Gerätes auf den Lerninhalt zuzugreifen, zustande kommt (Frohberg 2008; Bartelsen 2011).

In Szenarien des *formalisierten Kontextes* werden mobile Endgeräte in institutionalisierten Zusammenhängen wie z. B. einem Vortrag oder Seminar eingesetzt. Ein Beispiel ist der Einsatz von *Audience Response Systemen* oder die Nutzung von mobilen Endgeräten zur Erstellung von Mitschriften (Wegener et al. 2012). Daher handelt es sich häufig um synchrone Szenarien, in denen Lernende mobile Geräte zeitgleich im Rahmen formaler Lernsituationen nutzen (Frohberg 2008).[6]

Bei Szenarien des *physischen Kontextes* ist der Ort des Lernens relevant. Dies stellt zwar eine Abkehr des häufig mit *Mobile Learning* assozierten *anytime-anywhere-Lernens* dar (Frohberg 2008; Bartelsen 2011), birgt jedoch originäre Mehrwerte des mobilen Lernens. An einem konkreten Lernort werden relevante Kontexte mit Hilfe der mobilen Geräte aufgegriffen und mit situierten Lernaktivitäten verbunden (Chen et al. 2002; Yahya et al. 2010). Beispiele hierfür sind der Einsatz mobiler Endgeräte auf Exkursionen (Tittel et al. 2011), in Museen, auf Stadtführungen, an Kunstobjekten und ähnlichem.

Frohberg (2008) differenziert als weitere Kategorie den *sozialisierenden Kontext*, für den es zum Zeitpunkt seiner Dissertation noch wenige Beispiele gab.

---

6 Problematisch wird dieses Szenario im Hinblick auf die oben genannten technisch orientierten Definitionen, wenn verschiedene Geräte genutzt werden, von denen einige nicht mehr in den Begriff des mobilen Lernens fallen. Ein solches Szenario kann aus der Definition herausfallen, wenn z. B. an den Tischen feste Abstimmungsgeräte installiert sind (Bartelsen 2011). Eine solche Abhängigkeit der Definition des mobilen Lernens allein von der Nutzung bestimmter Geräte scheint daher nicht sinnvoll und erschwert zudem eine sinnvolle Abgrenzung von Szenarien.

Exemplarisch kann ein vom Hyperwerk (Fachhochschule beider Basel) entwickeltes Konzept genannt werden, in dem Lernenden sich mit Hilfe mobiler Geräte und einem Tracking System in einem Gebäude orten können, um sich für gemeinsame Lernaktivitäten zu treffen. Weitere Beispiele sind Szenarien, in denen sich Lernende im Rahmen formaler, non- und informeller Aktivitäten mittels mobiler Endgeräte organisieren, um z. B. Projektarbeiten zu umzusetzen und kooperative Lernaktivitäten auszuführen.

Frohberg (2008) bildet die verschiedenen Szenarien entlang eines Koordinatensystems ab, welches die Relevanz des Umgebungskontextes für den Lernkontext abbildet (d. h. wie relevant ist der Lernort für den Lerninhalt) (vgl. Abb. 1). Zudem stellt er in diesem Zusammenhang einen Übergang von einer lehrenden- zu einer lernendenzentrierten Didaktik dar.

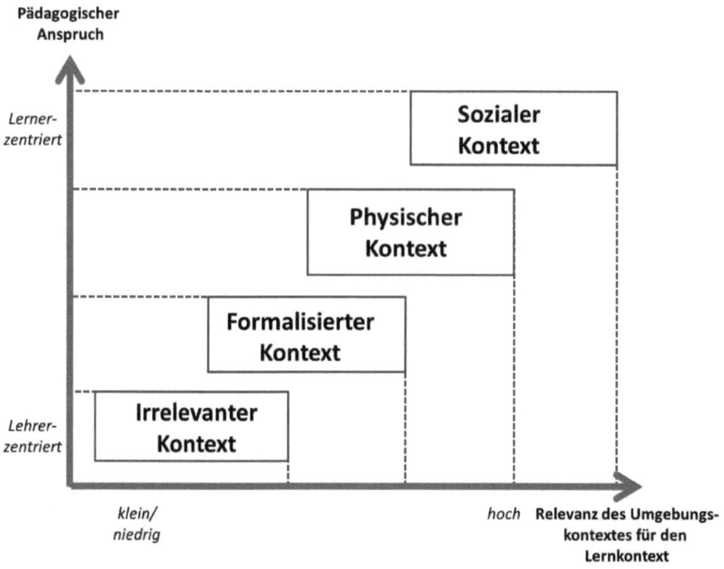

Abb. 1: Differenzierungsmöglichkeiten mobiler Lehr und Lernszenarien nach Frohberg (2008).[7]

Die verschiedenen Differenzierungsdimensionen sind zwar hilfreich zur Einordnung und auch zur Entwicklung mobiler Lernszenarien, zugleich suggerieren sie eine überschneidungsfreie Umsetzung der verschiedenen kontextbezogenen Konzepte. Dies lässt sich in der Realität jedoch so oftmals nicht abbilden,

7 Bildquelle s. Folie 4 unter http://mlearning.fernuni-hagen.de/wp-content/uploads/2012/11/Frohberg.pdf

da innerhalb eines Settings gegebenfalls durchaus verschiedene Kontexte zum Tragen kommen können. Beispielsweise können Lernende in einer Veranstaltung eines Bildungszentrums über mobile Geräte digitale Inhalte abrufen (*formalisierter Kontext*), die sie anschließend in kooperativen Arbeitssitzungen zur Erstellung eines Artefakts dort oder an anderen Lernorten weiter bearbeiten (*sozialer Kontext*). Ein weiteres Beispiel stellt die kontextrelevante kooperative Dokumentation von Objekten mit Hilfe mobiler Endgerate z.B. an historischen Stätten, was eine Kombination des sozialen und physischen Kontextes darstellt.

Eine weitere Klassifizierung bietet Traxler (2009a) an, der folgende Szenarien differenziert:
- technologiegetriebene (*technology-driven mobile learning*),
- mobile, tragbare (*miniature but portable e-learning*),
- den Klassenraum vernetzende (*connected classroom learning*),
- informelle, persönliche und situierte mobile Lernszenarien,
- mobiles Training und Unterstützung und
- ländliches und entwicklungsbezogenes mobiles Lernen.

Bei den *technologiegetriebenen Szenarien* steht die technologische Machbarkeit im Vordergrund, die zugleich neue pädagogische und didaktische Möglichkeiten offeriert (Bartelsen 2011). Die *mobilen, tragbaren Lösungen* stellen die Übertragung vorhandener E-Learning-Lösungen auf mobile Geräte in den Vordergrund. Hierzu zählt beispielsweise der ortsunabhängige Zugriff auf Lernplattformen und andere Anwendungen wie online Test (*eAssessments*) über mobile Endgeräte (Wegener et al. 2011a). Die *den Klassenraum vernetzende Szenarien* sind vergleichbar mit den *Szenarien formalisierter Kontexte* nach Frohberg (2008) und umfassen z. B. den Einsatz von Abstimmungssystemen (*Audience Response Systemen ARS*) oder von Tools zur kollaborativen Bearbeitung von Dokumenten in Präsenzveranstaltungen. Mit *informellem, persönlichem und situiertem mobilem Lernen* schließlich bezeichnet Traxler (2009a) kontextabhängige Lernszenarien, die gerade durch die mobilen Endgeräte möglich sind, wie z. B. das ortsabhängige Bereitstellen von Informationen an Sehenswürdigkeiten. In Szenarien des *mobilen Trainings* werden Informations- und Lernangebote ortsgebunden *on demand* abgerufen, was vor allem in der betrieblichen Aus- und Fortbildung zum Einsatz kommt. Im Rahmen der Erwachsenenbildung sind Lernszenarien für persönlich motivierte ad hoc Bedarfe wie z. B. Reifenwechsel, Reparaturen usw. vorstellbar, aber auch prozessbezogene Trainingsangebote im Rahmen von Weiterbildungsangeboten zum Erwerb von prozedualem, handlungsbezogenem Wissen. Szenarien, die Traxler (2009a) als *Remote, Rural, Development Mobile Learning* bezeichnet, beziehen sich auf Lernsituationen in Regionen, in denen nur mit Hilfe mobiler Geräte solche Angebote überhaupt realisierbar sind z. B.

mangels Verbreitung herkömmlicher Geräte wie Desktop-Computern oder ausreichender Stromanschlüsse.

Eine weitere Klassifizierung, die sich nicht direkt auf mobile Lernszenarien, sondern auf verschiedene Ausprägungen der Erwachsenenbildung bezieht, wird in einigen Publikationen auch zur Differenzierung mobilen Lernens herangezogen (Sharples 2009). Differenziert werden hierbei Lernformen und -anlässe wie z. B. formales, informelles und nicht-formales Lernen (Kommission der Europäischen Gemeinschaft 2000; European Centre for the Development of Vocational Training 2007). *Formales Lernen* findet nach dieser Definition in Bildungs- und Ausbildungseinrichtungen statt und führt zu anerkannten Abschlüssen und Qualifikationen. *Nicht formales* Lernen findet dagegen außerhalb der allgemeinen und beruflichen Bildung statt und mündet daher auch nicht notwendigerweise in einen formalen Abschluss. Hiermit werden Lernprozesse bezeichnet, die z. B. am Arbeitsplatz oder in zivilgesellschaftlichen Einrichtungen wie Vereinen stattfinden (z. B. Kunst-, Musik-, Sportkurse, Nachhilfe usw.). *Informelles Lernen* wiederum findet im Kontext des täglichen Lebens statt. Dieses wird nicht notwendigerweise vom Lernenden intendiert und wird von ihm gegebenenfalls auch gar nicht als Lernen wahrgenommen (beispielsweise auch *beiläufiges Lernen.*)[8]

Sharples (2009) nimmt eine etwas andere Differenzierung vor und nutzt dazu die Aspekte der *Initiierung* und *Organisation* des Lernens (vgl. Tab. 1). Im Unterschied zur obigen Abgrenzung differenziert er neben *formalem* und *informellem* Lernen *ressourcenbasiertes* und *freiwilliges* Lernen.

Tab. 1: Differenzierung nach Sharples (2009), Darstellung in Anlehnung an Willers (2013).

	Externe Organisation des Lernprozesses	**Organisation des Lernprozesses durch den Lernenden (Selbstorganisierte Lernprozesse)**
Externe Initiierung	Formales Lernen	Ressourcenbasiertes Lernen
Initiierung durch Lernende	Freiwilliges Lernen	Informelles Lernen

Formale Lernprozesse sind dabei solche, die von außen (z. B. durch eine formale Bildungsinstitution) initiiert werden und nicht vom Lernenden selbst gesteuert werden. *Resourcenbasierte Lernprozesse* werden ebenfalls von außen initiiert, doch

8 Die OECD (2006) legt zu diesen Begriffen etwas anders Definitionen vor. Im Rahmen der Machbarkeitsstudie des BLK-Verbundprojektes zum Weiterbildungspass zur Zertifizierung informellen Lernens wurden die verschiedenen Definitionen und Abgrenzungen formalen, informellen und nicht-formalen Lernens diskutiert (BMBF 2004).

die Lernende können hierbei ihren Lernprozess selbst steuern und greifen auf Ressourcen z. B. auch aus formalen Bildungsangeboten zu. *Freiwilliges Lernen* bedeutet, dass „die Initiative vom Lernenden ausgeht, der Lernprozess jedoch von außen strukturiert wird“ (Willers 2013, 17). Beispiele sind die freiwillige Teilnahme an Qualifizierungsmaßnahmen formaler Bildungsanbieter. Beim *informellen Lernen* geht die Initiative vom Lernenden aus und auch die Steuerung des Lernprozess liegt bei ihm, womit es der oben schon aufgeführten Definition der beiden europäischen Institutionen entspicht.

Beispiele mobiler Lernszenarien und deren Mehrwerte

Börner et al. (2010, 2011) haben in einer internationalen empirischen partizipativen Studie mit Hilfe der *Concept-Mapping*-Methode (Trochim 1989a, 1989b) erhoben, welche bildungsrelevanten Probleme nach Meinung von Expertinnen und Experten durch mobiles Lernen in verschiedenen Anwendungsbereichen gelöst werden können. Als Ergebnis wurden

- Zugang zu Lernangeboten,
- Möglichkeiten des kontextualisierten, kontextübergreifenden und kollaborativen Lernens,
- Umgang mit Lernbeschränkungen,
- Personalisierung und
- Technologieadaption

genannt, wobei die Bereiche Lernzugang, kontextualisiertes und kontextübergreifendes Lernen als die wichtigsten bildungsrelevanten Probleme bezeichnet wurden, die durch mobiles Lernen gelöst werden können (Börner et al. 2010; 2011). Schon in den oben dargestellten Ausführungen wurden Potentiale deutlich, die in unterschiedlichen Szenarien des mobilen Lernens in der Erwachsenenbildung realisiert werden können. Im Folgenden werden diese anhand verschiedener Beispiele weiter ausgeführt und vertieft.

Lernszenarien aus dem Bereich des formalisierten Kontextes

In formalen Bildungsangeboten, die z. B. als Weiterbildungsveranstaltungen in Bildungseinrichtungen umgesetzt werden, können mobile Endgeräte zur Aktivierung der Teilnehmenden eingesetzt werden. Da die Einrichtungen nicht immer über die entsprechende mobile Ausstattung verfügen, um diese den Teilnehmenden bereit zu stellen, setzt sich hier ein Trend namens *Bring you own device* (BYOD) (e-teaching.org 2016b) durch, der darauf baut, dass die Teilnehmenden ihre eigenen Endgeräte in die Einrichtungen mitbringen. Dies setzt natürlich die entsprechende Ausstattung der Bildungsinstitutionen mit WLAN und die Nutzung von Anwendungen, die auf verschiedenen Endgeräten nutzbar sind, voraus. Beispiele solcher zur Aktivierung der Teilnehmenden eingesetzten Anwendungen sind die so genannten *Audience Response Systeme* wie z. B. *eduvote*,[9] *ARSnova*[10] u. a. (Bruff 2009; Peez/Camuka 2015; Gröblinger et al. 2016). Mit ihrer Hilfe lassen sich Abstimmungen und Wissensabfragen in Form von Quizzes oder sogar Freitexteintragungen umsetzen.

Untersuchungen zur Wirkung dieser aktivierenden Elemente in Lehrveranstaltungen wurden an der Universität Kassel vorgenommen, an der Studierende mit Hilfe von Tabletrechnern speziell für die mobile Nutzung angepasste Lernprogramme abrufen konnten und Abstimmungen vornahmen. Ziel dieser Aktivierung war die direkte Anwendung von Wissen sowie entsprechende zeitnahe Rückmeldungen zur Steigerung des Lernerfolgs der Studierenden (Duncan-Howell/Lee 2007; Thurmond/Wambach 2004; Wegener et al. 2011b).

Die Nutzung eigener mobiler Endgeräte in Veranstaltungen bei den Bildungsanbietern vor Ort erlaubt Lernenden auch die Umsetzung so genannten *seamless learnings* (Wong/Looi 2011). Hierbei können sie die Erstellung von Mitschriften oder die Bearbeitung von Aufgaben auf ihren eigenen Geräten vornehmen und außerhalb der Bildungsinstitutionen an anderen Orten fortsetzen. Umgekehrt können Lernenden mit Hilfe mobiler Geräte die in der Selbstlernphase erstellten Notizen, Berechnungen usw. digital in die Präsenzveranstaltungen einbringen.

In all diesen Fällen befürchten Lehrende jedoch auch die Verstärkung der Ablenkungsneigung aufgrund der Zugriffsmöglichkeit auf andere Anwendungen auf den mobilen Geräten. Eine Befürchtung, die durchaus berechtigt ist, wie eine Untersuchung von Weinberger (2014) zeigte, die nachwies, dass nur eine entsprechende anregende Gestaltung der Präsenzveranstaltung diese Ablenkung eindämmen kann.

Lernszenarien des irrelevanten Kontextes

In Szenarien, in denen der Kontext *irrelevant* ist, steht die Übertragung von Lerninhalten auf mobile Endgeräte im Vordergrund. Dies soll Lernenden ermöglichen, ortsunabhängig auf digitale Inhalte zuzugreifen. Auch während Neumann und

9 http://www.eduvote.de/
10 https://arsnova.thm.de

Schulz 2011 zumindest für den Hochschulbereich prognostizierten, dass solche mobile Lernszenarien kaum anwendbar seien, „da der Aufwand für mobil zu nutzende Lerneinheiten mit sehr hohen Ressourcen-Einsatz verbunden sei" (Neumann/Schulz 2011, 22), so stellt diese Form im Bereich der Erwachsenenbildung inzwischen ein weit verbreitetes Nutzungsszenario dar, da viele Anbieter von Lernprogrammen (*Web Based Trainings* (WBTs)) und Lernplattformen diese technisch für die mobile Nutzung entsprechend angepasst haben (Hanekop et al. 2004; Wegener et al. 2011a; Neumann/Schulz 2011). Abhilfe schafften hierbei technische Entwicklungen wie *HTML 5* und *responsive Design*, welche die Nutzung und den Zugriff auf Webangebote mit mobilen Endgeräten erheblich vereinfachten.

Beispiele solcher Anwendungen, die im Rahmen formaler und nonformaler Lernkontexte Einsatz finden, sind Lernkarten, online-Übungen, Quizze und ähnliche Anwendungen (siehe z. B. in Abb. 2 Lernkarten aus dem Fach Bildungswissenschaften der Fernuniversität Hagen, die Studierende auf ihren Smartphones zum Erwerb von Grundlagenwissen nutzen). Fragen und Antworten können dabei auch als Podcasts ausgegeben werden. Lernende können über QR Codes auch direkt aus Lehrtexten (z. B. Studienbriefen) heraus weiterführende Texte, Podcasts, Videos oder interaktive Elemente mobil aufrufen (e-teaching.org 2016a) – ein Ansatz mit dem entsprechend dem *seamless learnings* Übergänge zwischen verschiedenen Lernmedien geschaffen werden (Wong/Looi 2011).

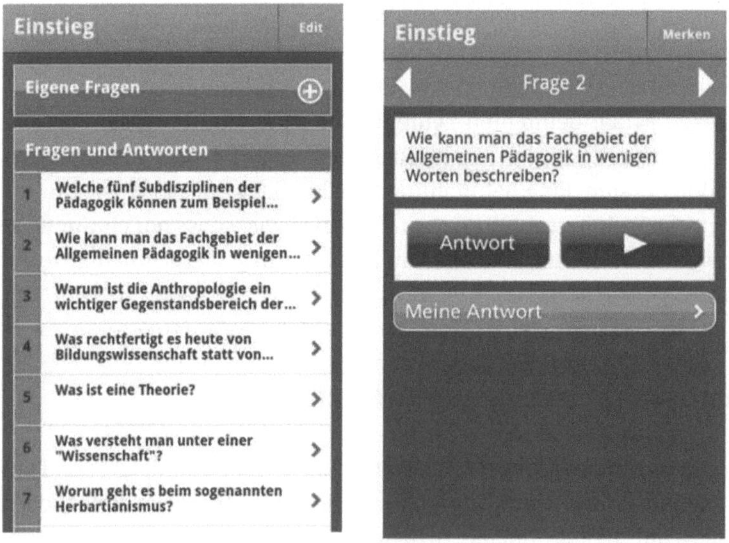

Abb. 2: Lernkarten für das Fach Bildungswissenschaften der FernUniversität Hagen.[11]

11 http://mobiwi.fernuni-hagen.de/

Lernsettings, in denen solch kleineren Lerneinheiten wie Quizze für die mobile Nutzung eingesetzt werden, werden auch als *micro learning* bezeichnet (Neumann/Schulz 2011). Der Begriff bezieht sich auf Lernaktivitäten von fünf bis maximal 15 Minuten Lernzeit, in denen ein klar abgegrenztes Thema behandelt wird (Neumann/Schulz 2011). Mit *micro learning* werden neben den oben dargestellten Lernaktivitäten wie Quizze, die eher in formalen und non-formalen Bildungskontexten stattfinden, auch selbstorganisierte Recherchen auf spontane Fragestellungen bezeichnet (Robes 2009), welche eher im Rahmen des informellen Lernens durchgeführt werden (Rohs 2013).

Solch kurze Lernaktivitäten werden im Kontext des formalen Lernens von Expertinnen und Experten jedoch auch zunehmend kritisch betrachtet: So sehen einige Autorinnen und Autoren die Grenzen des mobilen Lernen in der Form von kleinen Lerneinheiten, in denen ad hoc Informationen recherchiert oder in kurzen Zeitspannen Faktenwissen eingeübt wird, in der „Nachhaltigkeit des individuellen Lernerfolgs“ (de Witt 2013, 19). De Witt betont dabei in Referenz auf Oppermann und Specht (2003, 17):

> Während eigenständige Lerneinheiten durchaus in gerade verfügbaren Zeiten bearbeitet können, ist Mobile Learning nicht unbedingt für das Lernen von komplexen Zusammenhängen und für die Suche nach neuen Lösungen geeignet. Denn solche Lernsituationen erfordern Konzentration und Abstand, um zu kreativen und innovativen Resultaten zu gelangen. (de Witt 2013, 19)[12]

Lernszenarien des sozialisierenden Kontextes

Szenarien, die dem *sozialisierendem Kontext* zugerechnet werden, entstehen beispielsweise dort, wo Lernende miteinander Inhalte mit Hilfe digitaler Medien generieren. Eines ist die kooperative Erstellung von Informationen zu Bauwerken, die Lernende mit Hilfe mobiler Endgeräte und den darin integrieren Funktionalitäten wie Kameras und Texteingabe direkt an dem Bauwerk beginnen und später an anderen Lernorten vervollständigen (siehe dazu beispielsweise das Bauingenieur-Wiki aus dem Hochschulkontext (Rensing et al. 2012). Weitere Beispiele finden sich in selbstorganisierten Lernsettings, in denen Lernende mobile Endgeräte nutzen, um Projektarbeiten oder Klausurvorbereitungen zu organisieren, Termine vereinbaren und Informationen austauschen. Dies kann auf Plattformen

---

12 Siehe dazu auch den Beitrag von Reinmann: *Bekenntnis zum „macro-learning“* unter http://gabi-reinmann.de/?p=2131

geschehen, welche Bildungsanbieter bereitstellen, oder in selbst gewählten Angeboten des so genannten *Web 2.0* wie z. B. in cloudbasierten Anwendungen wie z. B. *GoogleDocs*, *Trello*, *DropBox* oder *Slack*.

Ein Ansatz, der sich hier widerspiegelt, ist der der *lernenden- oder nutzendengenerierten Kontexte*, in denen es weniger um die Gestaltung der Lernsettings durch Lehrende und Bildungsträger und damit einer Fokussierung auf Lernmaterialien als tragende Ressourcen für die Lernprozesse geht, als vielmehr um die Gestaltung des Lernkontextes durch die Lernenden selbst (Seipold 2011; 2013). Solche Ansätze entsprechen auch denen einer modernen konstruktivistisch orientierten Didaktik, die eine stärkere Einbindung der Lernenden in die Gestaltung des Lernprozesses beinhaltet und deren aktives Handeln und den sozialen Austausch einschließt (Dubs 1995; Duffy/Jonassen 1992; Gerstenmaier/Mandl 1995). Dies entspricht zugleich auch den von Frohberg und seinen Mitautoren geforderten Umsetzung stärker lernendenorientierter und aktivierender mobiler Szenarien (Frohberg et al. 2009; Göth et al. 2007).

Beispiele des physischen Kontextes

Szenarien, die nach Frohbergs (2009) Klassifizierung dem *physischen Kontext* entsprechen, lösen sich von dem Aspekt des *anytime-anywhere* und nutzen gerade die Bezogenheit zum physischen Ort, um Lernprozesse zu initiieren und zu unterstützen. D. h. es wird ein unmittelbarer Zusammenhang zwischen der Lernumgebung, der Situation, in welcher der Lernende sich befindet und dem Lernprozess geschaffen (Gerstenmaier 1999). Diese Verknüpfung des Lernprozesses mit konkreten Anwendungsfällen wird auch als *situiertes Lernen* bezeichnet (Lave/Wenger 1991). Dabei soll die Situation, in der das Wissen erworben wird, möglichst authentisch gestaltet sein, d. h. dem Anwendungsfall ähneln, oder das Lernen direkt im Anwendungsbezug stattfinden, um so eine gute Übertragbarkeit der zu erwerbenden Kompetenzen zu ermöglichen (Honebein et al. 1993; Renkl 1996; Reinmann-Rothmeier/Mandl 1998). Dieser Ansatz spielt vor allem im Kontext des arbeitsplatznahen Lernens in der beruflichen Bildung eine große Rolle (Sonntag/Stegmaier 2007) und kann im Kontext der Erwachsenenbildung z. B. für den Erwerb von prozedualem Wissen *on demand* zum Einsatz kommen. Beispiele sind das Abrufen von Erklärvideos im konkreten Anwendungsfall direkt vor Ort z. B. beim Reifenwechseln, Fahrradreparatur etc. Während solche von Lernenden intendierten Szenarien meist im Kontext des informellen mobilen Lernens stattfinden (Rohs 2013), können sie auch in formalen und non-formalen Bildungssettings umgesetzt werden z. B. zur Vorbereitung und Unterstützung von Versuchen in Laboren, Dokumentationen und Handlungen auf Exkursionen, Erlernen von Bewegungsabläufen im Sport. Gerade in solchen Kontexten eröffnet der Einsatz mobiler Endgeräte neue Möglichkeiten: Die angebotenen Lernmedien können für den ganz konkreten Anwendungsfall direkt an relevanten physischen Orten oder in den entsprechenden Lernsituationen abgerufen werden (Rensing/Tittel 2013). Solche Ansätze des situierten Lernens entsprechen ebenfalls den oben schon erwähnten *konstruktivistischen Lehr- und Lernansätzen*, da auch sie das aktive Handeln der Lernenden fördern (Dubs 1995; Duffy/Jonassen 1992; Gerstenmaier/Mandl 1995). Ein Beispiel, in denen eine die Bereitstellung von Lerninhalten an Orte und Situationen koppelt ist z. B. aus dem Hochschulkontext bekannt: Im einem Studiengang Agrarwissenschaften sind Informationen zum Aufbau von Kuhställen direkt vor Ort über QR Codes abrufbar (siehe Abb. 3) und im Rahmen des Projektes *Mobile Lehre*[13] sind digitale Informationen als Videos und *Lernortaufgaben* (Umfragen, Tests, Kommentare) an so genannten *Points of Learning* über Apps auf Smartphones abrufbar sind (siehe Abb. 4) (Foster/Hoffmann 2016). So werden beispielsweise Informationen über einen Baum direkt an einem solchen bereitgestellt, Wissen über Marketing kann an einer Werbetafel gelernt werden und Wissen über Saatgut wird über aktivierende und aufgabenorientierte Methoden direkt auf einem Feld erworben (Foster/Hoffmann 2016)[5]. Ziel des Projektes ist, Lernprozesse von Veranstaltungsräumen zu entkoppeln und „kontextnahe Transfermöglichkeiten des Gelernten" zu ermöglichen, damit Lehrende und Lernende an realen Objekten lehren und lernen (Foster/Hoffmann 2016) – ein Ansatz, der auch für Anbieter formaler und non-formaler Bildungsangebote im Kontext der Erwachsenenbildung anwendbar ist und z. B. schon in Museums- und Stadtführungs-Apps umgesetzt wird. Ein entsprechendes Beispiel ist die von Studierenden der Universität Frankfurt entwickelte App *Passionsspiel*,[14] mit deren Hilfe Bürger, Touristen und Schulklassen mit mobilen Endgeräten eine Stadtbegehung entlang der Passionsspiele von 1493 in Frankfurt vornehmen können (Dreyfürst/Töpfer 2016).

13 https://studium-3-0.uni-hohenheim.de/lernorte
14 https://www.uni-frankfurt.de/49308326/Literarische-Stationen

Quelle: JLU Gießen

Quelle: JLU Gießen

Abb. 3: Ortsgebundenes Lernen an Objekten oder Orten an der Universität Giessen.[15]

Weitere Entwicklungen und Ausblick

Zurzeit stellt im Kontext formaler Bildungsangebote im Bereich der Erwachsenenbildung die technische Ausstattung der Bildungseinrichtungen z. B. mit WLAN vielfach noch eine wichtige Herausforderung dar wie auch die entsprechende Bereitschaft und Qualifizierung der Dozentinnen und Dozenten, Lehrenden oder Kursleiterinnen und Kursleiter, digitale Medien überhaupt einzusetzen. Dabei geht es um die Integration mobiler Lernsettings durch den Einsatz mobiler Endgeräte in den Präsenzveranstaltungen oder die Integration digitaler und damit auch mobiler Medien in den Selbstlernphasen der Teilnehmenden.[16] Eine weitere Anforderung im Kontext formaler Bildungsangebote ist die Umsetzung mobiler Zugänge

15 Quelle, Bildnachweis: http://mlearning.fernuni-hagen.de/wp-content/uploads/2012/11/Rensing.pdf.

16 Quelle, Bildnachweis: https://studium-3-0.uni-hohenheim.de/lernorte und https://kim.uni-hohenheim.de/lernorte.

auf Lernressourcen und -anwendungen wie z. B. Lernplattformen, was jedoch meist von den kommerziellen Anbietern dieser Ressourcen und Anwendungen übernommen wird. Hierbei stehen Bildungsanbieter vor der Herausforderung, die entsprechenden Anpassungen vorzunehmen. Dies setzt voraus, dass sie für die mobile Nutzung ihrer Angebote sensibilisiert sind und dann auch die entsprechenden Investitionen vornehmen bzw. sich dies auch finanziell leisten können.

Abb. 4: Ortsgebundenes Lernen an Objekten oder Orten an der Universität Hohenheim.[17]

Seltener werden im Kontext formaler und non-formaler Bildungskontexte eigens für mobile Endgeräte geeignete Lernszenarien entwickelt und die Möglichkeiten kontextualisierter und kontextübergreifender Szenarien umgesetzt, Dies kann meist auf die mangelnden Ressourcen und Kompetenzen wie auch dem

17 S. dazu auch die Fußnote 5 zu der von der Autorin vorgenommenen Untersuchung im Projekt Hessencampus.

mangelnden Bewusstsein für diese Entwicklungen seitens der Bildungseinrichtungen und ihrer Akteurinnen und Akteure (Entscheidungsträgerinnen und Entscheidungsträger sowie Dozentinnen und Dozenten) zurückgeführen werden.

Inzwischen entstehen jedoch zugleich auch neue Konzepte, die gezielt mobile Lernszenarien mit herkömmlichen Lernsettings verknüpfen wie z. B. das an der Universität Rostock entwickelte Modell des *Mobile Blended Learning* (Nölting et al. 2003; Nölting/Tavangarian 2003b). Ähnlich wie in dem oben beschriebenen Beispiel des Bereichs Bauingenieurwesen der TU Darmstadt werden hierbei entlang eines dezidierten Phasenmodells in verschiedenen Veranstaltungsphasen Lernprozesse initiiert, in denen mobile Endgeräte in Lehrveranstaltungen und in mobil gestützten Selbstlernphasen zum Einsatz kommen (Nölting et al. 2003).

Die technisch aktuellsten Entwicklungen im Kontext des mobilen Lernens finden sich zurzeit in den Bereichen der *Augmented, Mixed* und *Virtual Reality,* in denen mit Hilfe mobiler Endgeräte, darunter auch *AR-Brillen (Augmented Reality),* virtuelle Objekte, Animationen oder Informationen situativ-, orts- oder objektbezogen und damit kontextualisiert bereitgestellt werden. Solche Anwendungen kommen bisher vor allem in der beruflichen Bildung zum Einsatz, dort allerdings nicht unbedingt im Kontext von Fortbildungen, sondern eher in Anwendungsfällen wie z. B. der Wartung von Geräten und damit als *learning on demand* oder *micolearning.* Ein Beispiel wie ein formaler Bildungsträger *augmented reality* nutzt findet sich an der Hochschule Karlsruhe, wo im Rahmen des Projektes *STOBAR (Student Onboarding mit Augmented Reality)* Studienanfängerinnen und Studienanfänger mit Hilfe von AR-Anwendungen auf Smartphones und Tablet den Campus kennen lernen (Henning 2013) – ein Lernsetting, das auch für Einrichtungen formaler Bildungsangebote der Erwachsenenbildung vorstellbar ist. Umsetzbar sind im Kontext der formalen und non-formalen Erwachsenenbildung auch die Umsetzung domänenspezifischer Anwendungen wie z. B. zur Bedienung von Maschinen usw., wie sie der Horizon Report seit einigen Jahren schon für die Hochschulbildung voraussagt (Johnson et al. 2016) und wie sie zunehmend auch in Kontexten der formalen, informellen und non-formalen Erwachsenenbildung umgesetzt wird (Després 2017).

Den größten oder am schnellsten wachsenden Anteil wird im Rahmen der Erwachsenenbildung aufgrund der zunehmenden Ausstattung mit mobilen Endgeräten (ARD/ZDF 2016) voraussichtlich die Umsetzung informeller mobiler Lernszenarien einnehmen, in denen Menschen *on demand* oder beiläufig Wissen abrufen, sich informieren, etwas nachschlagen usw. Wo dabei genau die Grenzen zwischen *sich informieren* und *lernen* liegt, ist allerdings schwimmend und letztendlich nicht genau definierbar und es werden zunehmend Übergänge zwischen diesen beiden Intentionen bestehen.

Literatur

ARD/ZDF (2016): ard-zdf-onlinestudie.de. http://www.ard-zdf-onlinestudie.de/.

Bartelsen, J. (2011): Mobile learning – ein Überblick. Arbeitspapiere der Nordakademie Nr. 2011–06. http://www.nordakademie.de/arbeitspapier.html.

Bastian, J.; Aufenanger, S. (2016): *Tablets in Schule und Unterricht. Forschungsmethoden und -perspektiven zum Einsatz digitaler Medien*. Wiesbaden: Springer Fachmedien.

Börner, D.; Glahn, C.; Stoyanov, S.; Kalz, M.; Specht, M. (2010): Expert concept mapping study on mobile learning. *Campus-Wide Information Systems*, 27/4, 240–253.

Börner, D.; Glahn, C.; Specht, M. (2011): Konzeptionelle Strukturierung mobile Lernens. In: S. Friedrich, A. Kienle, H. Rohland (Hrsg.): DeLFI 2011: Die 9. e-Learning Fachtagung Informatik – Poster, Workshops, Kurzbeiträge. Dresden: TUDpress. http://dspace.ou.nl/bitstream/1820/3976/1/mobilelearning_submission2.pdf.

Bruff, D. (2009): *Teaching with Classroom Response Systems*. San Francisco: Wiley.

Bundesministerium für Bildung und Forschung (BMBF) (Hrsg.) (2004): Weiterbildungspass mit Zertifizierung informellen Lernens. *Machbarkeitsstudie im Rahmen des BLK-Verbundprojektes*, Berlin: BMBF.

Chen, Y.S., Kao, T.C., Sheu, J.P., & Chiang, C.Y. (2002). A Mobile Scaffolding-Aid-Based Bird - Watching Learning System. Proceedings of IEEE International Workshop on Wireless and Mobile Technologies in Education (WMTE'02), pp.15–22.

Cheng, Z.; Shengguo, S.; Kansen, M.; Huang, T.; Aiguo, H. (2005): A Personalized Ubiquitous Education Support Environment by Comparing Learning Instructional. Paper presented at the 19th International Conference on Advanced Information Networking and Applications, March, 28–30 2005, Tamkang University, Taiwan.

de Witt, C. (2013): Vom E-Learning zum Mobile Learning. In: C. de Witt, A. Sieber (Hrsg.): *Mobile Learning – Potenziale, Einsatzszenarien und Perspektiven des Lernens mit mobilen Endgeräten*. Wiesbaden: Springer VS, 13–26.

Després, L. (2017): Microlearning: Lernen in kleinen Einheiten. http://www.checkpoint-elearning.de/kmu/microlearning%3A-lernen-in-kleinen-einheiten.

Deutscher Bildungsrat (1970): *Empfehlungen der Bildungskommission. Strukturplan für das Bildungswesen*. Stuttgart: Klett.

Dreyfürst, S.; Toepfer, R. (2016): Neue Medien in der Mediävistik. Die App *Frankfurt im Mittelalter*. Auf den Spuren des Passionsspiels von 1492' – eine Projektvorstellung. http://literaturkritik.de/id/20163.

Dubs, R. (1995): Konstruktivismus. Einige Überlegungen aus Sicht der Unterrichtsgestaltung. *Zeitschrift für Pädagogik* 41, 889–903.

Duffy, T.M.; Jonassen, D.H. (1992) (Hrsg.): *Constructivism and the Technology of Instruction. A Conversation*. Hillsdale: Erlbaum.

Duncan-Howell, J.; Lee, K.T. (2007): M-learning: Finding a place for mobile technologies within tertiary educational settings. In: ICT. Providing choices for learners and learning. Proceedings ascilite Singapore 2007. http://www.ascilite.org.au/conferences/singapore07/procs/dun can-howell.pdf.

e-teaching.org Redaktion (2016a): Apps im Hochschulkontext. Leibniz-Institut für Wissensmedien: https://www.e-teaching.org/didaktik/gestaltung/mobilitaet/apps/index_html.

e-teaching.org Redaktion (2016b): Bring Your Own Device. Leibniz-Institut für Wissensmedien: https://www.e-teaching.org/didaktik/gestaltung/mobilitaet/apps/index_html.

European Centre for the Development of Vocational Training (2007): *Recognition and validation of non-formal and informal learning for VET teachers and trainers in the EU Member States, Cedefop Panorama series*; 147. Luxembourg: Office for Official Publications of the European Communities.

Fendler, R. (2015): *Navigating the eventful space of learning: Mobilities, nomadism and other tactical maneuvers*. Doctoral dissertation at the University of Barcelona.

Forster, U.; Hoffmann, F. (2016): Point of Learning. Ein Projektbericht der Hohenheimer Lernorte. *Zeitschrift für Hochschulentwicklung (ZFHE)*, 11:4. http://www.wissenschafts-management-online.de/beitrag/point-learning-ein-projektbericht-der-hohenheimer-lernorte-7016.

Frohberg, D. (2008): *Mobile Learning. Dissertation der Wirtschaftswissenschaftlichen Fakultät der Universität Zürich, Lehrbereich Informatik.*

Frohberg, D.; Göth, C.; Schwabe, G. (2009): Mobile Learning Projects. A Critical Analysis of the State of the Art. In: *Journal of Computer Assisted Learning (JCAL)*, 25/4, 307–331.

Gerstenmaier, J. (1999): Situiertes Lernen. In: C. Perleth, A. Ziegler (Hrsg.): *Pädagogische Psychologie*. Bern, Göttingen u.a.: Huber, 236–246.

Gerstenmaier, J.; Mandl, H. (1995): Wissenserwerb unter konstruktivistischer Perspektive. *Zeitschrift für Pädagogik* 6, 867–888.

Göth, C. (2009): Was ist Mobiles Lernen? Möglichkeiten und Chancen. Vortragsfolien vom 24.02.2009. http://www.id.uzh.ch/home/es/esteampage/esperson/elforum/mLearning.pdf.

Göth, C.; Frohberg, D.; Schwabe, G. (2007): Vom passiven zum aktiven Mobile Learning. *Zeitschrift für E-Learning*, 2/4,12–28. http://www.zora.uzh.ch/61311/1/20120319141127_merlin-id_2762.pdf.

Gröblinger, O.; Kopp, M; Hoffmann, B. (2016): Audience Response System as an instrument of quality assurance in academic teaching. INTED2016 Proceedings. https://library.iated.org/view/GROBLINGER2016AUD.

Hanekop, H.; Lanfer, C.; Wittke, V. (2004): Auf dem Weg zur Notebook University? Zur Veränderung von Lehre und Lernen durch den Einsatz neuer Informations- und Kommunikationstechnologien an Präsenzhochschulen, SOFI Mitteilungen. Ausgabe 32, Göttingen: Universität Göttingen. http://www.sofi-goettingen.de/fileadmin/Publikationen/SOFI-Mitteilungen_32_NBU_hanekop-lanfer-wittke.pdf.

Henning, P. A. (2013): Student Onboarding mit Augmented Reality. In: C. de Witt, A. Sieber (Hrsg.): *Mobile Learning. Potenziale, Einsatzszenarien und Perspektiven des Lernens mit mobilen Endgeräte.*, Wiesbaden: Springer VS, 143–158.

Honebein, P. C.; Duffy, Th. M.; Fishman, B. J. (1993): Constructivism and the Design of Learning Environments: Context and Authentic Activities for Learning. In: T. M. Duffy, J. Lowyck, D. H. Jonassen (Hrsg.): *Designing Environments for Constructive Learning*. Berlin, New York: Springer, 87–108.

Johnson, L., Adams Becker, S., Cummins, M., Estrada, V., Freeman, A., Ludgate, H. (2013): NMC Horizon Report: 2013. Higher Education Edition. Austin, Texas: The New Media Consortium. Deutsche Ausgabe.

Johnson, L.; Adams Becker, S.; Cummins, M.; Estrada, V.; Freeman, A.; Hall, C. (2016): NMC Horizon Report: 2016. Higher Education Edition. Austin, Texas: The New Media Consortium. Deutsche Ausgabe.http://cdn.nmc.org/media/2016-nmc-horizon-report-he-DE.pdf.

Kerres, M.; Kalz, M.; Stratmann, J.; de Witt, C. (2004) (Hrsg.): *Didaktik der Notebook-Universität*. Münster: Waxmann.

Kommission der Europäischen Gemeinschaften (2000): *Memorandum über Lebenslanges Lernen, SEK1832,* Brüssel: Kommission der Europäischen Gemeinschaften.

Kramer, An (2013): Ready for the future: the four principles of nomadic learning in organizations. In: *On the Horizon*, 21/2, 149–157. http://dx.doi.org/10.1108/10748121311323049.

Lave, J.; Wenger, E. (1991): *Situated Learning: Legitimate Peripheral Participation.* Cambridge: Cambridge University Press.

Lehner, F.; Nösekabel, H.; Schäfer, K.J. (2003): *Szenarien und Beispiele für Mobiles Lernen.* Forschungsbericht Nr. 67, Regensburg.

MMB-Institut für Medien-und Kompetenzforschung (2011): Weiterbildung und Digitales Lernen heute und in drei Jahren: Mobile und vernetzte Szenarien im Aufwind. Ergebnisse der Trendstudie MMB Learning Delphi 2011. MMB-Trendmonitor II/2011. http://www.mmb-institut.de/mmb-monitor/trendmonitor/MMB-Trendmonitor_2011_II.pdf.

Neumann, J. (2010): Mobile Learning. (K)eine Herausforderung für Medienzentren? Vortrag gehalten auf der AMH Jahrestagung 2010. BTU Cottbus. 21/22. September 2010. http://www-docs.tu-cottbus.de/ikmz/public/files/Veranstaltungen/Tagungswoche_09_2010/Vortraege/AMH/04_10-09-22_mobiletud.pdf.

Neumann, J.; Schulz, J. (2011): Mobile Learning in Hochschule und Wirtschaft. Synergien, Widersprüche und Probleme. In: S. Friedrich, A. Kienle, H. Rohland, (Hrsg.): *DeLFI 2011: Die 9. e-Learning Fachtagung Informatik – Poster, Workshops, Kurzbeiträge.* Dresden: TUDpress, 18–23.

Nölting, K.; Lucke, U.; Waldhauer, M. Tavangarian, D. (2003): Ein strukturiertes Modell für Mobile Blended Learning. In: P. Dadam, M. Reichert (Hrsg.): *INFORMATIK 2004 – Informatik verbindet*, Band 2, *Lecture Notes in Informatics (LNI) P-51*, Bonn: GI-Verlag, 306–310. http://cs.emis.de/LNI/Proceedings/Proceedings51/GI-Proceedings.51-67.pdf.

Nölting, K.; Tavangarian, D. (2003a): Mobile Learning an Präsenzhochschulen. In: K. Dittrich, W. König, A. Oberweis, K. Rannenberg, W. Wahlster (Hrsg.): *INFORMATIK 2003. Innovative Informatikanwendungen.* Band 1. Beiträge der 33. *Jahrestagung der Gesellschaft für Informatik e. V. (GI)* Bonn: Gesellschaft für Informatik, 288–292.

Nölting, K.; Tavangarian, D. (2003b): New Learning Scenarios? Mobile Learning and Teaching at Universities. In: Proceedings of E-Learn'03, *Phoenix/Arizona/USA.*

OECD (2006): New OECD Activity on Recognition of non-formal and informal Learning. Guidelines for Country Participation.

Oppermann, R.; Specht, M. (2003): Lernen im Betrieb mit M-Learning gestalten. In: A. Hohenstein; K. Eilbers (Hrsg.): *Handbuch E-Learning. Expertenwissen aus Wissenschaft und Praxis – Strategien, Instrumente, Fallstudien. 5. Ergänzungslieferung. Köln: Deutscher Wissenschaftsdienst (Wolters Kluwer).* http://www.weiterbildungsportal.ch/mas/ndkele/didaktik/texte/M-Learning.pdf.

Parzl, R., Bannert, M. (2013): Mobile Learning – Begriff, Modelle, Forschung. eleed, Iss. 9. (urn:nbn:de:0009-5-37045). Link: https://eleed.campussource.de/archive/9/3704.

Peez, G.; Camuka, A. (2015): ‚Das macht auf jeden Fall die Stunde spannender ... '. Strukturmerkmale eines Audience Response Systems und dessen Nutzungsakzeptanz im Hörsaal. *medienimpulse – Beiträge zu Medienpädagogik. Begründungen und Ziele der Medienbildung.* 2. http://www.medienimpulse.at/articles/view/793.

Pimmer, C. (2008): Mobiles Lernen in betrieblichen Anwendungen. In: A. Helbach (Hrsg.): *ELearning Dossier. Mobile Learning – eine neue Erfolgsstory? Züricher Fachhochschule.* http://www.elearning.zfh.ch/magazin/dossier/editorial.cfm?id=4.

Reinmann-Rothmeier, G.; Mandl, H. (1998): Wissensvermittlung. Ansätze zur Förderung des Wissenserwerbs. In: F. Klix, H. Spada, (Hrsg.): *Wissenspsychologie, C/H7G Enzyklopädie der Psychologie*. Göttingen: Hogrefe, 457–500.

Renkl, A. (1996): Träges Wissen. Wenn Erlerntes nicht genutzt wird. *Psychologische Rundschau* 47, 78–92.

Rensing, C.; Tittel, S. (2013): Situiertes mobiles Lernen. Potenziale, Herausforderungen und Beispiel. In: C. de Witt, A. Sieber (Hrsg.): *Mobile Learning. Potenziale, Einsatzszenarien und Perspektiven des Lernens mit mobilen Endgeräten*. Wiesbaden: Springer VS, 121–142.

Rensing, C.; Tittel, S.; Schäfer, S.; Burgaß, R. (2012): Mobiles aktivierendes Lernen im Bauingenieurwesen. Eine Semantic MediaWiki basierte Anwendung und ein Erfahrungsbericht. In: J. Desel, J. M. Haake, C. Spannagel: *DeLFI 2012*, Nr. 207, Köllen, 123–134.

Robes, J. (2009): Microlearning und Microtraining. Flexible Kurzformate in der Weiterbildung. In: A. Hohenstein; K. Eilbers (Hrsg.): *Handbuch E-Learning. Expertenwissen aus Wissenschaft und Praxis. – Strategien, Instrumente, Fallstudien. 30. Ergänzungslieferung Köln: Deutscher Wissenschaftsdienst (Wolters Kluwer)*. http://www.weiterbildungsblog.de/wp-content/uploads/2009/10/hel30_436_robes.pdf.

Rohs, M. (2013): Informelles Mobiles Lernen. In: C. de Witt, A. Sieber (Hrsg.): *Mobile Learning. Potenziale, Einsatzszenarien und Perspektiven des Lernens mit mobilen Endgeräten*. Wiesbaden: Springer VS, 75–97.

Ryu, H.; Parsons, D. (2008): *Innovative Mobile Learning: Techniques and Technologies. Information Science Reference*. Hershey, PA: IGI Publishing.

Seipold, J. (2011): *Mobiles Lernen. Analyse des Wissenschaftsprozesses der britischen und deutschsprachigen medienpädagogischen und erziehungswissenschaftlichen Mobile-Learning-Diskussion. Dissertation Universität Kassel*. Bremen: Wilhelm Brüggemann.

Seipold, J. (2013): Mobiles Lernen. Systematik, Theorien und Praxis eines noch jungen Forschungsfeldes. In: C. de Witt, A. Sieber (Hrsg.): *Mobile Learning – Potenziale, Einsatzszenarien und Perspektiven des Lernens mit mobilen Endgeräten*. Wiesbaden: Springer VS, 27–54.

Sharples, M. (2009): Methods for Evaluating Mobile Learning. In: G. Vavoula, N. Pachler, A. Kukulska-Hulme (Hrsg.): *Researching Mobile Learning: Frameworks, Tools and Research Designs*. Bern: Peter Lang, 17–39.

Sonntag, K.; Stegmaier, R. (2007): *Arbeitsorientiertes Lernen. Zur Psychologie der Integration von Lernen und Arbeit*. Stuttgart: Kohlammer Verlag.

Stratmann, J.; Kerres, M. (2003): Ansatzpunkte für das Changemanagement beim Aufbau einer Notebook-Universität. In: Kerres, M., Voß, B.: Digitaler Campus. Münster: Waxmann, 93–103.

Thissen, F. u.a. (2015): Mobiles Lernen in der Schule. 3. Auflage. http://www.frank-thissen.de/WP/mobiles-lernen-in-der-schule/.

Thurmond, V.; Wambach, K. (2004): Understanding interactions in distance education: A review of the literature. In: *International Journal of Instructional Technology and Distance Learning*, 1/1, 9–26.

Tippelt, R.; von Hippel, A. (201199): *Handbuch Erwachsenenbildung/Weiterbildung*. 5. Aufl. Wiesbaden: VS Verlag für Sozialwissenschaften.

Tittel, S.; Merle, H.; Burgaß, R.; Rensing, C.; Lange, J.; Schläfer, S. (2011): Mobile Inhaltserfassung und mobiles Lernen mit dem Semantic Wiki im Bauingenieurwesen. In: S. Friedrich, A. Kienle, H. Rohland (Hrsg.): *DeLFI 2011: Die 9. e-Learning Fachtagung Informatik – Poster, Workshops, Kurzbeiträge*. Dresden: TUDpress.

Traxler, J. (2009a): Current State of Mobile Learning. In: M. Ally (Hrsg.): *Mobile Learning. Transforming the Delivery of Education and Training*. Athabasca: Athabasca University Press, 9–24.

Traxler, J. (2009b): Learning in a Mobile Age. In: *International Journal of Mobile and Blended Learning*, 1/1, 1–12.

Trochim, W. (1989a): An introduction to concept mapping for planning and evaluation. In: W. Trochim (Hrsg.): *A Special Issue of Evaluation and Program Planning*, 12, 1–16. http://www.socialresearchmethods.net/research/epp1/epp1.htm.

Trochim, W. (1989b): Concept mapping: Soft science or hard art?. In: W. Trochim, W. (Hrsg.): *A Special Issue of Evaluation and Program Planning*, 12, 87–110. http://www.socialresearchmethods.net/research/epp2/epp2.htm.

Vavoula, G. N.; Sharples, M. (2002): KLeOS: A personal, mobile, Knowledge and Learning Organisation System. In: M. Milrad, U. Hoppe, Kinshuk (Hrsg.): Proceedings of the IEEE International Workshop on Mobile and Wireless Technologies in Education (WMTE2002), Aug 29–30, Vaxjo, Sweden, 152–156.

Wali, E.; Winters, N.; Oliver, M. (2008): Maintaining, changing and crossing contexts: an activity theoretic reinterpretation of mobile learning. In: ALT-J, 16 (1), 2008, S. 41–57.

Wegener, R.; Oeste, S.; Prinz, A.; Leimeister, J. M. (2012): Wann sind Tablet PCs die besseren Lernwerkzeuge? Ein empirischer Vergleich unterschiedlicher Endgeräte im Mobile Learning. In: *Mobile und ubiquitäre Informationssysteme MMS 2012*, Braunschweig.

Wegener, R.; Prinz, A.; Bitzer, P.; Leimeister, J. M. (2011a): Steigerung von Interaktivität, Individualität und Lernerzufriedenheit in einer universitären Massenveranstaltung durch mobile Endgeräte. In: *e-Learning Fachtagung Informatik (DeLFI) 2011*, Dresden.

Wegener, R.; Söllner, M.; Voss, A.; Leimeister, J. M. (2011b): Einflussgrößen auf die Nutzungsabsicht von Mobile Learning in unterschiedlichen Einsatzszenarien. Eine empirische Studie. In: *e-Learning Fachtagung Informatik (DeLFI) 2011*, Workshop Mobile Learning, Dresden. http://pubs.wi-kassel.de/wp-content/uploads/2013/03/JML_257.pdf.

Weinberger, A. (2014): Vorlesung und Ablenkung. Wie Studierende mobile Geräte in Vorlesungen verwenden. In: *Forschung & Lehre*, 21/10, 838–839. http://www.wissenschaftsmanagement-online.de/system/files/downloads-wimoarticle/1410_WIMO_Vorlesung%20und%20Ablenkung_Weinberger.pdf.

Willers, T. (2013): Nutzungskonstellationen und Schlüsselfaktoren für das Lernen mit Mobile Apps aus der Sicht von lernenden Erwachsenen. Masterarbeit an der Universität Duisburg Essen. http://mediendidaktik.uni-due.de/system/files/pruefungsarbeiten/masterdokument_willers_final.pdf.

Wong, Lu.-H.; Looi, C.-K. (2011): What seams do we remove in mobile-assisted seamless learning? A critical review of the literature. In: *Journal Computers & Education* 57/4, 2364–2381.

Yahya, S.; Ahmad, E. A.; Kalil, K. A. (2010): The definition and characteristics of ubiquitous learning. *A discussion. International Journal of Education and Development using Information and Communication Technology (IJEDICT)*, 6/1, 117–127.

Frank Nachtwey

Bibliotheken und mobiles Lernen. Neue Services zur Wissensvermittlung

Einleitung

Mit über 115 Millionen Besucherinnen und Besuchern sind Öffentliche Bibliotheken[1] die meistgenutzten Kultur- und Bildungseinrichtungen in Deutschland (DBV 2016). Neben dem niederschwelligen Zugang zu Informationen und Medien für die Breite der Bevölkerung zählt die Förderung der Informations- und Medienkompetenz zum Aufgabenspektrum. Dadurch stellen Bibliotheken eine wichtige Support-Struktur für das Lebenslange Lernen dar. Denn Lernen findet nicht mehr nur formal und zeitlich begrenzt in traditionellen Bildungseinrichtungen, sondern zunehmend *lebenslang* statt (Stang 2016, 22–45). Bibliotheken unterstützen diesen Prozess mit ihrem reichhaltigen Angebot an physischen Medien, wie Büchern, Hörbüchern, Zeitschriften, DVD's, die allesamt bereits seit jeher auch mobil genutzt werden können: Sei es in der Bibliothek als realem Lernort, am Strand oder bequem auf der Couch daheim.

Im Rahmen der Digitalisierung und in Zeiten, in denen das mobile Internet, Smartphones und Tablets allgegenwärtig sind, reicht dies jedoch schon lange nicht mehr aus, um das Informationsbedürfnis der Kundinnen und Kunden zeitgemäß befriedigen zu können. Bibliothekskundinnen und Bibliothekskunden sind es mittlerweile gewohnt, Informationen überall zeit- und ortsunabhängig von ihren mobilen Endgeräten abrufen zu können.[2] Dieses veränderte (Medien-) Nutzungsverhalten stellt Bibliotheken vor große Herausforderungen und erfordert eine Anpassung bzw. Entwicklung neuer Serviceangebote. Gerade im Hinblick auf eine zunehmende Digitalisierung und Nutzung mobiler Endgeräte, haben Bibliotheken mehrheitlich ihre IT-Infrastruktur ausgebaut. PC-Arbeitsplätze und W-LAN gehören fast überall zum Standard, ebenso wie mobil nutzbare Webseiten

1 Diese Arbeit thematisiert den Bereich der Öffentlichen Bibliotheken. Wenn im Text mitunter der Einfachheit halber von ‚Bibliotheken' die Rede ist, sind daher Öffentliche Bibliotheken gemeint. Bei Verweisen zu Wissenschaftlichen Bibliotheken werden diese als ‚Wissenschaftliche Bibliotheken' bezeichnet.

2 Gem. Angaben der Statista GmbH nutzten im Jahr 2015 insgesamt 56 Prozent der deutschen Bevölkerung das mobile Internet. http://de.statista.com/statistik/daten/studie/181973/umfrage/genutzte-mobilgeraete-fuer-mobilen-internetzugang-in-deutschland/) Außerdem hat 2015 die Internetnutzung von Mobilgeräten, die der Desktop-Nutzer abgelöst. (http://digiday.com/publishers/mobile-overtaking-desktops-around-world-5-charts/)

DOI 10.1515/9783110501131-008

und Online-Kataloge. Darüber hinaus sind zahlreiche neue digitale Dienstleistungen entstanden, die u. a. das (mobile) Lernen unterstützen sollen. Schließlich gilt Bildung als entscheidender Faktor für eine aktive Teilnahme am gesellschaftlichen Leben und Bibliotheken als eine Stütze des Lebenslangen Lernens.

Im Rahmen dieses Beitrages werden exemplarisch einige dieser mobil nutzbaren Services präsentiert, die unterschiedlich ausgeprägte Anforderungen an die Medien- sowie Selbstlernkompetenz der Bibliothekskunden stellen. Der Fokus liegt dabei auf den mit Smartphone und Tablet nutzbaren Dienstleistungen zur Unterstützung des mobilen Lernens.

Ortsunabhängige Services

Mobiles Lernen drückt sich u. a. durch seine Ortsunabhängigkeit aus und fasst alle digitalen Dienstleistungen zusammen, die den Bibliothekskunden an sieben Tagen in der Woche und 24 Stunden am Tag, über das Internet zur Verfügung stehen. Einzige Zugangsvoraussetzung bezogen auf die Bibliotheken ist ein gültiger Nutzerausweis.

Munzinger Archiv

Das 1913 gegründete *Archiv für publizistische Arbeit* bietet über sein Internetportal zuverlässige und redaktionell geprüfte Informationen zu Ländern, Personen und Ereignissen. Dank erfolgreicher Kooperationen konnte das Informationsangebot in den letzten Jahren stetig gesteigert werden. Mit den 17 Duden-Standardwerken und der *Brockhaus Enzyklopädie* bieten sich eine Fülle von Möglichkeiten des digitalen Nachschlagens. Darüber hinaus steht das *Kindlers Literatur Lexikon* als umfangreichste deutschsprachige Darstellung der internationalen Literatur zur Verfügung. Im Bereich Presse kommen das *Frankfurter Allgemeine Archiv* sowie die Archive des *Spiegels*, der *Süddeutschen Zeitung*, der *Welt* sowie das Presseportal *PressReader* hinzu. 2013 wurden mit der *NAXOS Music Library*, der weltweit größten Online-Bibliothek der klassischen Musik, erstmalig auch Audio- und Videoformate im Munzinger Archiv integriert (Munzinger 2016a). Je nach Umfang der lizensierten Module kann sich das Angebot für die Bibliothekskunden unterscheiden. Die *mobile Variante* bietet eine für mobile Endgeräte optimierte Eingabemaske. Alle Datensätze sind für sie entweder komfortabel über den lokalen Bibliothekskatalog (OPAC) recherchier- und abrufbar oder direkt über die Webseite des Betreibers nutzbar (Munzinger 2016b).

Onleihe

Über den konventionellen physischen Medienbestand hinaus bieten mittlerweile eine stetig steigende Anzahl von über 2.700 Bibliotheken in Deutschland, Österreich und der Schweiz sowie den Goethe-Instituten über die sogenannte *Online* Zugang zu lizensierten e-Medien an. Dazu zählen vorwiegend *eBooks*, *ePapers* (Tages- oder Wochenzeitschriften), *eAudios* (Hörbücher) sowie *eVideos* (Dokumentationen oder Lehrvideos) und e-Musik. Die Ausleihplattform wird bereits seit 2007 von der divibib GmbH angeboten und erfreut sich stetig wachsender Beliebtheit. Verstärkt wurde dieser Trend besonders seit der Zunahme von mobilen Endgeräten wie Tablets, Smartphones und *eBook*-Readern. Kundinnen und Kunden von teilnehmenden Bibliotheken oder Bibliotheksverbünden können über die *Onleihe* die ausgewählten e-Medien ausleihen und teils online oder auch offline für den festgelegten Nutzungszeitraum verwenden. Die zeitliche Kontrolle der Leihfrist erfolgt dabei über die sog. Digitale Rechteverwaltung, kurz DRM. Für die mobile Nutzung stehen kostenlose Apps für Apple- und Android-Systeme zur Verfügung. Über 13 Mio. Ausleihen im Jahr 2014 unterstreichen die gute Nutzung seitens der Bibliothekskundinnen und Bibliothekskunden, die teilweise aufgrund dieses innovativen Services als Neukundinnen und Neukunden geworben werden konnten (divibib GmbH 2016a).

In den meisten Onleihen bzw. Onleiheverbünden überwiegt die Anzahl an ‚Sachmedien und Ratgebern' sowie Medien im Bereich ‚Schule und Lernen'. In der Stadtbibliothek Ludwigsburg fallen z.B. knapp 60 Prozent des insgesamt mehr als 25.000 Titel umfassenden digitalen Bestandes in diese beiden Themenbereiche. Alle Titeldatensätze sind dabei im lokalen Bibliothekskatalog erfasst und können entweder darüber oder direkt über die Webseite der *OnleiheBibliothek LB* abgerufen werden. Erfahrungen zeigen, dass die Nutzung der *OnleiheBibliothek LB* von den Kundinnen und Kunden, gerade bei der erstmaligen Verwendung, eine gewisse Medienkompetenz und ein wenig Zeit der Einarbeitung erfordern.

E-Learning

Mit dem Munzinger Archiv und der Onleihe haben sich mittlerweile zwei Services fest etabliert, die das Lernen auf mobilen Endgeräten ermöglichen. Dabei werden jedoch die multimedialen Interaktions-, Kollaborations- und Kommunikationsmöglichkeiten des elektronischen Lernens (e-Learning) keinesfalls ausgeschöpft (Arnold 2011, 18). „Die Interaktion geht dabei über das passive Betrachten von Informationen oder das Navigieren durch Informationen [nicht] hinaus" (Hartmann 2016, 133). Aus diesem Grund haben seit einigen Jahren die ersten

Öffentlichen Bibliotheken in Deutschland damit begonnen, ihr Servicespektrum durch interaktive e-Learning-Angebote zu erweitern und der zunehmenden Verschmelzung von realen und virtuellen Lernräumen Rechnung zu tragen (Ochudlo-Höbing 2005, 305–306).

Bücherhallen Hamburg

Vorreiter auf diesem Gebiet waren die Bücherhallen Hamburg, die seit 2009 ihren Kundinnen und Kunden über eine Lernplattform zeit- und ortsunabhängigen, zeitlich befristeten Zugang zu über 100 kommerziellen Online-Selbstlernkursen in den Themenbereichen EDV, Sprachen und Wirtschaft bieten. Die Lernplattform (LMS) dient dabei der Unterstützung virtueller Lehr- und Lernprozesse, wobei sie primär als Distributionsplattform für Selbstlernkurse genutzt wird. Als Konsortialführer boten die Bücherhallen Hamburg anderen Öffentlichen Bibliotheken die Möglichkeit, sich an der Lernplattform zu beteiligen. Dennoch kam es zu keiner flächendeckenden Verbreitung, was sicherlich nicht nur an den verbundenen Kosten oder der inhaltlichen Qualität lag, sondern auch daran, dass die Nutzungszahlen hinter den Erwartungen zurückblieben. Auf den zweiten Blick ist dies wenig verwunderlich. Schließlich stellt diese Form des selbstbestimmten und informellen Lernens mit interaktiven Lernmodulen die höchsten Anforderungen an die Lernenden bezüglich Selbstlernkompetenz (Motivation, Disziplin, Organisation) wie auch Medienkompetenz (fachkundiger Umgang mit Hard- und Software) (Hartmann 2016, 127–135). Diese Kompetenzen sind niemandem in die Wiege gelegt, sondern das „Ergebnis einer individuellen Kompetenz- und Persönlichkeitsentwicklung" (Barthelmeß 2015, 30). Nur ein geringer Anteil an selbstorganisiert Lernenden verfügt über diese Kompetenzen, was sich häufig in hohen Abbruchquoten widerspiegelt. Es unterstreicht aber auch, dass Lernen ein sozialer, von zwischenmenschlichen Beziehungen geprägter Prozess ist. Weshalb das digitale Lernen bestenfalls in Verbindung mit tutorieller Begleitung wie auch in einem sozialen Umfeld stattfinden sollte (Barthelmeß 2015, 13). Sven Instinske, Leiter Internetportal und Digitale Dienste der Bücherhallen Hamburg kann sich für die Zukunft deshalb „auch Konzepte des Blended Learning an Bibliotheken vorstellen, also die Verbindung von E-Learning und Präsenzunterricht" (Wildermann 2014).

Stadtbibliothek Ludwigsburg

Mit dem Ziel, digitale Medienangebote einer breiten Öffentlichkeit in leicht und niederschwellig zugänglicher Weise zu vermitteln und damit die Teilhabe an innovativen Bildungsmöglichkeiten zu ermöglichen, begann 2012 die Stadtbibliothek Ludwigsburg innerhalb eines Projektes des Landes Baden-Württemberg mit dem Aufbau einer eigenen Lernplattform. Diese basiert auf der Open-Source-Software ILIAS.[3] Finanziell unterstützt wurde das Projekt durch das *Bündnis für Lebenslanges Lernen* (BLLL), einer Resort übergreifenden Initiative unterschiedlicher Weiterbildungsträger aus der allgemeinen, beruflichen und wissenschaftlichen Weiterbildung. Nach erfolgreichen technischen und gestalterischen Anpassungen der Lernplattform, folgte nach einer umfangreichen Marktsichtung die Einbindung kommerzieller Lerninhalte aus den Bereichen EDV, Sprache und Wirtschaft. Jene stehen den Bibliothekskunden seit Juli 2013 ebenfalls zeitlich befristet zur Verfügung, um sich in den verschiedenen Themenbereichen selbstständig weiterbilden können. Dabei sind nahezu alle Lerninhalte auch auf mobilen Endgeräten nutzbar, sei es als App oder im Webbrowser. Dank einer aktiven Entwicklungscommunity wird die Lernplattform ständig weiterentwickelt und wurde zuletzt u. a. für die Nutzung auf mobilfähigen Endgeräten optimiert. Darüber hinaus können Wikis, Foren, Gruppen, Kurse, aber auch Übungen und Tests sowie ein Video-Konferenztool ohne großen Arbeitsaufwand hinzugefügt werden und somit Interagieren mit den Nutzerinnen und Nutzern erleichtern.

Im Rahmen eines Kooperationsprojekts mit der Volkshochschule Ludwigsburg konnten erste Erfahrungen im *Blended Learning* gesammelt werden. Dazu wurden ausgewählten VHS-Kursteilnehmende aus Integrationskursen auf der Lernplattform zusätzliche eigens konzipierte Lerneinheiten ergänzend zum Kursbuch zur Verfügung gestellt, die sie zur Vor- oder Nachbereitung nutzen konnten. Aufgrund der positiven Resonanz der VHS-Kursteilnehmern wurde das Projekt auch auf weitere Kurse der Volkshochschule ausgeweitet, wenngleich die Erstellung eigener Inhalte angesichts knapper Personalressourcen eingestellt wurde.

In der Stadtbibliothek Ludwigsburg wird das größte Interesse bei den Sprachlernmodulen verzeichnet, was angesichts der hohen Anzahl an Flüchtlingen und der aktiven Vermittlungsarbeit vor Ort nicht verwundert. Im Hinblick auf datenschutzrechtliche Vorgaben wurde darauf geachtet, dass nur Gesamtstatistiken zur Nutzung und keine personenbezogenen Lernstandsdaten erfasst bzw. ausgewertet werden können.

Neben kommerziellen Lerninhalten hat die Stadtbibliothek Ludwigsburg seit 2014 selbst erste eigene Lernmodule im Bereich der Informationskompetenzvermittlung erstellt. Mit Hilfe einer speziellen Autorensoftware entstanden

---

3 ILIAS steht für ‚Integriertes Lern-, Informations- und ArbeitskooperationsSystem', wurde 1997 an der Hochschule zu Köln entwickelt und ist im Hochschulbereich stark vertreten. Weitere Informationen können der Homepage des ILIAS open source e-Learning e. V. (http://www.ilias.de) entnommen werden.

unter dem Titel *einfach.suchen.lernen.* mehrere interaktive Lerneinheiten zur Nutzung des Online-Katalogs sowie zur Internetrecherche und Quellenbewertung, die jeweils mit einem kleinen Test abschließen und so zur Wissensüberprüfung beitragen. Dabei lag der Fokus auf der kreativen und ansprechenden Gestaltung und weniger auf technischer Perfektion. Die Module können über die Homepage der Stadtbibliothek auch ohne Bibliotheksausweis abgerufen werden.

Nach drei erfolgreichen Jahren und der Ausweitung auf sechs weitere Bibliotheken wurde das Projekt Anfang 2016 komplett an den Landesverband Baden-Württemberg im Deutschen Bibliotheksverband e. V. übergeben. Angesichts der vielfältigen Auswahl unterschiedlicher Kommunikations- und Kollaborationstools, die auf der Lernplattform zur Verfügung stehen, sind die Grundlagen für zukünftige virtuelle Lern- und Lehrszenarien gegeben.

E-Learning und Onleihe

Mit der Ankündigung ab Juni 2016 ebenfalls Lerninhalte in der Onleihe bereit zu stellen, unterstreicht die divibib GmbH den Bedeutungszuwachs von e-Learning im Bibliothekskontext. Neben Lernangeboten zu Softskills und EDV wird der Schwerpunkt des Angebots im Sprachbereich liegen. Kollaborations- oder *Blended Learning*-Szenarien werden voraussichtlich nicht im Fokus stehen, sondern lediglich die Bereitstellung von Lerninhalten.

Ausgewählte Web 2.0-Tools zur Unterstützung des mobilen Lernens

Kostenintensive digitale Services oder komplexe Lernplattformen allein garantieren weder eine nachhaltige Nutzung noch einen entsprechenden Lernerfolg. Viel entscheidender ist ein durchdachtes didaktisches Gesamtkonzept, dem „der Technologieeinsatz folgt [...] und nicht umgekehrt" (Barthelmeß 2015, 37).

Im Web 2.0 stehen unzählige, oft kostenfreie Programme zur Unterstützung mobiler Lehr-Lern-Szenarien zur Verfügung. Diese Programme zeichnen sich überwiegend durch eine intuitive Bedienung und komfortable Funktionen zur Einbindung bzw. Erstellung multimedialer Inhalte aus. Viele dieser Programme sind plattformübergreifend über verschiedene Webbrowser oder als App nutzbar. Damit eignen sich diese Lernformen insbesondere für die „Welt der jungen Generation [...], die geprägt ist durch digitale Medien, multimediale Inhalte anstelle langer Lehrtexte" (Hartmann 2016, 134). Folglich bieten sich derartige Tools besonders für Bibliotheksführungen, Rechercheschulungen oder andere bibliothekspädagogische Konzepte an.

Nachfolgend werden einige Tools vorgestellt, die derzeit bereits im Kontext bibliothekarischer Arbeit und zur Unterstützung des mobilen Lernens in der Praxis Verwendung finden. Eine weitaus umfassendere Liste, der *Top 100 Tools for learning* wird jährlich von Hart (Hart 2016) veröffentlicht.

Learningapps

Learningapps ist eine intuitiv und einfach zu bedienende, kostenlose Web 2.0-Anwendung mit der sich kleine interaktive Lernbausteine erstellen lassen. Diese Bausteine (sog. *Apps*) können aus Zuordnungsaufgaben, Multiple-Choice-Tests, einem Millionenspiel, Kreuzworträtseln, Lückentexten oder aus einem von über 20 verschiedenen Aufgabentypen bestehen und sind speziell für die Wiedergabe auf mobilen Endgeräten optimiert. Darüber hinaus können sie problemlos in andere Webinhalte eingebunden werden. Sie stellen für sich keine abgeschlossene Lerneinheit dar, sondern müssen in ein entsprechendes Unterrichtsszenario eingebettet werden. Je nach Aufgabentyp lassen sich problemlos Text, Video, Audio oder Bilder einsetzen bzw. vermischen. Über die Webseite besteht Zugriff auf einen großen Datenpool von bereits fertigen Lernbausteinen, die jede Nutzerin und jeder Nutzer adaptieren oder wiederverwerten kann. Einsatzmöglichkeiten sind:

- *Rechercheschulungen:* In der Stadtbibliothek Ludwigsburg werden *Learning apps* zur gemeinsamen Bearbeitung von Fragestellungen im Plenum eingesetzt. In ein Millionenspiel oder Gruppen-Puzzle verpackte Fragen zur Bibliothek wecken bspw. bei Bibliotheksführungen mit Schulklassen den Spieltrieb und regen darüber hinaus zur aktiven Mitarbeit an.
- *Als eigenständiges Lernmodul*: Im Rahmen des bereits erwähnten Kooperationsprojekts wurden bis zu 20 verschiedene *Learningapps* zu einem eigenen Lernmodul zusammengefasst und den VHS-Teilnehmenden über die Lernplattform zur Nacharbeit bzw. als ergänzende Unterrichtsmaterialien zur Verfügung gestellt oder im Unterricht eingesetzt.

PowToon – Erklärvideos

In den vergangenen Jahren sind neben videobasierten Trainings- oder Bildschirmmitschnitten, sog. Erklärvideos, immer beliebter geworden. Meist im Comic-Stil gehalten, lassen sich in diesen animierten Kurzfilmen abstrakte und komplexe Sachverhalte in zumeist weniger als drei Minuten spielerisch, ansprechend und effektiv darstellen. Kennzeichnendes Merkmal dieser Art von Kurzfilmen ist die direkte Ansprache der Zuschauerinnen und Zuschauer sowie die Einbindung in die Geschichte (sog. *Storytelling*), wodurch das vermittelnde Wissen besser verstanden und aufgenommen werden soll (LUX Internet GmbH 2016).

Mit dem Animationstool *PowToon* lassen sich abwechslungsreiche und interaktive Erklärvideos erstellen. In der kostenlosen Variante stehen bereits 30 verschiedene Animationseffekte zur Verfügung, womit sich max. fünfminütige Videos erstellen lassen. Die Bedienoberfläche des Webtools ähnelt klassischen Deskotpanwendungen und Bedarf wenig Einarbeitungszeit. Dank zahlreicher Tutorials können so innerhalb kurzer Zeit ansehnliche Erklärvideos generiert werden (Horstmann 2016). Einsatzmöglichkeiten sind:

- *Rechercheschulungen:* Zur Veranschaulichung komplexer Sachverhalte wie bspw. der korrekten Verwendung der Boole'schen Operatoren hat Reckling-Freitag ein entsprechendes Erklärvideo erstellt, welches kostenfrei nachgenutzt werden kann (Reckling-Freitag 2014).
- *Als Bestandteil umfangreicher Lernmodule*: Die Erklärvideos können ebenfalls als interaktiver Baustein in komplexere Lernmodule integriert werden und so für einen abwechslungsreichen Methodenmix sorgen. In den Lernmodulen zur ‚Internetrecherche und Quellenbewertung' wurden zwei solcher Videos eingebaut.

Nearpod – Übertragen von digitalen Informationen

Laptops oder Tablets halten verstärkt auch in Öffentlichen Bibliotheken Einzug und lösen Klemmbretter mit Papier und Stift bei Rechercheschulungen oder kollaborative Gruppenarbeit ab. Bibliotheken, die nicht über entsprechende finanzielle Mittel zur Anschaffung verfügen, stehen vielfach die Möglichkeit einer Ausleihe über die örtlichen Medienzentren offen. Doch die beste Technik nützt nichts, wenn darauf lediglich statische Präsentationen abgespielt werden und keinerlei Interaktion stattfindet.

Abhilfe kann hier die plattformübergreifende *Nearpod*-App schaffen, sofern ein aktives WLAN-Netz zur Verfügung steht. Über die App lässt sich nicht nur die Präsentation des Vortragenden auf die Geräte der Teilnehmer übertragen (sog. *streamen*), sondern es können weitere interaktive Elemente eingebunden werden. Dazu zählen neben Bildern, Videos oder Webseiten auch Echtzeitbewertungstools wie Umfragen oder Quizzes, deren Antworten anschließend direkt auf dem Gerät des Vortragenden sichtbar werden. Durch das unmittelbare Feedback kann der Vortragende in Echtzeit mit den Teilnehmenden interagieren und auf Fragen oder Problemstellungen eingehen. In der kostenlosen Variante der App lassen sich bereits Datenmengen bis zu 50 MB speichern. Einsatzmöglichkeiten sind:

- *Fortbildungen:* Im Rahmen eines Vortrages hat bspw. Julia Bergmann Nearpod eingesetzt, um die Präsentation zeitgleich mobil zugänglich zu machen und die Teilnehmenden über eine Umfrage einzubinden (Landesfachstelle für das öffentliche Bibliothekswesen 2016).

In den vorangegangenen Ausführungen wurden digitale Angebote thematisiert und vorgestellt, die sich durch ihre Orts*un*abhängigkeit kennzeichnen. Mobiles Lernen kann sich jedoch auch auf räumlich begrenzte Strukturen beziehen.

Ortsabhängige Services

Zu den ortsabhängigen Dienstleistungen zählen Angebote, die räumlich an eine bestimmte Umgebung gebunden sind. Für die Navigation kommen dabei verschiedene Varianten zum Einsatz. Für die Outdoor-Navigation werden häufig GPS-Koordinaten eingesetzt, die jedoch nur außerhalb von Gebäuden und bei Kontakt zum Satelliten zuverlässig zum Ziel führen. Innerhalb von Gebäuden werden dagegen gern QR-Codes verwendet, hinter denen sich Orientierungshilfen oder Navigationsangaben verstecken. Je nach Art der ortsbezogenen Angebote, kann die Nutzung aufgrund der Öffnungszeiten eingeschränkt sein.

Geocaching – Klassiker der modernen Schnitzeljagd

Beim *Geocachen* versuchen die Teilnehmenden, vorwiegend mithilfe eines GPS-Empfängers oder auch Smartphones, spezielle Verstecke (sog. *Caches*) aufzufinden. Die Caches können sich dabei an durchaus außergewöhnlichen Orten befinden. Die zugehörigen Koordinaten sind auf Internetplattformen wie bspw. Geocaching.com veröffentlicht, wo auch Fund und Austausch dokumentiert wird. Auf dieser Grundlage sind in den letzten Jahren auch im Bibliothekskontext einige Caches entstanden, die oftmals auf informellem Weg über Angebote und Dienstleistungen der jeweiligen Bibliothek informieren.[4]

4 Liste mit „Caches und Bibliotheken“ https://www.geocaching.com/bookmarks/view.aspx?guid=6ed66be8-52fb-472a-9e58-5e023ffc2987, zuletzt abgerufen am 19.07.2016

So kann es neben der mobilen Wissensvermittlung ebenfalls gelingen, neue medienaffine Kundengruppen zu erreichen, die bislang noch nicht zum Nutzerkreis der Bibliothek zählen. Einsatzmöglichkeiten sind: Über individuelle Bibliotheksführungen hinaus kann das Thema Geocaching auch im Rahmen von Ferienworkshops im Bereich des mobilen und spielerischen Lernens aufgegriffen werden.

Actionbound – Schnitzeljagd für Bildungseinrichtungen

Mit der Web-Anwendung *Actionbound* lassen sich interaktive Schnitzeljagden für mobile Endgeräte umsetzen. Dabei kann die digitale Rallye, der sog. Bound, durch eine frei wählbare Umgebung führen. Durch die Einbindung unterschiedlicher medialer Elemente wie Bilder, Videos, Quizzes, lassen sich interaktive Stationen erstellen. Diese können über bestimmte (Weg-)Punkte miteinander verknüpft werden und dadurch eignet sich die App sehr gut für mobile Bildungskontexte (Sellen/Lucke 2013). Zwick, Gründer von *Actionbound*, sieht darin ein „hervorragendes Lern-Tool an der Schnittstelle von formalem und informellem Lernen und daher ideal für den Einsatz in Bibliotheken“ (Zwick et al. 2016). Neben Bibliotheksführungen oder Recherchetrainings lässt sich *Actionbound* auch für die Erkundung von Gebäuden und zum spielerischen Entdecken einsetzen. Die einzelnen Stationen des *Bounds* können je nach Vorgabe in linearer oder in freier Reihenfolge absolviert werden. Um den Wettbewerbscharakter zu erhöhen, können auch Gruppen gegeneinander antreten. Dadurch, dass die Inhalte des *Bounds* vor dem Start bereits auf die mobilen Endgeräte übertragen werden, wird während der Durchführung – sofern nicht auf Webseiten verwiesen wird – keine Internetverbindung benötigt. Sollten nicht genügend Geräte zur Verfügung stehen, können auch die Geräte von Teilnehmenden mitgenutzt werden. Die notwendige App ist kostenlos für Apple- und Android-Geräte erhältlich. Durch den Einsatz der App wird überdies ein aktiver Beitrag zur Förderung der Medienkompetenz geleistet. Für Bibliotheken werden kostengünstige Bildungslizenzen angeboten. Bibliotheken in Nordrhein-Westfalen können die kostenlose App BIPARCOURS nutzen, die auf Basis von *Actionbound* beruht und vom Bildungspartner NRW gefördert wird (Medienberatung NRW 2016). Einsatzmöglichkeiten sind:

- *Bibliothekseinführungen*: An der Pädagogischen Hochschule Thurgau wurde *Actionbound* zunächst zur Bibliothekseinführung für Studierende verwendet. Aufgrund der positiven Resonanz wurde die App nun auch für alle anderen Benutzergruppen freigegeben.

- *Recherchetrainings*: Im Rahmen eines Pilotprojekts wurde in der Stadtbücherei Norderstedt ein Recherchetraining für eine achte Klasse umgesetzt, wobei nicht nur die Erstellerin sondern auch die Schülerinnen und Schüler viel Spaß am *Bound* hatten.
- *Umsetzung medienpädagogischer Projekte*: In der Stadtbücherei Würzburg wurde gemeinsam mit einer 12. Jahrgangsstufe eines Gymnasiums ein *Actionbound* zum Thema Recherche erstellt. Nach einer theoretischen Einführung in die Grundlagen der Recherche, setzten die Schülerinnen und Schüler ihr zuvor erworbenes Wissen in Form eines eigenen *Bounds* um. Durch die eigenständige Auseinandersetzung mit *Actionbound* konnten sie zudem ihre Medienkompetenz erweitern (Zwick et al. 2016, 52–60).

Ausblick

Beacons – Leuchtfeuer als Orientierungshilfe und Info-Service

Dank GPS-Koordinaten und Routenplanern gelingt die Navigation außerhalb von Gebäuden problemlos und zielgenau. Anders sieht dies innerhalb von Gebäuden aus. Mit Hilfe von Wegweisern, Orientierungshilfen oder QR-Codes wird versucht, die Benutzerführung zu optimieren. Leider oft vergebens. Abhilfe kann hier der 2013 von Apple eingeführte Standard *iBeacon* sein, der auf Grundlage einer Bluetooth-Funktechnologie agiert. Auf dem Sender-Empfänger-Prinzip basierend, können über sog. *Beacons* (Sender) standortbezogene Informationen auf in Reichweite befindliche, mobile Endgeräte übertragen werden. Um die gesendeten Daten auswerten zu können, muss auf dem Endgerät zusätzlich eine entsprechende App installiert sein. Neben der Verwendung zur Indoor-Navigation können die *Beacons* (dt. Leuchtfeuer) vor allem auch das mobile und ortsbezogene Lernen fördern. Informationen können bspw. an einem konkreten Standort als Push-Nachrichten auf den mobilen Endgeräten eingeblendet werden. Darüber hinaus könnten bei zukünftigen Recherchetrainings die Handlungsanweisungen am entsprechenden Standort erfolgen und so zusätzlich das entdeckende Lernen unterstützen. Derzeit wird die *Beacon*-Technologie vorwiegend in Wissenschaftlichen Bibliotheken produktiv eingesetzt und erprobt (Ceynova 2016, 26–32). Für Öffentliche Bibliotheken bietet die divibib GmbH seit 2016 *Beacons* inklusive der BiBlue-App primär als Marketinginstrument an, wobei diese auch für andere Anwendungsszenarien genutzt werden können (divibib GmbH 2016b).

Bereits vor einigen Jahren wurden in der Bibliothek der Technischen Hochschule Wildau *Beacons* installiert und eine iLibrary-App für Smartphones entwickelt, um u. a. die Ortung und Navigation in der Bibliothek zu unterstützen (Mohnke et al. 2013). 2016 hat die Bayerische Staatsbibliothek die App ‚BSB Navigator' vorgestellt, die über die zielgenaue Navigation anhand von über 250 *Beacons* hinaus noch weitere Besonderheiten bietet. Mit Hilfe des sog. ‚Entdeckermodus' werden Nutzerinnen und Nutzer buchstäblich im Vorbeigehen auf interessante Objekte, Orte oder Sachverhalte, die in Zusammenhang mit der Bibliothek stehen, aufmerksam gemacht. Außerdem können die Nutzerinnen und Nutzer zwischen zwei verschiedenen Touren wählen, die ihn entlang bestimmter *Points of Interest* (POI) durch die Bibliothek führt (Ceynova 2016, 26–32). Für Klaus Ceynowa, Generaldirektor der Bayerischen Staatsbibliothek, wird durch die *Beacon*-Technologie „die oft beschworene ‚Einheit' des Virtuellen und Realen, des Digitalen und Analogen [...] so ganz konkret erfahrbar" (Ceynova 2016, 31).

Augmented Reality – erweiterte Realität des mobilen Lernens

Bei *Augmented Reality* (AR) handelt es sich um die computergestützte Erweiterung der Realität. Dabei werden zusätzliche Informationen in Echtzeit und interaktiv auf dem Display eines Smartphones oder Tablets über das Abbild der Realität gelegt. Im Gegensatz zur virtuellen Realität findet die Darstellung jedoch in der realen Umgebung statt (Schuldt/Wolf 2016, 299). Besonderes Interesse und kontroverse Diskussionen löste Google mit seiner Entwicklung der Datenbrille Google Glass aus. Aufgrund datenschutzrechtlicher Bedenken wurde das Projekt 2015 jedoch (vorerst) eingestellt (Wendt 2015). Dennoch handelt es sich bei *Augmented Reality* um eine durchaus interessante und zukunftsträchtige Technologie, durchaus auch für Bibliotheken (Freyberg/Wolf 2016, 14). Im Juni 2014 wurde deshalb das Projekt *mylibrARy* gestartet, in dem Szenarien für den Einsatz von *Augmented Reality* in Bibliotheken und Informationseinrichtungen erforscht werden (mylibrARy 2014). In Kombination mit ortsbezogenen Diensten wie GPS-Koordinaten oder *Beacons* ergeben sich vielfältige Einsatzmöglichkeiten.

Bereits Ende 2011 hat die Bayerische Staatsbibliothek bspw. mit der iPhone-App *Ludwig II. – Auf den Spuren des Märchenkönigs* ein mit *Augmented Reality*-Elementen angereichertes Informationsangebot zur Verfügung gestellt. Über die kostenlose App werden in Echtzeit am jeweiligen Standort ortsbezogene Informationen aus dem Leben Ludwig II. auf dem Bildschirm des iPhones eingeblendet. Neben Audio-, Video- und Textbeiträgen wurde ebenfalls eine aufwendige Simulation des berühmten, heute nicht mehr existenten Wintergartens Ludwigs II. integriert, welche in Echtzeit auf dem Display angezeigt wird. Um das entdeckende und spielerische Lernen zu fördern, wurden darüber hinaus ‚virtuelle Geschenke' versteckt, die in der App selbstständig erkundet und gesammelt werden können. Mit diesem Angebot konnte die Bayerische Staatsbibliothek ihre Rolle als innovative Impulsgeberin im Bibliotheksbereich abermals erfolgreich unter Beweis stellen. Seit 2014 steht eine inhaltlich und technisch überarbeitete zweite Version der App zur Verfügung. (Bayerische Staatsbibliothek 2016)

Als weiteres Beispiel hat der Kosmos Verlag seit 2014 insgesamt drei Kindersachbücher mit *Augmented Reality*-Elementen auf den Markt gebracht. Über eine kostenlose App werden die Themen Weltall (*iSpace*), Dinosaurier (*iT-Rex*) sowie Wetter- und Naturphänomene (*iStorm*) interaktiv präsentiert. Nachdem eine Buchseite eingescannt wurde, schweben die Planeten des Weltraums durch den realen Raum, wandern Dinosaurier durch das Zimmer oder kann einem Vulkan auf der Schreibtischplatte beim Ausbrechen zugesehen werden. Die Bücher geben ein schönes Beispiel für erweiterte Lernwelten, die die Vorteile der realen und virtuellen Wissensvermittlung verbinden. „Erste Untersuchungen deuten in diesem Zusammenhang auf ein verbessertes Verständnis der vermittelten Lerninhalte und eine hohe Akzeptanz, auch ohne vorherige Einweisung, hin." (Fehling 2016, 7) Seit Anfang 2016 bieten neun Verlage insgesamt 18 Bilderbuch-Klassiker unter dem Titel *SuperBuch* an, die jeweils mit unterschiedlichen animierten Bildern, Quizzes oder auch Lernspielen angereichert sind (boersenbatt.net 2015).

Zusammenfassung

Im Kontext des Lebenslangen Lernens erfahren Bibliotheken seit Jahren einen Bedeutungswandel. Als Orte für Lernaktivitäten und sozialer Treffpunkt werden sie immer wichtiger und so nimmt ihre Bedeutung als Lernraum kontinuierlich zu. Im Zuge der Digitalisierung und stärkeren Verbreitung von mobilen Endgeräten betrifft dies nicht mehr nur den realen, sondern zunehmend auch den virtuellen Lernraum. Bibliotheken sind daher gefordert, neue Konzepte und digitale Dienstleistungen zur Unterstützung des mobilen Lernens zu entwickeln, um die Menschen sowohl vor Ort wie auch online zu erreichen. Dafür stehen unterschiedlich komplexe technische Services zur Verfügung, die in diesem Beitrag thematisiert wurden. Angesichts eingeschränkter personeller und finanzieller Ressourcen ist eine kritische Prüfung und konzeptionelle Einbindung in eine Gesamtstrategie unerlässlich, wobei der Mehrwert für die Nutzerinnen und Nutzer im Vordergrund stehen muss. Denn nicht alles was technisch möglich ist, ist auch sinnvoll und kann je nach gesellschaftlichem Umfeld der Bibliothek stark variieren. Mit Zunahme der Komplexität der Services bedarf es auch einer zunehmenden Unterstützung. Denn selbstgesteuertes und selbstorganisiertes Lernen stellt hohe Anforderungen an die Kompetenzen der Lernenden. Durch eine aktive Begleitung können Bibliotheken hierbei über die reine Informationsvermittlung hinaus einen wichtigen Beitrag zur Förderung der Medienkompetenz leisten und ihre Rolle als aktiver Partner im Prozess des Lebenslangen Lernens unterstreichen.

Literatur

Arnold, P. (2011): *Handbuch E-Learning. Lehren und Lernen mit digitalen Medien*. 2. Aufl. Bielefeld: W. Bertelsmann.

Barthelmeß, H. (2015): *E-Learning – bejubelt und verteufelt. Lernen mit digitalen Medien, eine Orientierungshilfe*. Bielefeld: W. Bertelsmann.

Bayerische Staatsbibliothek (2016): Ludwig II – Auf den Spuren des Märchenkönigs. https://www.bsb-muenchen.de/recherche-und-service/apps/ludwig-ii/.

Boersenblatt.net (2015): Augmented Reality per SuperBuchApp. http://www.boersenblatt.net/artikel-augmented_reality_per_superbuch-app_.1036910.html.

Brackebush, J. (2016): How mobile is overtaking desktop for global media consumption, in 5 charts. http://digiday.com/media/mobile-overtaking-desktops-around-world-5-charts/.

Ceynova, K. (2016): „Leuchtfeuer" in der Bibliothek. Beacons Technologie zur Indoor-Navigation in der Bayerischen Staatsbibliothek. *BIBLIOTHEK – Forschung und Praxis* 40/1, 26–32. http://www.degruyter.com/view/j/bfup.2016.40.issue-1/bfp-2016-0009/bfp-2016-0009.xml.

DBV – Deutscher Bibliotheksverband e. V. (2016): Gesamtkonzept zur Bibliotheksentwicklung erforderlich. Öffentliche Bibliotheken als Vermittler für Bildung weiterentwickeln. http://www.bibliotheksverband.de/dbv/presse/presse-details/article/gesamtkonzept-zur-bibliotheksentwicklung-erforderlich-oeffentliche-bibliotheken-als-vermittler-f.html.

divibib GmbH (Hrsg.) (2016a): Auf Erfolgskurs mit der Onleihe. http://www.onleihe.net/fuer-bibliotheken.html.

divibib GmbH (Hrsg.) (2016b): BiBlue. Smartes Marketing für Ihre Bibliothek. http://www.divibib.com/fileadmin/Fuer_Bibliotheken/BiBlue/BiBlue_Infoblatt_A4_2015-11–24.pdf.

Fehling, C. D. (2016): Social Augmented Learning. Lehren und Lernen in einer erweiterten Realität. *Online-Zeitschrift Medienproduktion* 9, 7–10.

Freyberg, L.; Wolf, S. (2016): Dienstleistungen einer SmART Library. Anwendungspotentiale von Augmented Reality in Bibliotheken. *Online-Zeitschrift Medienproduktion* 9, 11–15.

Hart, J. (2016): Top 100 Tools for Learning 2015. http://c4lpt.co.uk/top100tools/.

Hartmann, W. (2016): Förderung von Informationskompetenz durch E-Learning: Wie viel Technik soll es sein? In: W. Sühl-Strohmenger (Hrsg.): *Handbuch Informationskompetenz*. 2. Aufl. Berlin/Boston: De Gruyter Saur, 127–135.

Horstmann, S. (2016): Powtown – animierte Videos einfach selber machen. http://www.kritzel-blog.de/powtoon-animierte-videos-einfach-selber-machen/.

Landesfachstelle für öffentliche Bibliothekswesen (2016). https://www.facebook.com/LandesfachstelleBayern/posts/1345016198860128.

LUX Internet GmbH (2016): Definition eines Erklärfilms. http://www.erklaerfilmvideo.de/infos-tipps-tricks-erklaerfilmproduktion-erklaervideoproduktion/definition-und-anwendung-erklaerfilme-erklaervideos.

Medienberatung NRW (2016): PIPARCOURS. http://www.bildungspartner.schulministerium.nrw.de/Bildungspartner/BIPARCOURS-APP/.
Mohnke, J.; Azmitia, A.; Seeliger, F. (2013): iLibrary. Aufbau eines interaktivenInformationsraumes zur Erschließung virtueller Bibliotheksinhalte für die Bibliothek der Technischen Hochschule Wildau. http://www.ub.uni-dortmund.de/inetbib2013/abstracts/Ilibrary-wildau.pdf.
Munzinger (2016a): damals und heute. https://www.munzinger.de/search/firmenportrait.jsp.
Munzinger (2016b). http://www.munzinger.de.
mylibrARy (2014): Projekt mylibrARy. http://mylibrary.fh-potsdam.de/projekt-mylibrary/.
Ochudlo-Höbing, K. (2005): Bibliotheken als Bindeglied zwischen lebenslangem Lernen und neuen Trends im Wissenserwerb. *BIBLIOTHEK – Forschung und Praxis* 29/3, 303–326. https://www.degruyter.com/view/j/bfup.2005.29.issue-3/bfup.2005.303/bfup.2005.303.xml.
OnlineBibliothek Ludwigsburg (2016). http://www.onlinebibliothek-lb.de.
Reckling-Freitag, K. (2014): Erklärvideo zu „Boole'schen Operatoren" oder „logischen Verknüpfungen". https://zwischenseiten.com/2014/09/14/erklarvideo-zu-booleschen-operatoren-oder-logischen-verknupfungen.
Schatz, E. (2016): Recherchetraining mit 8. Klassen. https://de.actionbound.com/blog/5784df504c7ee2764499fdca.
Schuldt, K.; Wolf, S. (2016): Nur ein weiterer Hype oder eine Technologie vor dem Durchbruch? Augmented Reality in Bibliotheken: Die Potenziale der ‚erweiterten Welt'. *BuB – Forum Bibliothek und Information* 65/4, 299–301.
Sellen, A.; Lucke, K. (2013): „Raus hier!". Mobiles Lernen mit Actionbound. Bundeszentrale für politische Bildung (bpb). http://pb21.de/2013/08/mobiles-lernen-mit-actionbound/.
Stadtbibliothek Ludwigsburg (2016): Onlinekatalog. https://katalog.stabi-ludwigsburg.de/opax/de/qsim.html.S.
Stang, R. (2016): *Lernwelten im Wandel. Entwicklungen und Anforderungen bei der Gestaltung zukünftiger Lernumgebungen*. Berlin/Boston: DeGruyter
Statista GmbH (2016): Anteil der mobilen Internetnutzer in Deutschland nach Endgeräte in den Jahren 2011 bis 2016. http://de.statista.com/statistik/daten/studie/181973/umfrage/genutzte-mobilgeraete-fuer-mobilen-internetzugang-in-deutschland/.
Wendt, J. (2015): Datenbrille wird gestoppt und weiterentwickelt. http://www.zeit.de/digital/mobil/2015-01/google-glass-datenbrille-neuanfang-fadell.
Wildermann, P. (2014): „Bildung online leihen. E-Learning an öffentlichen Bibliotheken. Goethe-Institut e. V. https://www.goethe.de/de/kul/bib/20395334.html.
Zwick, S.; Lengler, C.; Hamer, I.; Güzelmeric, A.; Schatz, E.; Wiethoff, D.; Küpper, F.; Deeg, C. (2016): Die Bibliothek spielerisch entdecken mit der Lern-App Actionbound. *BIBLIOTHEK – Forschung und Praxis* 40/1, 50–63.

Christian Dominic Fehling

Erweiterte Lernwelten für die berufliche Bildung. Augmented Reality als Perspektive

Die Tätigkeits- und Qualifikationsanforderungen an Angestellte, nicht nur in gewerblich-technischen Berufsfeldern, wandeln sich im Zuge der Digitalen Transformation (Hirsch-Kreinsen 2015, 9) in immer kürzeren Zyklen. Diese Transformationsprozesse sind unter anderem in gewerblich-technischen Berufen zu beobachten. In modernen Unternehmen sind Produktionsprozesse automatisiert und vernetzt. In diesem Arbeitsumfeld müssen häufig neben den eigentlichen Produktionsprozessen sowohl informationstechnische Systeme beherrscht als auch Schnittstellen entlang der Wertschöpfungskette gemanagt werden.

Digitale Medien sowie didaktische Strategien, die den Umgang mit diesen fördern, eignen sich besonders, um dieser Dynamik bereits während der beruflichen Erstausbildung, aber auch im Kontext von Weiterbildung und lebenslangen Lernprozessen, zu begegnen. Beamer, Smartboards und Tablet-Klassen kommen bereits heute in einigen Lernszenarien zum Einsatz. Interaktive und dynamische Lernarrangements, in denen z. B. das mediendidaktische Potenzial mobiler Endgeräte dadurch erschlossen wird, dass Schülerinnen und Schüler private Geräte zu Lernzwecken nutzen dürfen, sind jedoch eher eine Ausnahme.

Das in gewerblich-technischen Berufen so wichtige arbeitsplatznahe Lernen, bei dem Produktionsmaschinen gewissermaßen zu Lerngegenständen werden, gestaltet sich zudem in formalen Settings schwierig: Während an Berufsschulen immer seltener Maschinen vorhanden sind, an denen gelernt werden könnte, stehen die in Ausbildungsbetrieben vorhandenen Maschinen meist weniger für dedizierte Lernaktivitäten als für reine Produktionsprozesse zur Verfügung. Darüber hinaus ist das Lernen an Maschinen häufig auch nur an die im Ausbildungsbetrieb und der Berufsschule verfügbaren Maschinen gebunden, während im beruflichen Alltag Maschinen unterschiedlicher Hersteller in zahlreichen Konfigurationen beherrscht werden müssen.

In diesem Beitrag wird geschildert, wie mittels *Augmented Reality* die aktive Verknüpfung realer Lernorte mit digitalen Lerninhalten ermöglicht wird. Unabhängig davon, ob es sich bei diesen Inhalten um einfache Zusatzinformationen oder komplexe, animierte 3D-Modelle handelt, können so Szenarien realisiert werden, bei denen an und mit Maschinen gelernt werden kann, ohne in laufende Produktionsprozesse eingreifen zu müssen. Durch die Abbildung authentischer und ausbildungsrelevanter 3D-Daten können darüber hinaus Prozesse visualisiert werden, die konventionell nicht oder nicht adäquat vermittelbar sind.

DOI 10.1515/9783110501131-009

werden können. Derart gestaltete technologiegestützte Lernaktivitäten können nicht zuletzt auch dazu beitragen, Lernprozesse zu modernisieren, die Ausbildung authentischen Erfahrungswissens zu begünstigen und die Attraktivität von Berufsfeldern zu steigern.

Zunächst wird daher erläutert, worum es sich bei der Technologie *Augmented Reality* handelt und welches Potenzial deren Verknüpfung mit mobilen und situierten Lernaktivitäten für die berufliche Bildung birgt. Neben technischen Grundlagen und begrifflicher Definitionen wird aufgezeigt, welche Rahmenbedingungen erfüllt sein müssen, um reale Mehrwerte durch die Verknüpfung von Realität und Virtualität durch *Augmented Reality* zu schaffen. Anschließend wird anhand diverser Beispiele aufgezeigt, wie *Augmented Reality* als Lernmedium und Lerngegenstand eingesetzt werden kann, um *erweiterte Lernwelten* zu gestalten.

Mit *Social Augmented Learning* wird ein Projekt im Detail vorgestellt, bei dem eine eigens entwickelte Anwendung als technologisches Framework sowohl Werkzeuge zur Erstellung und Pflege von *Augmented Reality*-Lerninhalten, als auch Instrumente zum Lehren und Lernen bereitstellt. Darauf aufbauend wird untersucht, welchen Einfluss das Lernen mit *Augmented Reality* auf infrastrukturelle und inhaltliche Aspekte der Lernweltgestaltung hat.

Augmented Reality

Unterstützt durch die Ubiquität des Internets verschmelzen die physische und die digitale Welt zunehmend miteinander, was sich nicht zuletzt auch in den in letzter Zeit populär gewordenen Begriffen der *Digitalen Fabrik* und des *Internets der Dinge* manifestiert. Durch die Vernetzung von Produktionsprozessen, mitunter begleitet durch konvergierende Berufsfelder, werden Tätigkeitsprofile komplexer und führen zu erhöhten Anforderungen an Angestellte und somit auch an Auszubildende. Gerade in gewerblich-technischen Berufen deckt der Arbeitsbegriff heutzutage nicht mehr nur die physisch reale Tätigkeit an Maschinen ab, sondern umfasst zudem die digitale Ebene, die die Realität wie ein unsichtbares Netz durchzieht.

Im Folgenden wird mit *Augmented Reality* eine Technologie vorgestellt, die sich im Besonderen dazu eignet, den durch diese Verschmelzung von Realität und Virtualität geänderten Tätigkeits- und Qualifikationsanforderungen zu begegnen. Dazu werden zunächst die Begrifflichkeiten rund um Realität, Virtualität und die dazwischenliegenden Welten abgegrenzt und darauf aufbauend *Augmented Reality* anhand konkreter Faktoren definiert. Basierend auf potenziellen Anwendungsgebieten und spezifischen Anwendungsfeldern werden Beispiele aufgezeigt, bei denen mittels *Augmented Reality* Mehrwerte, z. B. für die an der beruflichen Bildung beteiligten Akteure, generiert werden können.

Zwischen Realität und Virtualität

Konzeptionell ist die *Augmented Reality*, also die Überlagerung der Realität mit digitalen Zusatzinformationen, innerhalb eines Spektrums zu verorten, dass von der physischen Realität bis zur rein digitalen Virtualität reicht. Zwischen diesen Endpunkten des Spektrums können nach Milgram et al. (1994, 2; vgl. Abb. 1) zahlreiche Kombinationsformen realer und digitaler Inhalte identifiziert werden, die in ihrer Gesamtheit auch als *Mixed Reality* bezeichnet werden.

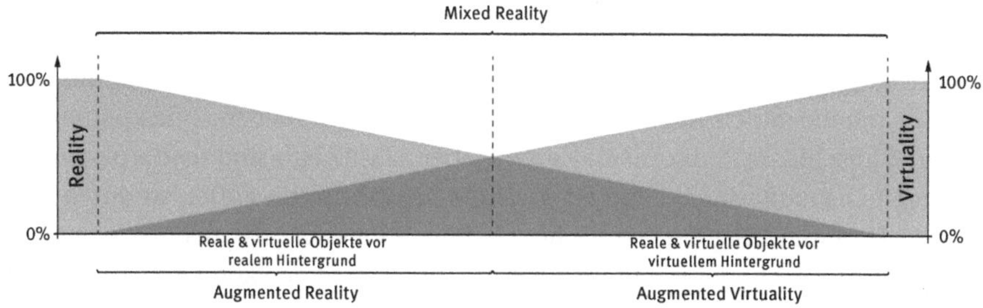

Abb. 1: Realitäts-Virtualitäts-Kontinuum, angelehnt an Milgram et al. (1994, 2).

Mixed Reality deckt eine Vielzahl potenzieller Anwendungen ab, die von einfachen Unterhaltungsangeboten bis zu komplexen Industrie- und Forschungsfällen reichen können, wobei der Fokus dieses Beitrages auf der *Augmented Reality*, also der Erweiterung der Realität um digitale Inhalte, gerichtet wird. *Augmented Reality* kann unter anderem zur Verbindung konventioneller Printmedien mit digitalen Inhalten eingesetzt werden und stellt somit ein effektives Werkzeug zur Ergänzung eines Multi-Channel-Marketings dar. *Augmented Reality*-Spiele, wie z. B. *Niantics Pokémon Go*[1] und *Ingress*,[2] bieten Anwendern die Möglichkeit, bekannte Umgebungen neu zu erkunden, um digitale Inhalte, die sich z. B. hinter Sehenswürdigkeiten verbergen, ausfindig zu machen.

1 http://www.pokemongo.com
2 https://www.ingress.com

Einsatzgebiete und Anwendungsfelder

Die Erweiterung der Realität erfolgt in der Regel, indem digitale Inhalte im Sichtfeld der Anwenderinnen und Anwender eingeblendet werden. Um das Medium *Augmented Reality* verfügbar zu machen, lassen sich prinzipiell zwei Darstellungs-Strategien verfolgen:

See-Through: Inhalte können direkt ins Sichtfeld projiziert werden, z. B. mittels *Head Mounted*-Displays (*HMD*), also auf dem Kopf getragenen *Augmented Reality*-Brillen. Zwar sind bereits einige AR-HMDs am Markt verfügbar (Epson Moverio BT-200, Vuzix M100) bzw. befinden sich aktuell in Entwicklung (Magic Leap, Microsoft HoloLens, Meta), häufig sind diese aber weder technisch ausgereift (geringes Sichtfeld, hohe Latenzen, kurze Laufzeiten) noch kommerziell verfügbar.

Video-basiert: Digitale Inhalte werden Videobildern überlagert, die z. B. mittels Smartphone oder Tablet aufgenommen und unmittelbar auf dessen Display angezeigt werden. Diese mobilen Endgeräte sind nicht nur in der Lage, die Realität hochaufgelöst abzufilmen, sondern auch in Echtzeit zu verarbeiten, um z. B. digitale Inhalte mittels *Augmented Reality* in das aufgenommene Bild zu integrieren und anschließend am Display auszugeben. Zusätzlich sind moderne mobile Endgeräte heutzutage mit einer ausgereiften Sensorik ausgestattet, wodurch sich sowohl Orte und Umgebungen sicher bestimmen lassen, als auch Gegenstände z. B. durch Kanten- oder Bilderkennung identifiziert werden können.

Unabhängig vom technischen Medium lassen sich zwei konkrete Anwendungsgebiete unterscheiden:

Ortsbasierte Augmented Reality: In Verbindung mit *Location Based Services*, sprich Funktionen zur Ortung mobiler Endgeräte mittels GPS und Lagesensoren, wird *Augmented Reality* häufig dazu eingesetzt, kontextrelevante Umgebungsdaten im Sichtfeld der Nutzenden einzublenden. Hierfür wird in der Regel eine spezielle Software benötigt, die meist nur konkrete Anwendungsfälle (z. B. historische Sehenswürdigkeiten einer Region) abdeckt. Ergänzend dazu haben sich in den letzten Jahren Angebote am Markt etabliert, die als *Augmented Reality* Browser bezeichnet werden können. Diese stellen die technische Infrastruktur zur Verfügung, während originärer Inhalt von diversen Anbietern generiert und im Browser veröffentlicht wird. Softwareinterne Prozesse umfassen die Positionsbestimmung des mobilen Endgerätes per GPS, WLAN und Funkzellen-Ortung sowie die Bestimmung der aktuellen Blickrichtung der Anwenderinnen und Anwender mittels Sensordaten (Kompass, Gyroskop, Accelerometer).

Objektbezogene Augmented Reality: Objekte und Gegenstände lassen sich entweder anhand ihres visuellen Erscheinungsbildes und ihrer räumlichen Dimensionen (z. B. SLAM, Kantenerkennung) oder aber durch am Objekt angebrachte

Muster (Bild- oder Marker-Erkennung) identifizieren und basierend auf den so gewonnenen Informationen mittels *Augmented Reality* erweitern.

Eine diese Aspekte umfassende Definition des Begriffs *Augmented Reality* kann demnach wie folgt lauten:

Augmented Reality beschreibt die interaktive, dynamische und passgenaue Kombination digitaler Informationen und Daten mit der Realität, also realen Gegenständen und Umgebungen (Azuma et al. 2001, 1). Auch wenn darunter sowohl die Erweiterung um auditive wie auch visuelle Inhalte verstanden werden kann, wird der Begriff in der Regel als *Überlagerung der Realität mit sichtbaren Inhalten, z. B. mittels Mobile Device oder Head Mounted Display*, verstanden.

Aufbauend auf dieser Betrachtung unterschiedlicher Formen der *Augmented Reality* lassen sich diverse Einsatzgebiete skizzieren, von denen hier einige exemplarisch vorgestellt werden.

AR in Printpublikation: Durch die Einbettung von AR-Markern in konventionelle Printpublikationen können diese um dynamische und interaktive Inhalte erweitert werden. Neben kommerziellen Publikationen, bei denen AR vornehmlich für Werbemaßnahmen eingesetzt wird, können so z. B. auch Lehrbücher erweitert werden, um neben dem gedruckten, statischen Inhalt auch audiovisuelle Inhalte einzubinden.

AR-unterstützte Exploration: Augmented Reality ermöglicht die digitale Annotation von Objekten und Orten, was in Verbindung mit spielbasierten Ansätzen dazu beitragen kann, neue Formen der Interaktion zwischen Anwenderinnen und Anwendern und deren Umwelt zu ermöglichen. Im Kontext von Gamification und Serious Games kann AR dazu beitragen, den Spaß am Lernen zu fördern und Lernende dazu motivieren, sich mit abstrakten oder komplexen Inhalten spielerisch auseinander zu setzen.

Objekt-Modellierung: *Augmented Reality* kann darüber hinaus als neues Medium zur Interaktion mit dreidimensionalen Daten verstanden werden. Anwendungen können Werkzeuge zur Modellierung digitaler Objekte bereitstellen, die so zwar auch am stationären Rechner erstellt und bearbeitet werden könnten, die aber in diesen Fällen nur mittelbar über die Darstellung am Monitor wahrgenommen werden können. Die direkte Integration in reale Umgebungen mittels *Augmented Reality* ermöglicht eine direkte Auseinandersetzung mit dem 3D-Inhalt: Durch diese situative Visualisierung und die positionsgenaue Überlagerung realer und digitaler Inhalte können vor allem abstrakte Zusammenhänge und Relationen besser vermittelt werden.

Training von Fertigkeiten: *Augmented Reality* eignet sich zudem besonders für instruktionsbasierte Anwendungen, z. B. im Kontext der beruflichen Aus- und Weiterbildung. Lernende können durch die Auseinandersetzung mit digitalen

Inhalten in realen, authentischen Settings nicht nur Lerngegenstände erkunden, ohne persönliche oder monetäre Risiken eingehen zu müssen, sie können zudem Handlungen und Verhalten trainieren und die Konsequenzen daraus anhand virtueller Repräsentationen erfahren. Untersuchungen deuten darauf hin, dass diese Form der Anwendung von *Augmented Reality* in Verbindung mit kollaborativen Lernaspekten sich besonders auf die erfolgreiche und nachhaltige Vermittlung von Erfahrungswissen auswirkt (Roussos et al. 1999).

Erweiterte Lernwelten durch *Augmented Reality*

In der Ausbildung in gewerblich-technischen Berufen stehen nicht selten komplexe Maschinen im Mittelpunkt, deren Bedienung, Wartung und Instandhaltung im Laufe der beruflichen Erstausbildung erlernt wird. Diese Aspekte werden im Zuge der Digitalen Transformation nicht nur immer komplexer, auch die vollständige Zugänglichkeit der betreffenden Maschinen (räumlich wie inhaltlich) ist bei zunehmender Automatisierung und Vernetzung nicht mehr in jedem Fall sichergestellt. *Augmented Reality* ermöglicht die Überwindung des Medienbruchs zwischen dem (nur noch eingeschränkt möglichen) Lernen an realen Maschinen und digitalen, interaktiven und dynamischen Lerninhalten. Durch die risikofreie Erweiterung der Maschinen, z. B. mit authentischen 3D-Modellen des Maschineninneren, können nicht nur ansonsten verborgene Baugruppen visualisiert, sondern auch die damit verbundenen Prozesse und Wirkzusammenhänge wieder für Lernaktivitäten zugänglich gemacht werden. Mit *Social Augmented Learning* wird ein aus einem Forschungs- und Entwicklungsprojekt hervorgegangenes Konzept zur Integration von *Augmented Reality* in der beruflichen Bildung detailliert vorgestellt.

Social Augmented Learning

Durch die Einbettung digitaler Inhalte in reale Umgebungen stellt *Augmented Reality* ein vielversprechendes Instrument zur Realisierung arbeitsplatznaher Instruktions- und Lernarrangements dar (Henrysson et al. 2007). In verschiedenen Szenarien konnten positive Effekte des AR-Einsatzes, z. B. auf den Wirkungsgrad von Instruktionen verbunden mit einer Verbesserung von Aufmerksamkeit, Beteiligung und Motivation der Anwenderinnen und Anwender (Kamarainen et al. 2013) nachgewiesen werden. Der experimentelle und explorative Charakter vieler AR-Anwendungen lässt sich zudem gut mit situierten und konstruktivistischen Lerntheorien verbinden (Dunleavy/Dede 2014).

Trotz dieses Technologiepotenzials wird AR bisher nur selten in der beruflichen Bildung bzw. in arbeitsplatznahen Lernarrangements eingesetzt. Vor allem die Erstellung und Pflege von Inhalten, besonders authentischer 3D-Daten, ist häufig zeit-, kosten- und arbeitsintensiv und kann somit als Hemmnis einer erfolgreichen, weitverbreiteten Integration von *Augmented Reality* im Bildungsalltag identifiziert werden.

Im Projekt *Social Augmented Learning* wurde eine Anwendung entwickelt, bei der *Augmented Reality* zur Realisierung arbeitsplatznahen Lernens eingesetzt wird. Schon während der Entwicklung dieser Anwendung wurden Akteurinnen und Akteure der beruflichen Bildung aus Berufsschulen, überbetrieblichen Ausbildungsstätten und Betrieben einbezogen, um sicherzustellen, dass eine nachhaltige Anwendung auch nach Ende der Projektlaufzeit sichergestellt werden kann. Zusätzlich wurden zahlreiche Nutzerstudien durchgeführt, die nicht nur zur Sicherstellung der technischen Robustheit genutzt wurden, sondern auch dazu beigetragen haben, *Early Adopter* sowohl auf Seiten der Lehrenden, als auch der Lernenden zu schaffen.

Ziel des Projektes war nicht nur, die technische Infrastruktur für das Lernen mit *Augmented Reality* zu entwickeln, sondern diesen Technologieeinsatz strategisch in Berufsschulen und Ausbildungsbetrieben zu verankern. Die Softwareentwicklung wurde daher von Beginn an auf Basis didaktischer und pädagogischer Überlegungen durchgeführt (Fehling et al. 2015). Das Berufsfeld Medientechnologe Druck wurde im Kontext des Projektverbundes als Ausgangspunkt der fachlichen Auseinandersetzung mit Lerninhalten und der Entwicklung spezifischer Lernmodule gewählt.

In der Druckindustrie, in der die Vernetzung einzelner Arbeitsschritte im Sinne eines kohärenten Workflows von der Vorstufe bis zur Weiterverarbeitung von Printprodukten reicht und vormals getrennte Berufsfelder aufgrund konjunktureller und struktureller Umwälzungen konvergieren, werden die Tätigkeits- und Qualifikationsanforderungen an Medientechnologinnen und Medientechnologen immer komplexer. So müssen sie heute nicht nur umfangreiche technische und informationstechnische Systeme bedienen können, sondern zudem als Schnittstelle zwischen den an der Produktion beteiligten Fachabteilungen fungieren. Konventionelle Lehr- und Lernansätze eignen sich zwar zur Vermittlung von Fachwissen, es fehlt aber häufig an geeigneten Methoden, Auszubildende kompetenzorientiert auf diesen stetigen Anforderungswandel vorzubereiten.

Augmented Reality dient in diesem Zusammenhang als Erweiterung der einfachen Darstellung animierter 3D-Modelle, wie sie z. B. auch in konventionellen *Web Based Trainings* realisiert werden könnte. Erst durch die positionsgenaue Überlagerung mittels *Augmented Reality* wird es möglich, Erfahrungswissen im Umgang mit der Maschine durch die Arbeit am virtuellen Modell auszubilden: Die derart erweiterte Lernwelt zeichnet sich dadurch aus, dass die eingeblendeten

Bauelemente authentisch sind, also nicht nur auf realen Datenbeständen basieren, sondern der Realität auch so genau überlagert werden, dass bei der späteren Arbeit im Betrieb Wiedererkennungseffekte auftreten können.

Die im Projekt entwickelte Anwendung muss intuitiv zugänglich sein, da sowohl Lehrende *Augmented Reality*-Inhalte erstellen und unterrichten sollen, als auch Lernende damit in erweiterte Lernwelten eintauchen sollen. Auf der einen Seite muss sie sich daher für Lernaktivitäten eignen, bei denen Auszubildende entweder alleine oder in Gruppen lernen. Andererseits müssen Werkzeuge bereitgestellt werden, die eine sinnvolle und effektive Integration in bestehende Unterrichtskonzepte ermöglichen. Um diese Anforderungen abzudecken wurden diverse Werkzeuge entwickelt:

- *Lernwerkzeuge*: Funktionen, die Lernende dazu befähigen, sich komplexe Inhalte selbstbestimmt anhand von 3D-Visualisierungen und Augmented Reality zu erschließen.
- *Präsentationswerkzeuge*: Technische Methoden, die Lehrende bei der strukturierten Durchführung eines AR-basierten Unterrichts unterstützen.
- *Autorenwerkzeuge*: Methoden und Funktionen zur Erstellung und Individualisierung von Lerninhalten, die auf 3D-Daten und deren Visualisierung mittels Augmented Reality basieren.

Die Anwendung steht in einer aktuellen Version allen Interessierten unter www.social-augmented-learning.de zur Verfügung.

Augmented Reality als Lernmedium

Um Lernenden einen möglichst einfachen Zugang zu den Lerninhalten des Social Augmented Learning zu bieten, werden zwei Strategien verfolgt: Die 3D-Visualisierung eingebetteter 3D-Modelle sowie die Erweiterung von am Lernort vorhandenen Druckmaschinen.

Lernmodus *Augmented Reality*

Zur Erweiterung bestehender Lernorte werden reale Maschinen mittels *Augmented Reality* um digitale Modelle der im Inneren verborgenen Bauelemente erweitert (vgl. Abb. 2). Durch eine positionsgenaue Ausrichtung dieser 3D-Modelle wird eine erweiterte Lernwelt erschaffen, in der Auszubildende interaktiv Bauelemente einer Maschine erkunden können, ohne in laufende Produktionsprozesse eingreifen zu müssen.

Abb. 2: Lernmodus Augmented Reality – Screenshot der Anwendung.

Im Lernmodus *Augmented Reality* wird dazu die Kamera eines mobilen Endgerätes aktiviert sowie das aufgenommene Videobild in Echtzeit am Display dargestellt. Wird nun das Gerät auf eine mit einem Bildmarker gekennzeichnete Druckmaschine gerichtet, wird ein positionsgenau verortetes virtuelles Fenster ins Maschineninnere geöffnet. Durch dieses Fenster sind die einzelnen Bauelemente der Maschine, die in Form des eingebetteten 3D-Modells hinterlegt wurden, zu sehen. Diese Überlagerung der realen Maschine um digitale Fachinhalte ermöglicht nicht nur die unmittelbare Identifikation und Lageerkennung von ansonsten nicht zugänglichen Bauteilen, sondern unterstützt Auszubildende zudem bei der Erschließung komplexer Wirkzusammenhänge. Die Erkundung des Lerngegenstandes findet darüber hinaus auf natürliche Art und Weise statt, da sich die Lernenden frei um die Maschine bewegen können.

Lernmodus 3D-Visualisierung

Über die Nutzung im *Augmented Reality* Kontext hinaus lassen sich die verwendeten 3D-Modelle auch dann erkunden, wenn am Lernort keine reale Maschine verfügbar ist. Gerade für selbstgesteuerte Lernaktivitäten in non-formalen und informellen Settings, z. B. zur Prüfungsvorbereitung, eignet sich die 3D-Visualisierung, die zusätzlich um weitere text- und bildbasierte Inhalte erweitert werden kann.

Dabei steht stets das eingebettete 3D-Modell (vgl. Abb. 3) als zentraler Lerngegenstand im Mittelpunkt. Die flankierenden Elemente der Benutzeroberfläche stellen zusätzliche Informationen in Form von Texten, Grafiken und Videos bereit. Neben der Navigation durch das Lernmodul kann jederzeit das 3D-Modell durch einfache Touch-Gesten erkundet werden.

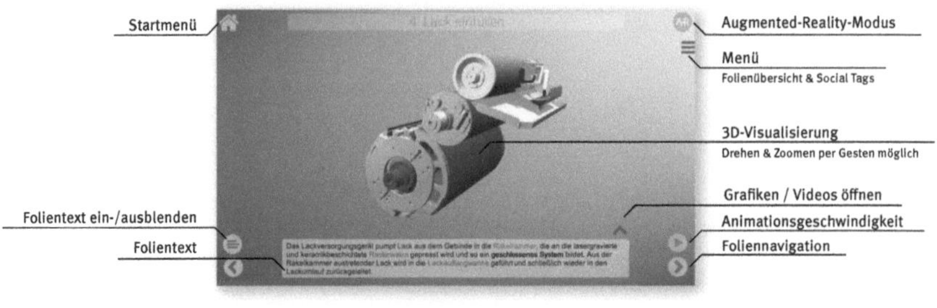

Abb. 3: Lernmodus 3D-Visualisierung – Screenshot der Anwendung.

Unabhängig vom gewählten Lernmodus steht Lernenden eine Reihe von Werkzeugen zum kooperativen Lernen zur Verfügung. Neben der synchronen Kommunikation mit anderen, z. B. mittels der weiter unten geschilderten Ping-Funktion während des Unterrichts, wird auch eine asynchrone Kommunikation über das brancheneigene soziale Netzwerk www.mediencommunity.de ermöglicht, in dem u. a. Wiki-, Glossar- und Foreneinträge angelegt und abgerufen werden können.

Mit *Augmented Reality* unterrichten

Mit dem Einsatz von *Augmented Reality* im Unterricht gehen zwei wesentliche Herausforderungen einher: Nicht nur die Infrastruktur für einen erfolgreichen Einsatz in Form verfügbarer mobiler Endgeräte und zugänglicher Internetverbindungen muss gegeben sein, auch die Implementierung in bestehende Unterrichtskonzepte auf Basis didaktischer und pädagogischer Überlegungen muss sorgfältig durchgeführt werden. Die Maschinen, die mittels *Augmented Reality* erweitert werden sollen, müssen zuvor mittels Bildmarker ausgezeichnet werden. Darüber hinaus wird für die Synchronisation der Anwenderinnen und Anwender – und somit für die darauf basierenden Präsentationswerkzeuge – eine nutzbare und zugängliche Internetverbindung benötigt. Praktische Nutzerstudien im *Social Augmented Learning* haben ergeben, dass sich der Einsatz von *Augmented Reality* im Unterricht sich dann positiv z. B. auf Lernerfolge auswirkt, wenn Lehrende die Möglichkeit für eine individuelle Integration der Technologie in ihre bestehenden Unterrichtskonzepte hatten. Zusätzlich konnte festgestellt werden, dass besonders in zwei kritischen Faktoren noch Nachholbedarf herrscht: Häufig stehen keine mobilen Endgeräte für den Unterricht zur Verfügung, da weder ein Tablet-Pool unterhalten wird noch private Geräte benutzt werden dürfen. Zudem dürfen Auszubildende häufig nicht auf Internetverbindungen – insofern diese überhaupt am Lernort verfügbar sind – zugreifen.

Als Gestalterinnen und Gestalter erweiterter Lernwelten unterstützen Lehrende die Auszubildenden bei selbstgesteuerten und explorativen Lernaktivitäten, was einhergeht mit einem geänderten Rollenverständnis: Im Lernen mit *Augmented Reality* stehen Lernenden mehr Freiheiten zur Verfügung, sich selbst mit Lerninhalten auseinanderzusetzen als dies im konventionellen Lernen der Fall ist. Für Lehrende bedeutet dies, dass sie die entsprechenden Rahmenbedingungen für die konstruktiven Lernprozesse der Lernenden schaffen müssen, in denen ein erfolgreicher *Augmented Reality* Unterricht stattfinden kann.

Im *Social Augmented Learning* werden daher einige Werkzeuge bereitgestellt, die Lehrende bei der Durchführung eines solchen *Augmented Reality* Unterrichts unterstützen. Während Lernende sich aktiv mit den Inhalten eines Lernmoduls auseinandersetzen – sei es anhand der 3D-Visualisierung oder in der erweiterten Lernwelt – bieten diese Präsentationswerkzeuge (vgl. Abb. 4) die Möglichkeit, den Unterricht strukturiert durchzuführen. Während der einfache Lernmodus auch offline funktioniert, wird im Präsentationsmodus eine Online-Sitzung eröffnet, die im Prinzip einem virtuellen Klassenraum gleicht, dem die Auszubildenden beitreten können. Diese Sitzung kann entweder die vom Projekt bereitgestellten Server nutzen oder lokal, z. B. auf Servern einer Berufsschule, gehostet werden. Da diese Online-Sitzungen über das Internet zugänglich sind, wird zudem ein gewisser Grad der Lernortunabhängigkeit ermöglicht, durch den Auszubildende unter anderem auch dann am Unterricht teilnehmen können, wenn sie sich nicht in der Berufsschule aufhalten. Aktive Sitzungen werden innerhalb der Anwendung prominent dargestellt und durch einen Schriftzug als „online“ markiert.

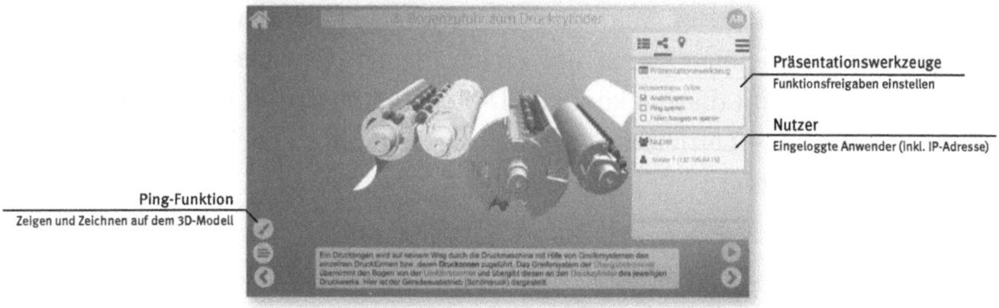

Abb. 4: Präsentationswerkzeuge – Screenshot der Anwendung.

Während des *Augmented Reality* Unterrichts können Lehrende selbst bestimmen, in welchem Grad sie Einfluss auf den Unterricht nehmen. Dazu stehen diverse Funktionen zur Verfügung, die sie individuell freigeben oder deaktivieren können und die unter anderem festlegen, aus welchem Blickwinkel 3D-Modelle betrachtet werden können, mit welcher Geschwindigkeit Animationen abgespielt werden oder welche Lernfolie aktiv sein soll. Zusätzlich steht in solchen Online-Sitzungen eine sogenannte Ping-Funktion zur Verfügung, die einem virtuellen Fingerzeig ähnelt und die es Lernenden ermöglicht, einzelne Bauteile des Modells visuell hervorzuheben oder Wirkzusammenhänge einzuzeichnen. So generierte Annotationen werden in Echtzeit synchronisiert und können daher direkt von allen Teilnehmenden gesehen werden. Lehrende können unmittelbar auf diese Annotation reagieren und den Lernenden so ein direktes Feedback geben.

Inhaltserstellung und -distribution

Die im Projekt entwickelte Anwendung wurde bewusst so konzipiert, dass die eingebetteten 3D-Modelle zentraler Lerngegenstand sind. Diese Modelle basieren auf einer Referenzmaschine, die aufgrund ihrer Verbreitung in Berufsschulen ausgewählt wurde, sodass in diesen Schulen eine authentische Übereinstimmung zwischen realen und virtuellen Bauelementen ermöglicht wird. Darüber hinaus werden möglichst allgemeingültige und übertragbare Wirkzusammenhänge visualisiert, sodass auch an Lernorte, an denen andere Maschinen oder Maschinenkonfigurationen vorhanden sind, die Anwendung im Unterricht eingesetzt werden kann. Damit die Anwendung aber auch nachhaltig in der Ausbildung von Medientechnologen eingesetzt werden kann, sollten Lerninhalte – sowohl auf Ebene der 3D-Modelle, wie auch auf fachlicher Ebene – nicht nur aktualisiert, sondern im Idealfall auch selbst generiert werden können.

Die oben geschilderten Modi zum Lernen und Präsentieren von *Augmented Reality* Inhalten basieren daher auf einem eigens entwickelten Autorenwerkzeug (vgl. Abb. 6). Mit diesem können 3D-Modelle importiert und um Lernfolien ergänzt werden. Als Lernmodul können diese Inhalte anschließend gesichert und distribuiert werden.

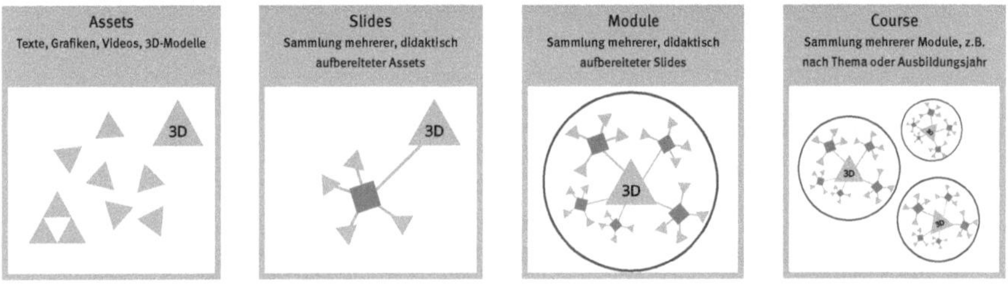

Abb. 5: Struktur von SAL-Lernmodulen.

Lernmodule stellen ein Containerformat dar: Neben dem 3D-Modell enthalten sie eine beliebige Anzahl an Lernfolien (*Slides*), die den folienbasierten Strukturierungsansatz widerspiegeln. Auf jeder Folie können sowohl Manipulationen am 3D-Modell vorgenommen werden, als auch weitere Fachinhalte in Form von Texten, Grafiken oder Videos importiert werden.

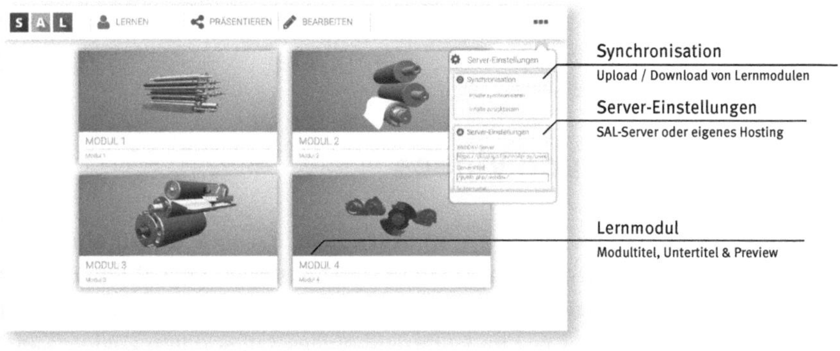

Abb. 6: Autorenwerkzeuge – Content-Management.

Die entwickelten Autorenwerkzeuge umfassen die folgenden Teilkomponenten:

- *Content-Management*: Im Startmenü der Anwendung, über das die Lernmodule sowohl im Lern- wie auch Präsentationsmodus geöffnet werden können, sind ebenfalls die Funktionen zur Inhaltsverwaltung enthalten. Zu den lokal gesicherten Lernmodulen können hier Metadaten angezeigt sowie bearbeitet werden.
- *Content-Distribution*: Über die Systemeinstellungen der Anwendung können die zu verwendenden Server eingestellt werden. Zum Einsatz kommt ein Content-Server, auf dem die Lernmodule gesichert werden können und von dem aus andere Nutzerinnen und Nutzer sie herunterladen können. Zudem wurde eine Schnittstelle implementiert, die die Synchronisation der Nutzerinnen und Nutzer untereinander ermöglicht und die auf der Mediencommunity basiert.
- *Content-Authoring*: Der Kern der Autorenwerkzeuge ist ein WYSIWYG-Editor (*what you see is what you get*), mit dem Lernmodule auf inhaltlicher Ebene, z. B. durch die Einbettung eines 3D-Modells oder durch die Erstellung von Lernfolien, bearbeitet werden können (vgl. Abb. 7).

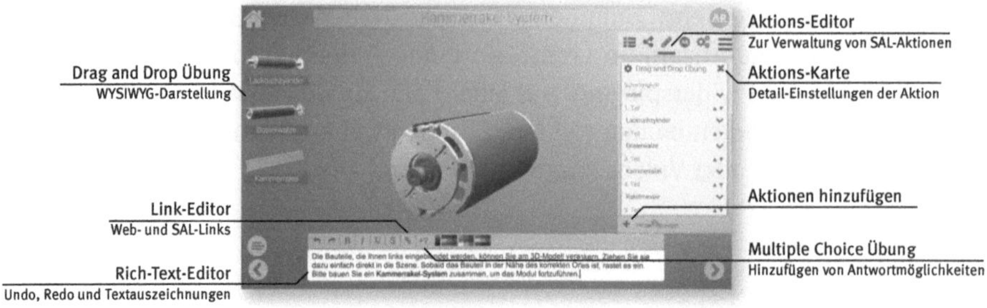

Abb. 7: Autorenwerkzeuge – Aktionen.

Texte, Grafiken und Videos

Mithilfe eines Texteditors können sowohl textliche Fachinhalte auf einer Folie angelegt werden, als auch zusätzliches Informationsmaterial, z. B. in Form von Bildern oder Videos, eingebunden werden. Vor dem Hintergrund, dass die Lehr- und Lernanwendung nicht nur im Unterricht eingesetzt, sondern zugleich auch zu selbstgesteuerten, individuellen Lernaktivitäten genutzt werden soll, sind diese Inhalte besonders wichtig.

Aktionen

Zusätzlich zu diesen Fachinhalten können auf jeder Lernfolie spezifische Einstellungen am 3D-Modell vorgenommen werden. Außerhalb des *Social Augmented Learning* sind zur Bearbeitung von 3D-Daten häufig besondere Kenntnisse und Fähigkeiten, z. B. im Umgang mit professioneller 3D-Software, nötig. Diese Schritte wurden, vor dem Hintergrund einer möglichst intuitiven und zugänglichen Bedienung der Autorenwerkzeuge, zu sogenannten Aktionen zusammengefasst. Durch diese Aktionen wird es den Erstellerinnen und Erstellern von Inhalten auch ohne spezielle Programmier- oder Software-Kenntnisse ermöglicht, das im Lernmodul hinterlegte 3D-Modell zu bearbeiten. Die so realisierten Funktionen reichen von der Ein- und Ausblendung einzelner Bauelemente bis zur farbigen Hervorhebung und Animation.

Lernerfolgskontrollen

Ergänzend zu den geschilderten Inhalten können mit den Autorenwerkzeugen einfache Lernerfolgskontrollen angelegt werden. Diese sind gekoppelt an die Lern- und Präsentationswerkzeuge und geben einerseits den Lernenden direktes visuelles Feedback, stellen Lehrenden andererseits aber auch die Ergebnisse durchgeführter Übungsaufgaben in Echtzeit zur Auswertung zur Verfügung:

- *Multiple-Choice-Übungen*: Der Texteditor erlaubt es, zusätzlich zum Folientext, bis zu vier Antwortmöglichkeiten auf einer Folie anzulegen. Im Lernmodus erhalten Sie daraufhin direkt ein visuelles Feedback, bei dem fehlerhafte Antworten Rot und korrekte Grün markiert werden. Lehrenden wird im Präsentationsmodus die Zahl der pro Antwortmöglichkeit abgegebenen Stimmen in Form eines Balkendiagramms angezeigt.
- *Drag-and-Drop-Übung*: Mittels einer Aktion können Folien um *Drag and drop*-Übungen erweitert werden, bei denen die Aufgabe für die Lernenden darin besteht, die einzelnen Bauteile des 3D-Modells in korrekter Reihenfolge zusammenzusetzen – entweder anhand der 3D-Visualisierung oder innerhalb einer per *Augmented Reality* erweiterten Lernwelt.

Augmented Reality Einstellungen

Die Lernmodule des *Social Augmented Learning* sind hinsichtlich der positionsgenauen Überlagerung der realen Maschine mit virtuellen Modellen voreingestellt. Bei diesem als Tracking bezeichneten Vorgang wird innerhalb der Autorenwerkzeuge das virtuelle Fenster in direkter Relation zum realen, an der Maschine angebrachten Bildmarker ausgerichtet. Damit auch bei neu importierten 3D-Modellen dieses Tracking eingerichtet werden kann, wurden entsprechende Funktionen in der Anwendung integriert.

Content-Distribution

Lernmodule liegen zunächst lokal auf den jeweiligen mobilen Endgeräten vor, können aber mit einem Content-Server synchronisiert werden. Die mit Metadaten angereicherten Module werden dabei selektiv entweder auf dem Server gespeichert oder heruntergeladen, wobei diese Unterscheidung nach Aktualität der Daten vorgenommen wird.

Herausforderungen beim Einsatz von *Augmented Reality*

Basierend auf dem mit *Social Augmented Learning* gezeigten Praxisbeispiel können zentrale Herausforderungen an einen erfolgreichen Einsatz von *Augmented Reality* in der beruflichen Bildung formuliert werden:

- Infrastruktur von Lernorten: *Augmented Reality* soll es ermöglichen, bestehende Lernorte zu erweiterten Lernwelten zu transformieren, die Lernende bei der Ausbildung eines *lebendigen Arbeitsvermögens* (Pfeiffer/Suphan 2015, 12) unterstützen können. Damit dies gelingt, müssen Lernorte, an denen mitunter diverse Maschinen unterschiedlicher Hersteller zu Lernzwecken zur Verfügung stehen, berücksichtigt werden. Um eine gleichbleibende Qualität und Authentizität der Realitätserweiterung zu gewährleisten, müssen also Möglichkeiten geschaffen werden, auf unterschiedliche örtliche Rahmenbedingungen reagieren zu können. Neben der Verknüpfung realer Lerngegenstände mit digitalen Inhalten muss zudem die vor Ort zur Verfügung stehende Infrastruktur berücksichtigt werden: Dazu zählt sowohl die Verfügbarkeit mobiler Endgeräte (bzw. AR-HMDs), die Lernende während des Unterrichts einsetzen dürfen, als auch ein Zugriff auf das Internet.
- Design von Lerninhalten: Ein Technologieeinsatz im Bildungskontext, wie in diesem Beitrag am Beispiel der *Augmented Reality* mittels mobiler Endgeräte beschrieben, muss für alle beteiligten Bildungsakteure einen deutlichen Mehrwert gegenüber konventionellen Lehr- und Lernformen bieten. Nicht zuletzt ist die Einrichtung mit einem gewissen Investitions- und Implementierungsaufwand verbunden. Auf inhaltlicher Ebene bedingt dieser Aspekt, dass die Inhalte, die durch *Augmented Reality* vermittelt oder instruiert werden sollen, eine hohe Relevanz zum beruflichen Alltag haben müssen. Vor allem eignen sich vor diesem Hintergrund solche Inhalte, die auf konventionellen Wegen nicht oder nur schwer vermittelt werden können.
- Rollenverständnisse von Lehrenden und Lernenden: Der Erfolg eines Einsatzes von *Augmented Reality* im Unterricht hängt nicht zuletzt auch vom Verhalten der Lehrenden und Lernenden in der Auseinandersetzung mit Inhalten und der Navigation in erweiterten Lernwelten ab, das einhergeht mit geänderten Anforderungen an die Art und Weise, wie gelehrt und gelernt wird. Lehrende nutzen hierbei neue Werkzeuge, die das Portfolio didaktischer und pädagogischer Methoden erweitern und häufig noch keinen Einsatz im Bildungsalltag gefunden haben. Sie sehen sich daher nicht nur mit einem erhöhten Kompetenzbedarf im Kontext des Technikumgangs gegenübergestellt, sie stehen gleichzeitig vor der Herausforderung, diese erfolgreich in

bestehende Unterrichtskonzepte zu integrieren. Die Rolle der Lehrenden entwickelt sich vor diesem Hintergrund zu der eines tutoriellen Begleiters weiter, die Freiräume schafft und damit wesentlich an der Ausgestaltung digital erweiterter Lernwelten beteiligt ist. Eine zunehmende Autonomie der Lernenden vor dem Hintergrund selbstgesteuerter, explorativer und kollaborativer Lernaktivitäten geht einher mit neuen und geänderten Medienkompetenzen, die nicht nur den Umgang mit modernen Technologien und Endgeräten umfassen, sondern auch die kritische Auseinandersetzung mit diesen.

Fazit und Ausblick

Die Digitalisierung aller Lebensbereiche stellt die berufliche Bildung vor dem Hintergrund sich wandelnder Tätigkeits- und Qualifikationsanforderungen vor immer neue Herausforderungen, birgt zugleich aber auch viele Chancen für eine Verbesserung der Ausbildungsqualität. Gerade in technisch-gewerblichen Berufsfeldern wird die Vermittlung von Funktionsweisen, Arbeitsprozessen und Wirkzusammenhängen bei zunehmender Automatisierung immer schwieriger. Technikgestützte Lernaktivitäten, wie sie in diesem Beitrag am Beispiel eines *Augmented Reality*-Einsatzes vorgestellt wurden, eignen sich besonders zur Ergänzung und Erweiterung konventioneller Lernstrategien, um die Ausbildung eines lebendigen Arbeitsvermögens zu unterstützen.

Gleichzeitig bietet das Lernen mit mobilen Endgeräten und *Augmented Reality* die Möglichkeit, völlig neuartige Formen des arbeitsplatznahen, lernortunabhängigen Lernens zu konzipieren, die vor allem mit der Emergenz marktreifer *Augmented Reality*-Brillen zusätzlich an Nutzen gewinnen wird. Neben der Erweiterung der Realität mittels *Augmented Reality* kann vor allem in aktuellen Entwicklungen rund um die *Virtual Reality*, bei denen eine Immersion der Anwenderinnen und Anwender in konstruierten, virtuellen Lernwelten im Vordergrund steht, zusätzliches Potenzial erkannt werden.

Literatur

Azuma, R.; Baillot, Y.; Behringer, R.; Feiner, S.; Julier, S.; MacIntyre, B. (2001): Recent advances in augmented reality. *IEEE computer graphics and applications* 21/6, 34–47.

Dunleavy, M.; Dede, C. (2014): Augmented reality teaching and learning. In: J.M. Spector; M.D. Merrill; J. Elen; M.J. Bishop. (Hrsg.): *Handbook of Research on Educational Communications and Technology*. New York: Springer, 735–745.

Fehling, C. D.; Goertz, L.; Hagenhofer, T. (2015): Didaktisches Konzept des Projektes Social Augmented Learning. http://www.social-augmented-learning.de/ wpcontent/ uploads/ 2015/ 04/ SAL_Didaktisches_Konzept_20150409.pdf.

Henrysson, A.; Ollila, M.; Billinghurst, M. (2007): Mobile Phone Based Augmented Reality. *Emerging Technologies of Augmented Reality: Interfaces and Design*. IGI Global, 90–109.

Hirsch-Kreinsen, H. (2015): Digitalisierung von Arbeit: Folgen, Grenzen und Perspektiven (Soziologisches Arbeitspapier 43/2015). Dortmund.

Kamarainen, A. M. Metcalf, S. Grotzer, T. Browne, A. Mazzuca, D. Tutwiler, M. S.; Dede, C. (2013): EcoMOBILE: Integrating augmented reality and probeware with environmental education field trips. *Computers & Education*, 68, 545–556.

Milgram, P.; Takemura, H.; Utsumi, A.; Kishino, F. (1994): Augmented Reality: A class of displays on the reality-virtuality continuum. SPIE, Vol. 2351: *Telemanipulator and Telepresence Technologies*, 282–292.

Pfeiffer, S.; Suphan, A. (2015): Kurzfassung zum Working Paper. Pfeiffer, Sabine; Suphan, Anne (2015): Der AV-Index. Lebendiges Arbeitsvermögen und Erfahrung als Ressourcen auf dem Weg zu Industrie 4.0. Working Paper 2015#1 (draft v1.0 vom 13.04.2015), Universität Hohenheim, Fg. Soziologie.

Roussos, M.; Johnson, A.; Moher, T.; Leigh, J.; Vasilakis, C.; Barnes, C. (1999): *Learning and building together in an immersive virtual world*. Presence: Teleoperators & Virtual Environments, 8.3, 247–263.

Matthias Rohs und Christoph Pimmer

Informelles Lernen mit mobilen Geräten. Perspektiven und Grenzen

Einleitung

Mobile Learning ist an keine Lernform gebunden. Es kann sowohl zur Unterstützung formalen als auch non-formalen und informellen Lernens eingesetzt bzw. genutzt werden. Der Beitrag möchte insbesondere der Frage nachgehen, welche Potenziale *Mobile Learning* für die Unterstützung informellen Lernens besitzt.

Die Betrachtung dieses Gegenstands erfordert zunächst eine Klärung der Begriffe, die Aufgrund ihrer vielfältigen Interpretationen besonders schwer zu fassen sind. Dabei soll zunächst das informelle Lernen näher beleuchtet werden. Nach der anschließenden Charakterisierung von mobilem Lernen werden konzeptionelle Ähnlichkeiten von mobilem und informellem Lernen herausgearbeitet. Die Konvergenz dieser beiden Lernformen und die daraus resultierenden pädagogischen Potenziale werden im nächsten Kapitel anhand ausgewählter Fallbeispiele illustriert. Lernen wird dabei als kontinuierlicher Prozess verstanden, der auf vorherigen Lernerfahrungen aufbaut und gleichzeitig immer auch Anschlussstellen für das Weiterlernen bietet. Möglicherweise liegt die wichtigste Affordanz von Mobilgeräten in der Anbindung von Lernepisoden in vor- und nachgelagerte Lernprozesse und insbesondere in der Verknüpfung von informellen und formellen Lernformen. Während informelles mobiles Lernen und die Integration von formellen und informellen Lernformen durch Mobilgeräte hohe Erwartungen wecken, müssen die Möglichkeiten dieser Entwicklungen kritisch diskutiert und hinterfragt werden.

Informelles Lernen

Informelles Lernen ist in den letzten Jahren zu einem festen Bestandteil der wissenschaftlichen Diskussion (Burger et al. 2015; Rohs 2016) und der Bildungsberichterstattung geworden (Autorengruppe Bildungsberichterstattung 2016; BMBF 2016). Jedoch bereits in den 1970er Jahren wurde der Begriff im Kontext der Auseinandersetzung zum Lebenslangen Lernen und der Entwicklungshilfe durch internationale Organisationen wie UNESCO, UNICEF und Weltbank populär gemacht (Coombs 1968; Coombs/Ahmed 1974; Faure et al. 1972). In diesem Zusammenhang entwickelte sich die Unterscheidung zwischen *informal*, *non-formal* und

DOI 10.1515/9783110501131-010

formal education (Coombs/Ahmed 1974, 8), die von der Europäischen Kommission zur Unterscheidung der Lernformen aufgegriffen (Kommission 2000) und damit prägend für statistische Erhebungen (European Commission 2006) und die Bildungspolitik auf europäischen Ebene geworden ist.

Der in diesem Zusammenhang geprägten Unterscheidung der drei Lernformen mangelt es jedoch – wie allen anderen Definitionen informellen Lernens – an einer theoretischen Fundierung und Trennschärfe. Ursache dafür ist vor allem die Vielzahl der Kriterien, die zur Beschreibung informellen Lernens herangezogen wird. Colley, Hodkinson und Malcom (2003) hatten 20 dieser Kriterien identifiziert und kamen zu dem Ergebnis, dass eine klare Unterscheidung formellen und informellen Lernens nicht möglich ist (Colley et al. 2003, 14). Insbesondere die Frage, ob mit der Formalität personenbezogene (wie z. B. Intention oder Bewusstheit des Lernens) oder kontextuelle Bedingungen (wie z. B. Ort des Lernens oder Fremdsteuerung des Lernens) beschrieben werden, ist umstritten. So plädiert Straka (2000) dafür, nicht vom informellen Lernen, sondern vom Lernen unter informellen Bedingungen zu sprechen (Straka 2000, 23). Daher wäre es in diesem Verständnis auch richtig von informeller Bildung (als kontextbezogene Beschreibung) und nicht vom informellen Lernen (als personenbezogenen Beschreibung) zu sprechen. Die meisten Definitionen weisen aber eine Vermischung kontext- und personenbezogener Kriterien auf.

Mit Blick auf die Beschreibung der Praxis ergibt sich durch die Vielzahl der Kriterien in der Regel ein Problem der Zuordnung, da auf die gewählten Beispiele sowohl Charakteristika formellen als auch informellen Lernens zutreffen. Hier bieten sich Modelle eines Kontinuums formellen und informellen Lernens zur Beschreibung an, die von fließenden Übergängen zwischen den Lernformen ausgehen (Rohs 2008; Stern/Sommerlad 1999; Zürcher 2015). Sie ermöglichen eine qualitative Beschreibung, während dichotome Modelle für statistische Erhebungen notwendig sind.

Zusammenfassend ist festzustellen, dass es keine etablierte und wissenschaftliche fundierte Definition informellen Lernens gibt, die als Grundlage für die folgenden Ausführungen dienen könnte. Konstitutierend für das informelle Lernen ist, dass keine Rahmenbedingungen des Lernens festgelegt sind. Diese Bedingungen betreffen beispielsweise den zeitlichen und örtlichen Rahmen des Lernens, die Lerninhalte, den Ablauf des Lernprozesses und die Lernziele. D. h. wann, mit wem, was, wie und wo gelernt wird, liegt in der Hand der Lernenden. Eine pädagogische Steuerung des Lernens findet nicht – oder im Sinne eines Kontinuums – nur begrenzt statt. Damit unterscheidet es sich von den vorherrschenden Vorstellungen des Lernens in Bildungseinrichtungen. Als charakteristisch für das informelle Lernen wird daher auch die Einbettung in den Lebensalltag (z. B. Freizeit, Arbeit) gesehen. Durch diese Integration in Zusammenhänge, die nicht primär auf das Lernen ausgerichtet sind, wird dem informellen Lernen auch oft zugeschrieben, dass es eher unbewusst und nicht auf das Erreichen von Lernzielen fokussiert ist.

Informelles Lernen ist in diesem Sinne insbesondere an die Theorie des situierten Lernens (Lave/Wenger 1991) anschlussfähig. Der Ansatz des situierten Lernens betont dabei den aktiven und konstruktiven Prozess des Lernens in einer sozialen Situation, die durch eine Lernumgebung unterstützt wird. Diese Lernumgebungen umfassen dabei Teilnehmende, Artefakte, Tools sowie die sozialen Institutionen als Kontext (Gerstenmaier/Mandl 2001, 4). Damit steht das situierte Lernen konstruktivistischen Überzeugungen nahe, stellt aber eine Verbindung zur Instruktion her, indem eine effektive Passung zwischen den Unterstützungssystemen und den damit verbundenen Anregungsbedingungen und den Individuen und Gruppen gesucht wird.

In Arbeitskontexten werden diese Anregungs- und Ermöglichungsbedingungen für informelles Lernen unter dem Stichwort der lernförderlichen Arbeitsgestaltung, -organisation oder auch -bedingungen diskutiert (Baethge/Baethge-Kinsky 2004; Frieling/Schäfer 2016). Darunter werden z. B. ganzheitliche Aufgabenstellungen, Partizipationsmöglichkeiten und die Kommunikations- und Kooperationsintensität aber auch die Umgebungsbedingungen verstanden. Eine zunehmend wichtige Rolle spielen dabei digitale Medien, die die Kommunikation und Kooperation aber auch die Möglichkeiten des Zugangs und des Managements von Wissen erheblich vergrößern und erleichtern.

Lernen ist dabei nicht mehr an physische Lern- und Erfahrungsräume gebunden, sondern vollzieht sich in der Verbindung realer und virtueller Lernbedingungen.

Zum Verhältnis informellen und mobilen Lernens

Ähnlich wie beim informellen Lernen gibt es auch beim mobilen Lernen keine weithin anerkannte Definition, sondern eine Vielfalt an definitorischen Ansätzen. Während anfänglich begriffliche Annäherungen die Nutzung von mobilen und portablen Technologien in den Vordergrund gestellt haben (Trifonova 2003), gewann in einer späteren Phase das Konzept von mobilem Lernen als kontextübergreifendes Lernen stark an Bedeutung. Sharples et al. (2007) können als eine der Vorreiter dieser Entwicklung erachtet werden: Sie beschreiben mobiles Lernen als „the processes of coming to know through conversations across multiple contexts among people and personal interactive technologies“ (Sharples et al. 2007, 225). Aufbauend auf dieser Charakterisierung betont die *London Mobile Learning Group* insbesondere die Mobilität und Flüchtigkeit der Kontexte und

Settings, in denen mobiles Lernen stattfindet (www.londonmobilelearning.net). In diesen Definitionen fehlen das Konzept der Instruktion oder lehrzentrierte Lernformen und somit wird deutlich, dass mobiles Lernen keineswegs auf formale Lehrarrangements im Klassenraum fokussiert ist. Explizite Verbindungen zwischen mobilem Lernen und informellen Lernen sehen z. B. Pachler et al. (2010a). Sie erachten die Potenziale von Mobilgeräten als kulturelle Ressourcen für das *Meaning Making* von Lernenden in informellen Lernkontexten des Alltagslebens (Pachler et al. 2010b, 6).

Grundsätzlich kann davon ausgegangen werden, dass sich Nutzende ihre Mobilgeräte für eine Vielzahl von verschiedenen informellen Lernformen „aneignen" (Appropriation). Z. B. wurde in einer qualitativen Studie festgestellt, wie Pflegkräfte ihre Smartphones in arbeitsnahen Lernprozessen nutzen, um z. B. patientenbezogenen Probleme kollaborativ zu lösen, Praxissituationen zu reflektieren, sich gegenseitig emotional zu unterstützen und professionelle Partizipationsmöglichkeiten wahrzunehmen (Pimmer et al. 2014). Entgegen der oben skizzierten konzeptionellen oder definitorischen Ausrichtung von mobilem Lernen und abgesehen von vereinzelten Studien, sind empirische Untersuchungen zu informellem mobilen Lernen jedoch rar. In der Analyse von Frohberg (2008) zeigte sich sogar, „dass kein einziges der vorgestellten Projekte einen ernsthaft informellen Charakter hat" (Frohberg 2008, 301). Auch im aktuelleren systematischen Review von Pimmer et al. (2016) zu mobilem und ubiquitären Lernen in der Hochschullehre wird deutlich, dass klassische instruktionale und behavioristische Lernparadigmen bei weitem überwiegen und Lernen in informellen Kontexten in einer weitaus geringeren Anzahl von Studien untersucht wurde. Als Grund für diese Tendenzen führt Frohberg (2008) an, dass informelles Lernen nur mit extrem hohem Aufwand wissenschaftlich zu evaluieren sei. Ergänzend kann angemerkt werden, dass die beschriebenen Umsetzungen stets in einem institutionalisierten Kontext stattfanden und damit von vornherein Grenzen für ein informelles Lernen durch räumliche und zeitliche und ggf. auch inhaltliche Vorgaben gesetzt wurden.

Formen und Beispiele informellen mobilen Lernens

Informelles mobiles Lernen kann grundlegend in informelles Lernen im alltäglichen Leben (im Sinne des *Lifelong Learning*) und in eine Spezialform davon, in informellen Wissenserwerb im Arbeitsprozess untergliedert werden. Insbesondere im erstgenannten Bereich existiert bisher kaum eine empirische und konzeptionelle Fundierung. Sharples (2000) stellt bereits relativ früh den Konnex zwischen mobilem Lernen und lebenslangem Lernen her, das er explizit vom schulischen, formellen Lernarrangements abgrenzt. Er sieht die Potenziale von Mobiltechnologien für lebenslanges Lernen dabei u. a. in deren Portabilität (Zugriff nach Bedarf), Individualisierbarkeit (z. B. in Bezug auf die Lernpräferenzen der Benutzenden) und der Unscheinbarkeit (Lernen und nicht die Technologien stehen im Vordergrund). Obwohl er die Möglichkeiten von Technologien als unterstützende Lernmittel in multiplen Kontexten über die gesamte Lebenszeit von Lernenden hinweg betont, fundiert er seine Konzepte jedoch nur mit exemplarischen empirischen Analysen, die sich auf die Zielgruppe von Kindern im Alter zwischen sieben und elf Jahren beschränken.

Im Bereich des informellen Lernens im Arbeitsprozess lassen sich bedeutend mehr Einsatzformen und Fallbeispiele finden, wie z. B. die Unterstützung von Lernenden durch *Performance Support*, die Vernetzung von Expertinnen und Experten, oder die multimediale Dokumentation von Lernepisoden in informellen Kontexten. Beispielsweise hat ein großer Technologiekonzern ein mobiles *Performance Support*-System entwickelt, das die Mitarbeitenden bei der Lösung von Arbeitsproblemen unmittelbar unterstützt. Eine Beispielfunktion ist die Bereitstellung von Kerninformationen vor wichtigen Kundenbesuchen (Ahmad/Orion 2010). Insbesondere im klinischen Bereich zeigen Studien, dass mobile *Performance Support*-Systeme helfen können, bei Lernenden Unsicherheiten zu reduzieren und deren Selbstsicherheit zu erhöhen (Axelson et al. 2007; Leung et al. 2003). Zusätzlich zum Abruf oder der Bereitstellung von kontextualisierten Informationen im Arbeitsprozess sind neuere Entwicklungen im Bereich der *Augmented Reality* vielversprechend. Gegenwärtig ist es jedoch noch schwer abzusehen, wie weit Innovationen, wie z. B. *Google Glass* oder die Technologie von Spielen wie *Pokémon Go* für Lernzwecke nutzbar gemacht werden können.

Eine weitere Möglichkeit informellen mobilen Lernens ist die Vernetzung von Wissensträgern. Beispielsweise bieten mobile *Expert Finding*-Systeme die Möglichkeit, bei Fragestellungen kompetente und geographisch nahe Spezialisten zu identifizieren und in den Problemlöseprozess zu involvieren. Insgesamt kann die Konvergenz von mobilen und Netzwerktechnologien dazu beitragen, dass Informationen in einer Wissensorganisation gemäß dem Prinzip der *weak ties* (Granovetter 1973) rascher zirkulieren können. Diese Theorie besagt, dass über lose Verbindungen, sogenannten *weak ties* wesentlich mehr Wissen und innovative Ideen weitergegeben werden also über *strong ties*, das sind enge Kontakte, wie z. B. Mitarbeitende des eigenen Teams.

Eine weitere Möglichkeit von mobilem, informellen Lernen im konstruktivistischen Sinne bieten die Funktionen von Mobilgeräten zur Audio-, Bild- oder Videoaufnahme. Diese ermöglichen die Dokumentation und die spätere Reflexion von nicht planbaren Lernepisoden oder Problemlösungen im Arbeitsalltag.

Beispielsweise wurde gezeigt, wie Medizinstudierende ihre Studienkolleginnen und Studienkollegen nutzen, um relevante klinische Lernsituationen zu dokumentieren und die multimedialen Artefakte mit ihren Studienkolleginnen und Studienkollegen zu einem späteren Zeitpunkt zu teilen (Pimmer et al. 2012). Chan (2011a; 2011b) illustriert am Beispiel von Bäckerlehrlingen, die mit Hilfe ihrer Mobilgeräte wichtige Artefakte ihrer Arbeit dokumentieren und in sozialen Netzwerken mit weiteren sozialen Kreisen teilen, wie dieser Prozess zur beruflichen Identitätsbildung beiträgt.

Integration informellen und formellen Lernens

Wird davon ausgegangen, dass informelles mobiles Lernen nicht für sich alleinsteht, sondern als Lernepisoden (Tough 1971) Teile eines kontinuierlichen, lebenslangen Lernprozesses sind, stellt sich die Frage der Schnittstellen zu anderen vorherigen und folgenden Lernprozessen sowie der Einbindung im Kontext formaler und non-formaler Lernkontexte.[1] Die Verbindung formellen und informellen Lernens kann dabei auf Ebene des Bildungssystems, der Organisation und des konkreten Lernprozesses erfolgen (Rohs 2014). Mobiles Lernen scheint insbesondere auf der Mikroebene des Lernprozesses geeignet zu sein, informelle und formelle Lernepisoden besser zu integrieren; d. h. Mobilgeräte fungieren dabei als Mittler, die helfen den Wissenserwerb in formellen Bildungskontexten mit informellem Lernen im Arbeitskontext oder mit lernrelevanten Alltagssituationen zu verknüpfen. Im informellen Arbeitskontext kann die Anwendung von konzeptionellem/ theoretischem Wissen aus einem vorausgegangenen Training gefördert werden, indem sich die Lernenden z. B. mit Aufgaben auseinandersetzen bei denen sie das Gelernte direkt anwenden und dabei durch ihr Mobilgerät geleitet werden; d. h. das z. B. Aufgabenstellung und Feedback in Form von Mobilkommunikation vermittelt werden. Umgekehrt können ad-hoc Lernerfahrungen aus dem Arbeitsalltag mit Hilfe von Mobilgeräten systematisch(er) dokumentiert und wiederum in formellen Lernsituationen mit Peers und Lehrpersonen reflektiert und diskutiert werden. Insbesondere in der dualen Berufsausbildung liegen hier bereits Erfahrungen vor, die zeigen, wie Lehrlinge z. B. in Form von multimedialen Tagebüchern Lernerfahrungen digital dokumentieren

1 Sofern der Charakter informellen Lernens nicht allein durch den Kontext bestimmt ist, wäre auch eine Integration informellen Lernens im Rahmen von Bildungseinrichtungen bzw. formalen und non-formalen Bildungsangeboten möglich, z. B. im Rahmen von explorativen Lernphasen mit Ansätzen forschendes Lernens (Huber 2009), offenen Lernens/offener Unterricht (Göhlich 1997) oder erfahrungsbasiertes Lernens (Kolb 1984).

oder den Lernfortschritt auf Basis von offenen und geschlossenen Fragen, die sie auf dem Mobilgerät beantworten, reflektieren. Die auf diese Weise aggregierten Daten werden von den Lehrpersonen ausgewertet und werden wiederum im nächsten schulischen Präsenzunterricht genutzt (Mettiäinen/Karjalainen 2011; Pirttiaho et al. 2007).

Das Review von Pimmer et al. (2016) zeigt, wie die Integration von situierten, kollaborativen und konstruktivistischen Lernarrangements helfen kann, formelles und informelles Lernen zu verknüpfen. Die als *Hybridisierung* titulierte Kategorie fasst dabei jene Projekte zusammen, in denen Lernende die Aufgabe erhalten mit dem Mobilgerät eine Situation aus dem Alltag, die in Verbindung mit dem Lernstoff steht, multimedial festzuhalten: z. B. Studierende aus einem Designkurs, die Designbeispiele aus dem täglichen Leben fotografieren (Hsu/Ching 2012). Das kann zu einer unmittelbaren, also *situierten Bewusstmachung* von und Auseinandersetzung mit Theoriekonzepten im täglichen Leben führen, die sonst unbemerkt blieben, wie ein Lernender aus einer der analysierten Studien festhält: "[...] made me aware of all of the things that I read about being applied in everyday life. Examples of design that may have gone unnoticed by me were caught" (Hsu/Ching 2012, o.S.)

Bei diesen hybriden Lernformen bleibt es jedoch nicht beim bewussteren Erleben einer alltäglichen Lernsituation, sondern die Lernenden sind dazu angehalten, die dokumentierten Erkenntnisse zu kommentieren (und dabei zu reflektieren) und virtuell oder im Klassenzimmer mit ihren Peers sowie Tutorinnen und Tutoren zu teilen und zu diskutieren. Beispielsweise bearbeiteten Kleingruppen von Informatikstudierenden problembasierte Aufgabenstellungen in authentischen, außeruniversitären Kontexten in Form von asynchroner Mobilkommunikation. Im Vergleich zur Kontrollgruppe, die nicht „mobil" kommunizierte, fokussierten die mobilen Lernenden mehr auf kursrelevantes Wissen in ihren persönlichen Lern- und Lebensumgebungen und integrierten dies in Form von Fotographien und schriftlichen Ausführungen in die Gruppendiskussionen. Abschließend wurden die Ergebnisse im Präsenzunterricht vorgestellt und diskutiert und somit der Kreis zwischen formellen und informelleren Settings wieder geschlossen (Lan et al. 2012).

Diese Art der Hybridisierung wurde im oben genannten Review (Pimmer et al. 2016) als die vielversprechendsten Form mobilen Lernens charakterisiert, die nur mit Mobiltechnologien realisiert werden kann. Erst die Portabilität und die Einbettung von Mobilgeräten in Alltagssituationen macht die Dokumentation von unerwarteten Lernsituationen möglich. Die Multimedia-Aufnahmen erlauben das Festhalten dieser sonst so flüchtigen Episoden, und die Konnektivität der Geräte ist Voraussetzung für das Teilen der Artefakte und deren Diskussion und Reflektion in formelleren Lernarrangements. In Einklang mit der einleitend festgehaltenen begrifflichen Unschärfe von informellen und formellen Lernformen, muss hier eine Präzisierung vorgenommen werden.

Einerseits handelt es sich bei den skizzierten Beispielen keineswegs um zufälliges oder ungeplantes Lernen, weil alle der identifizierten Studien in vordefinierte didaktische Konzepte eingebettet waren und Lernziele als auch die Art der Lernaufgaben vorgegeben waren. Lediglich der Auslöser und die Lernumgebung blieben dem Zufall resp. der persönlichen Situation der Lernenden vorbehalten. Daher können solche informelle Arrangements am besten durch ein erhöhtes Level von personalisiertem Lernen konzeptualisiert werden, bei denen Vorwissen durch persönliche und individuelle Lernerfahrungen in Alltags- (oder Arbeitskontexten) angereicht wird und anschließend im Präsenzunterricht wieder mit allgemeineren Konzepten verknüpft wird.

Risiken und Ausblick

Während informelles mobiles Lernen und insbesondere die Integration von formellen und informellen Lernformen unter dem Schlagwort *Seamless Learning* hohe Erwartungen wecken, müssen die Möglichkeiten dieser Entwicklungen auch kritisch diskutiert werden.

Das informelle Lernen ist dadurch gekennzeichnet, dass die kontextuellen Bedingungen ein Lernen zwar anregen, ermöglichen oder sogar fördern, aber nicht in dem Sinne didaktisiert sind, dass sie Lernwege vorgeben oder im Lernprozess anleiten. Informelles Lernen basiert daher überwiegend auf Selbststeuerungs- und Selbstregulationsdispositionen und auf der intrinsischen Motivation der Lernenden. Im Umgang mit digitalen Medien setzt es zudem Medienkompetenz zur Nutzung dieser Ressourcen voraus. Funktionale Kompetenzen der Nutzung von Mobiltechnologien sind damit zwar eine notwendige, keineswegs jedoch hinreichende Bedingung für Mobile Learning. Es müssen auch die Motivation und Selbstlern-Kompetenzen vorhanden sein, um mobile Medien für das informelle Lernen effektiv einzusetzen. Beispielsweise resultiert die nicht-fokussierte Verwendung von Telefonen in Form von *Multi Tasking* in schlechteren Lernleistungen (Chen/Yan 2016).

Forschungsergebnisse zum *Digital Divide* offenbaren zudem, dass der Zugang, die Motivation und die Effekte aus der Nutzung digitaler Medien ungleich verteilt sind (Warschauer 2004; Zillien 2009). Ebenso zeigt sich eine hohe Korrelation zwischen der Nutzung formaler und informeller Lernformen, wobei Personen mit höheren sozioökonomischen Status beide Lernformen häufiger nutzen (Kaufmann 2016). Daraus leitet sich das Risiko ab, dass vor allem gänzlich freie, d. h. nicht didaktisch eingebundene Lernmöglichkeiten, vor allem von Personengruppen genutzt werden, die bereits über ihren ökonomischen Status und ihr Bildungsniveau privilegiert sind. Dies gilt sowohl in einer globalen Perspektive, aber auch bezogen auf Ungleichheiten in entwickelten Industrieländern. Die Frage der digitalen Spaltung und damit einhergehenden Unterschieden hat dabei im Kontext von Mobile Web und mobilen Endgeräten (erneut) an Bedeutung gewonnen (Verständig/Iske 2014).

Kritisch zu hinterfragen ist auch, ob der Informationsbezug von Mobilegeräten zum Beispiel zur Beantwortung einer Fragestellung, oder im Rahmen von Performance Support, überhaupt als Lernen erachtet werden kann. Es stellt sich darüber hinaus die Frage, inwiefern die allgegenwärtigen Informationsmöglichkeiten nicht die aktive, eigenständige und kritische Auseinandersetzung mit einer Fragestellung erschweren und zu technologischen Abhängigkeiten führen.

Mobile Learning wird zudem oft als Möglichkeit angegeben, sogenannte Leerzeiten, wie Fahrt- und Wartezeiten, produktiv zu nutzen (Decker et al. 2016; Krauss-Hoffmann et al. 2007). Auch wenn damit zunächst nur *Möglichkeiten* des Lernens angesprochen sind, können daraus auch *Notwendigkeiten* ergeben, wenn diese Zeiten im Sinne der Produktivitätsausschöpfung für das Lernen eingeplant werden. Zeiten der Entspannung und Kontemplation, die auch für die Verarbeitung von Erfahrungen, die Reflexion von Lernprozessen oder einfach zur Erholung notwendig sind, können durch eine implizite Lernnotwendigkeit vereinnahmt werden. Diese Entwicklung wird durch ubiquitäre Kommunikationspraktiken verstärkt, wie z. B. der Tatsache, dass die meisten Smartphone-Nutzenden ihr Gerät bereits noch vor dem Aufstehen im Bett bedienen. Sie stellt die Nutzenden vor große Herausforderungen in Bezug auf das Management der *Work-Life-Balance*. Auf die Lernperspektive umgemünzt stehen die Möglichkeiten des allgegenwärtigen, *seamless* Lernens den Bedürfnissen der Lernenden nach Abgrenzung diametral gegenüber und erfordern neue Kompetenzen, die weit über das Erlernen der technologischen Funktionen eines Mobilgeräts hinausgehen.

Abschließend muss beachtet werden, dass die soziokulturellen Charakteristiken von informellen und formellen Lernsettings konträr sind, und deren Integration in Spannungen resultiert, die sowohl von Lehrpersonen als auch Lernenden entsprechend aufzulösen sind:

> The carefully bounded discourse of formal education contrasts with the rich interactions that children engage in outside school, through mobile calls, texting and computer messaging, and by conversing in online communities. These two worlds are now starting to conflict as children bring mobile phones into the classroom or share homework online. (Sharples et al. 2010, 96)

Zusammenfassend kann festgestellt werden, dass kein anderes Medium die globale Wissensgesellschaft so stark verändert hat wie das Smartphone. Die soziotechnischen und kulturellen Transformationen wirken sich insbesondere in den informellen, persönlichen Lern- und Lebenswelten der Benutzenden aus. Die zuvor genannten Beispiele haben einige Möglichkeiten und Potenziale dargelegt, wie diese Entwicklungen für Bildungszwecke nutzbar gemacht werden können. Es muss jedoch festgehalten werden, dass sich die gegenwärtige *Mobile Learning*-Forschung primär auf schulische und formelle Lernformen konzentriert und bei informellen, und insbesondere lebenslangen und ubiquitären Lernen noch sehr viele Fragen offenbleiben, die in zukünftigen Forschungsvorhaben aufzugreifen sind.

Literatur

Ahmad, N.; Orion, P. (2010): Smartphones Make IBM Smarter, But Not As Expected. *Training & Development*, 64/1, 46–50.

Autorengruppe Bildungsberichterstattung (2016): Bildung in Deutschland 2016. Ein indikatorengestützter Bericht mit einer Analyse zu Bildung und Migration. http://www.bildungsbericht.de/de/bildungsberichte-seit-2006/bildungsbericht-2016/pdf-bildungsbericht-2016/bildungsbericht-2016.

Axelson, C.; Wårdh, I.; Strender, L. E.; Nilsson, G. (2007): Using medical knowledge sources on handheld computers. A qualitative study among junior doctors. *Medical Teacher* 29/6, 611–618.

Baethge, M.; Baethge-Kinsky, V. (2004): *Der ungleiche Kampf um das lebenslange Lernen.* Münster: Waxmann.

BMBF – Bundesministerium für Bildung und Forschung (2016): Berufsbildungsbericht 2016.https://www.bmbf.de/pub/Berufsbildungsbericht_2016.pdf.

Burger, T.; Harring, M.; Witte, M. D. (Hrsg.) (2015): *Handbuch Informelles Lernen. Interdisziplinäre und internationale Perspektiven.* Weinheim/München: Juventa.

Chan, S. (2011a): „Becoming a baker. Using mobile phones to compile e-portfolios". In: N. Pachler; C. Pimmer; J. Seipold (Hrsg.): *Work-based mobile learning:Concepts and cases.* Oxford et al.: Peter-Lang, 91–117

Chan, S. (2011b): „Constructing of ePortfolios with Mobile Phones and Web 2.0". In: *R. Kwan et al. (Hrsg.): Enhancing Learning Through Technology. Education Unplugged: Mobile Technologies and Web 2.0.* 6th International Conference, ITC 2011, Hong Kong, China, July 11–13, 2011. Proceedings, 243–253.

Chen, Q.; Yan, Z. (2016): „Does multitasking with mobile phones affect learning? A review". *Computers in Human Behavior*, 54, 34–42.

Colley, H.; Hodkinson, P.; Malcom, J. (2003): *Informality and formality in learning: A report for the Leanring and Skill Reserach Centre.* London: Learning and Skill Research Centre.

Coombs, P. H. (1968): *The World Education Crisis: A System Analysis.* London/Toronto: Oxford University Press.

Coombs, P. H.; Ahmed, M. (1974): *Attacking Rural Povertry: How nonformal education can help.* Baltimore: John Hopkins University Press.

Decker, J.; Wesseloh, H.; Schumann, M. (2016): „Anforderungen an mobile Micro Learning Anwendungen mit Gamification-Elementen in Unternehmen". In: M. Knoll; S. Meinhardt

(Hrsg.): *Mobile Computing. Grundlagen – Prozesse und Plattformen – Branchen und Anwenderszenarien*. Wiesbaden: Springer Vieweg, 173–188.
European Commission. (2006): Classification of learning activities.- Manual. http://www.uis.unesco.org/StatisticalCapacityBuilding/Workshop Documents/Education workshop dox/2010 ISCED TAP IV Montreal/NFE_CLA_Eurostat_EN.pdf.
Faure, E.; Herrera, F.; Kaddoura, A.-R.; Lopes, H.; Petrovsky, A. V.; Rahnema, N.; Ward, F. C. (1972): *Learning to be: The world of education today and tomorrow*. Paris: UNESCO.
Frieling, E.; Schäfer, E. (2016): „Arbeitsgestaltung für informelles Lernen". In: M. Rohs (Hrsg.): *Handbuch Informelles Lernen*. Wiesbaden: Springer, 469–482.
Frohberg, D. (2008): Mobile learning. Universität Zürich. https://www.merlin.uzh.ch/contributionDocument/download/2037.
Gerstenmaier, J.; Mandl, H. (2001): Methodologie und Empirie zum Situierten Lernen. http://www.uni-koeln.de/hf/konstrukt/didaktik/situierteslernen/FB_137.pdf.
Göhlich, M. (1997): *Offener Unterricht, Community Education, Alternativschulpädagogik, Reggiopädagogik. Die neue Reformpädagogiken. Geschichte, Konzeption, Praxis*. Weinheim/Basel: Beltz.
Granovetter, M. (1973): „The strength of weak ties". *American journal of sociology* 78/6, 1360–1380.
Hsu, Y.-C.; Ching, Y.-H. (2012): „Mobile Microblogging. Using Twitter and Mobile Devices in an Online Course to Promote Learning in Authentic Contexts". *International Review of Research in Open and Distance Learning* 13/4, 211–227.
Huber, L. (2009): „Warum Forschendes Lernen nötig und möglich ist". In: L. Hube;, J. Hellmer; F. Schneider (Hrsg.): *Forschendes Lernen im Studium. Aktuelle Konzepte und Erfahrungen* Bielefeld:UniversitätsVerlag Webler, 9–35.
Kaufmann, K. (2016): „Beteiligung am informellen Lernen". In: M. Rohs (Hrsg.): *Handbuch informelles Lernen*. Wiesbaden: Springer, 65–86.
Kolb, D. A. (1984): *Experiential learning. Experience as the source of learning and development*. Prentice-Hall: Englewood Cliffs.
Kommission der Europäischen Gemeinschaften (2000): *Memorandum über Lebenslanges Lernen*. Brüssel: Kommission der Europäischen Gemeinschaften https://www.hrk.de/uploads/tx_szconvention/memode.pdf.
Krauss-Hoffmann, P.; Kuszpa, M. A.; Sieland-Bortz, M. (2007): Mobile Learning. Dortmund: Initiative Neue Qualität der Arbeit.
Lan, Y.-F.; Tsai, P.-W.; Yang, S.-H.; Hung, C.-L. (2012): „Comparing the social knowledge construction behavioral patterns of problem-based online asynchronous discussion in e/m-learning environments". *Computers & Education* 59/4, 1122–1135. doi:10.1016/j.compedu.2012.05.004.
Lave, J.; Wenger, E. (1991): *Situated Learning. Legitimate peripheral participation*. Cambridge: Cambridge University Press.
Leung, G. M.; Johnston, J. M.; Tin, K. Y. K.; Wong, I. O. L.; Ho, L. M.; Lam, W. W. T.; Lam, T. H. (2003): „Randomised controlled trial of clinical decision support tools to improve learning of evidence based medicine in medical students". *BMJ* 327/7423, 1090.
Mettiäinen, S.; Karjalainen, A. L. (2011): ICT-Based Software as a Supervision Tool in Nursing Students' Clinical Training. Paper presented at the AICT 2011. The Seventh Advanced International Conference on Telecommunications, St. Marteen, The Netherlands.
Pachler, N.; Bachmair, B.; Cook, J. (2010a): *Mobile Learning. Structures, Agency, Practices* (Vol. 1). New York, Dordrecht, Heidelberg, London: Springer.

Pachler, N.; Cook, J.; Bachmair, B. (2010b): „Appropriation of mobile cultural resources for learning". *International Journal of Mobile and Blended Learning* 2/1, 1–21.
Pimmer, C.; Brysiewicz, P.; Linxen, S.; Walters, F.; Chipps, J.; Gröhbiel, U. (2014): „Informal mobile learning in nurse education and practice in remote areas. A case study from rural South Africa". *Nurse Education Today* 34/11, 1398–1404.
Pimmer, C.; Linxen, S.; Gröhbiel, U.; Jha, A.; Burg, G. (2012): „Mobile learning in resource-constrained environments. A case study of medical education". DOI:10.3109/01421 59X.2012.733454. Medical Teacher. doi:10.3109/0142159X.2012.733454.
Pimmer, C.; Mateescu, M.; Gröhbiel, U. (2016): „Mobile and ubiquitous learning in higher education settings. A systematic review of empirical studies". *Computers in Human Behavior* 63, 490–501.
Pirttiaho, P.; Holm, J.-M.; Paalanen, H.; Thorström, T. (2007): *Etaitava. Mobile Tool for On-the-Job Learning*. Paper presented at the Iadis, International Conference Mobile Learning, Lisbon, Portugal.
Rohs, M. (2008): *Conected Learning. Zur Verbindung formellen und informellen Lernens in der IT-Weiterbildung*. Saarbrücken: VDM Verlag Dr. Müller.
Rohs, M. (2014). „Theoretische Überlegungen zum Zusammenwirken formellen und informellen Lernens". *Schweizerische Zeitschrift für Bildungswissenschaften* 36/3, 391–440.
Rohs, M. (Hrsg.) (2016): *Handbuch Informelles Lernen*. Wiesbaden: Springer.
Sharples, M. (2000): „The design of personal mobile technologies for lifelong learning". *Computers & Education* 34, 177–193.
Sharples, M.; Taylor, J.; Vavoula, G. (2007): „A theory of learning for the mobile age". In: R. Andrews; C. Haythornthwaite (Hrsg.): *The Handbook of E-learning Research*. London: Sage, 221–247.
Sharples, M.; Taylor, J.; Vavoula, G. N. (2010): „A Theory of Learning for the Mobile Age. Learning through Conversation and Exploration Across Contexts". In: B. Bachmair (Hrsg.): *Medienbildung in neuen Kulturräumen. Die deutschprachige und britische Diskussion*. Wiesbaden: Verlag für Sozialwissenschaften, 87–99.
Stern, E.; Sommerlad, E. (1999): *Workplace Learning. Culture and Performance,* London: Institute of Personnel & Development.
Straka, G. A. (2000): „Lernen unter informellen Bedingungen (informelles Lernen). Begriffsbestimmung, Diskussion in Deutschland, Evaluation und Desiderate". In: A. Qualifikations-Entwicklungs-Management (Hrsg.): *Kompetenzentwicklung 2000*. Münster: Waxmann, 15–70.
Tough, A. (1971): *The Adult's Learning Project. A Fresh Approach to Theory and Practice in Adult Learning*. Toronto: OISE.
Trifonova, A. (2003): Mobile Learning. Review of the literature. Retrieved from https://core.ac.uk/download/files/407/11829028.pdf.
Verständig, D.; Iske, S. (2014): „Digitale Teilhabe und Digitale Ungleichheiten. Perspektiven auf die Vielfalt und Komplexität mobiler Internetnutzung". *Computer + Unterricht* 96, 27–30.
Warschauer, M. (2004): *Technology and Social Inclusion. Rethinking the Digital Divide*. Cambridge: MIT Press.
Zillien, N. (2009): *Digitale Ungleichheit. Neue Technologien und alte Ungleichheiten in der Informations- und Wissensgesellschaft* (Vol. 2). Wiesbaden: Springer VS.
Zürcher, R. (2015): „A sociomaterial model of the teaching-learning continuum". *European Journal for Research on the Education and Learning of Adults* 6/1, 1–18.

III Didaktische Optionen

Philippe Wampfler

Lernen mit Social Media. Lernszenarien und Lernumgebungen

> Den Systemwandel durch die Einführung neuer Medien, versteht man erst, wenn man sich vor Augen führt, dass Medien auch das Erleben von Welt und Gesellschaft verändern. Sie ermöglichen eine neue Orientierung, wecken neue Wünsche, Absichten und Interessen. Das Buch verändert unser Lesen, wie Mikroskop und Fernglas unser Sehen verändern. Die Eröffnung eines Benutzerkontos auf einer sozialen Plattform im Netz verändert unseren Sinn für gesellschaftliche Möglichkeiten, wie die Bilder aus dem reichen Norden die Durchhaltebereitschaft im armen Süden verändern. Ein etwas anspruchsvollerer Medienbegriff stellt daher darauf ab, dass Medien nicht nur bereits vorhandene Wirklichkeiten vermitteln, sondern neue Möglichkeiten in Reichweite rücken und vorstellbar machen. Die Medien, in denen wir uns bewegen, schaffen die Welt, an der wir uns mit ihrer Hilfe orientieren. (Baecker 2016)

Der soziologische Blick auf den Medienwandel, den Dirk Baecker anbietet, schafft einen weiten Kontext für die Frage nach dem Lernen mit *Social Media*. Er zeigt, dass die Inhalte des Lernens, das zu erwerbende Wissen oder die aufzubauenden Kompetenzen nicht unabhängig von den Medien sind, mit denen dieses Lernen erfolgt. Ein Beispiel macht deutlich, dass diese Einsicht in der traditionellen Welt der Bildung noch wenig Verbreitung gefunden hat: Wie verweist man auf Quellen? Um das zu normieren, haben sich einige einschlägige Richtlinien durchgesetzt, auch für Online-Quellen. Doch sie basieren auf der Vorstellung, alle Quellen stünden in einer Bibliothek, seien alphabetisch geordnet oder über eine Signatur zugänglich. „Das Internet ist keine Bibliothek", heißt es in einer Fußnote in Felix Stalders *Kultur der Digitalität* – in einer Fußnote, die darauf hinweist, dass eine URL oder Webadresse nicht nur instabil ist, weil sie sich ändern kann, sondern ab einer bestimmten Länge kaum noch abgetippt werden kann (Stalder 2016, 7). Entsprechend haben *Social-Media*-User eigene Verfahren entwickelt, um auf Quellen zu verweisen. Diese beruhen auf einem veränderten Umgang mit Informationen, beziehen sich stärker auf Suchverfahren und Verlinkung als auf die Angabe präziser Adressen. In den Vordergrund rücken die Beziehungen zu anderen Userinnen und Usern sowie eine dynamische bzw. prozessuale Vorstellung von Wissen, welche das statische Speicherkonzept bibliothekarischen Wissens abgelöst hat.

Wer wissen will, wie Quellenverweise in digitaler Kommunikation funktionieren, kann das nicht mit beliebigen Medien erlernen. Die Teilhabe an den entsprechenden Praktiken führen zu neuen Evidenzen, zu veränderten Kompetenzen. Wenn Baecker (2016) schreibt, neue Medien führten zu einer „neue[n]

DOI 10.1515/9783110501131-011

Orientierung“, dann gilt das genauso für Lernprozesse, die stark mit Orientierung verbunden sind.

Der folgende Beitrag umreißt den aktuellen Forschungsstand zum Lernen mit *Social Media.* Anhand eines Definitionsabschnitts sowie vier einleitend skizzierten Lernszenarien wird anschaulich gemacht, was in zwei anschließenden Abschnitten ausgeführt wird: Die Bedeutung von persönlichen Lernumgebungen für den Aufbau von Kompetenzen im digitalen Kontext und die Verschränkung von informellen und formellen Settings.

Definition und Überblick

Kann man mit Herzig Medien als Mittler definieren, die „in kommunikativen Zusammenhängen [...] Zeichen mit technischer Unterstützung übertragen“ (Herzig 2017, 504), so erfüllen *Social Media* als Unterbegriff gemäß der einschlägigen Definition von Boyd und Ellison vier zusätzliche Bedingungen: *Erstens* erfolgt die Übertragung digital auf so genannten Plattformen, *zweitens* bestehen diese aus Interaktionen von identifizierbaren Profilen, bei denen *drittens* Beziehungen zwischen Profilen öffentlich dargestellt werden können, so dass Außenstehende sie wahrnehmen können. *Viertens* bieten *Social Media* Nachrichtenflüsse von Inhalten an, die Userinnen und User auf den Plattformen generiert haben (Boyd/ Ellison 2013, 158).

Diese vier Prinzipien lassen sich auf vordergründig heterogene Plattformen anwenden: Klassische Beispiele wie *Twitter*, *Facebook* und *Instagram* gehören ebenso dazu wie Lernmanagement-Systeme wie *Moodle* oder *ILIAS* sowie bestimmte Verwendungsweisen kollaborativer Office-Umgebungen (z. B. *Google Drive* oder *OneDrive*), wo ebenfalls Profile öffentlich interagieren und Nachrichtenflüsse generieren.

Durch eine Modifikation der Definition wäre es zwar denkbar, sich nur auf Plattformen zu beziehen, die im engeren Sinne soziale Netzwerke darstellen, bei denen also der soziale Aspekt Voraussetzung und Grund für die Nutzung eines Dienstes darstellt. Gerade eine weitere Fassung des Begriffs kann aber zeigen, dass *Social Media*-Prinzipien das Netz stark durchdrungen haben: Sobald Userinnen und User Profile anlegen und eigene Inhalte zur Interaktion anbieten können, hat eine Plattform (auch) *Social Media*-Charakter.

Herzig unterscheidet drei Funktionen für digitale Medien in Bezug auf den Unterricht:

1. Sie dienen als Werkzeuge für die Bearbeitung und Darstellung von Lernobjekten.

2. Sie ermöglichen Kooperation, Kommunikation oder Kollaboration.
3. Als Lernobjekte unterstützen sie die Auseinandersetzung mit Inhalten. (Herzig 2017, 507–508)

Geht es im Folgenden um das Lernen mit *Social Media*, dann rücken die Plattformen in den Vordergrund, welche sich in Bezug auf die zweite Funktion auszeichnen. *Slideshare* ist dafür ein treffendes Beispiel: Die Plattform ermöglicht Usern, digitale Präsentationen zu publizieren. Das entspricht der ersten Funktion: Präsentationen dienen der Darstellung von Lernobjekten. Jedoch sind die Möglichkeiten zur Kooperation und Kommunikation auf *Slideshare* sehr limitiert und werden kaum genutzt – entsprechend wird das Tool zwar für die digitale Lehre oft eingesetzt, ist aber für eine Diskussion von Lerneffekten mit *Social Media* von geringer Bedeutung.

Abschließend sei präzisiert, was im Folgenden mit Lernen gemeint ist: Ein Aufbau von Kompetenzen im Sinne von Weinert (2001, 27–28), der damit die kognitive Fähigkeiten und Bereitschaften meint, situativ Probleme zu lösen und die Ergebnisse sozial zu verantworten. Diese Definition bezieht sich in diesem Aufsatz auf alle denkbaren sozialen Gruppen – Lernen ist weder auf Jugendliche noch auf Unterrichtssettings beschränkt.

Vier Lernszenarien in Social Media

Der Lernchat

Lerngruppen Jugendlicher und junger Erwachsener organisieren unaufgefordert Chatforen, in denen sie einen lernbezogenen Austausch pflegen. Meist handelt es sich dabei um mobile Chats (*WhatsApp* oder *Facebook-Messenger* sind dafür verbreitet).

Lernchats kann man sich wie ein Gespräch in einer Freistunde vorstellen: Im Idealfall herrscht eine Balance zwischen sozialer Unterhaltung und Lernaktivitäten im engeren Sinne, zwischen Fragen und Antworten, zwischen eigenen Überlegungen und Verweisen auf Fachliteratur. Dabei werden die multimedialen Möglichkeiten der Plattformen genutzt: Neben der schriftlichen Chat-Sprache, die eine Mischung aus verbalen und symbolischen Äußerungen mit Emojis darstellt, sind auch Scans von Seiten aus Lehrbüchern, Links sowie Erklärungen per Sprachnachricht häufig verwendete Formate.

Die *Social Media*-Chats können zudem als „Fugenkitt" (Wampfler 2016) betrachtet werden, der verschiedene Lernmanagement-Systeme (LMS) verbindet und relevante Inhalte für die Lerngruppe zum richtigen Zeitungpunkt zugänglich macht. Stellen diese von Institutionen oft geschlossenen und proprietären Systeme Archive dar, die in ihrer Struktur Bibliotheken gleichen und oft unübersichtlich werden, so beziehen Teilnehmende an Lernchats daraus Lernressourcen situativ angepasst auf die erforderlichen Lernschritte.

2.2 *Youtube*-Lernvideos

Die Idee des *„Flipped Classroom"* (Abeysekera/Dawson 2015) vertauscht die traditionell im Frontalunterricht angesiedelte Instruktion und die individuell verantworteten Übungs- und Reflexionsphasen: Lernende verarbeiten Lerninhalte hauptsächlich über digitale Lernvideos, die sie dann im Präsenzunterricht gegebenenfalls mit Lehrenden zusammen diskutieren, hinterfragen und sich in Übungssequenzen aneignen. Diese Form von *Blended Learning*, also der Verbindung Online- und Präsenzlernen, bezieht informelle Lernstrategien mit ein, die sich gerade im Umgang mit *Youtube*-Lernvideos zeigen. Das Finden und Verarbeiten solcher Videos ist für Jugendliche wie auch für Erwachsene selbstverständlich geworden, bei vielen praktischen Aufgaben wie Kochen, Handarbeit oder Umgang mit Technologie sind die von *Youtube*-Usern erstellten Videos häufig die erste Anlaufstelle. Die im Alltag informell verlaufenden Lernprozesse (sie werden nicht formell geprüft, sondern zeigen ihre Ergebnisse in der Praxis) sind seit längerem ein brach liegendes Potential für zahlreiche Lernherausforderungen (Rohs 2016a, v-vi; sowie den 4. Teil dieses Aufsatzes).

Twitter

Twitter ist ein effizientes Tool, um Netzwerke in bestimmten Fachgebieten aufzubauen. Es wird in vielen Lernbereichen auch von angesehen Expertinnen und Experten genutzt und funktioniert ähnlich wie der Besuch von Tagungen oder Konferenzen: Links führen zu neuen Inhalten, die kurz kommentiert werden und auch zur Diskussion gestellt werden können. Wer sich auf *Twitter* ein themenorientiertes Kontaktnetz aufbaut, kann Fragen stellen oder beantworten und erhält Zugang zu Lernmaterialien.

Gleichzeitig ist *Twitter* nicht nur Informations-, sondern auch Distributionskanal (König 2015). Das bedeutet, dass das eigene Lernprofil dargestellt werden kann, wenn interessante Texte per Link zur Verfügung gestellt werden, anregende Inputs oder Fragen formuliert werden, der Besuch von Veranstaltungen mit Tweets begleitet wird. So entsteht eine informelle Form von Vernetzung mit Lehrenden und Lernenden.

Google Docs

Im Herbst 2016 hat Passig ein *Google Docs*-Dokument erstellt, um Überlegungen zum gemeinsamen Schreiben in der *Cloud* zu sammeln. Das Dokument hat sie gegliedert, mit ihren Überlegungen gefüllt und dann freigegeben, damit alle Interessierten ihre Überlegungen eintragen konnten. So entstand ein Papier (Passig 2016), das Anleitungen, Lösungen für Probleme, Anwendungsbeispiele, Reflexion und wissenschaftliche Links versammelt und bei dem deutlich wird, wer zum Thema im deutschsprachigen Bereich etwas zu sagen hat. Diese Methode ist auch bei anderen Themen denkbar: Schriftliche Arbeiten können so kollaborativ lektoriert, Protokolle einer Gruppe zum Editieren übergeben oder Ideensammlungen initiiert werden. Ein gutes Beispiel dafür ist ein Dokument von Pariser, mit dem er nach Lösungen für die Verbreitung von *fake news* gesucht hat. Inzwischen ist daraus ein 150-seitiges Buch geworden, das immer noch über *Google Docs* zugänglich ist und zu dem eine Vielzahl von Fachleuten beigetragen hat (Pariser 2016).

Kollaborative Dokumente bieten für alle Mitarbeitenden einen Wert und sind ein Weg, um komplizierte Verfahren bei der mehrstufigen Bearbeitung von Texten zu vereinfachen und zu synchronisieren. Dafür ist *Google Docs* nur ein Beispiel, viele Textverarbeitungsprogramme enthalten heute eine *Social Media*-Komponente (Passig 2016, 2). Die Zusammenarbeit beim Erstellen digitaler Texte ist auch Gegenstand der Schreibforschung (Schindler/Wolfe 2014).

Persönliche Lernumgebungen

Die vorgestellten Lernszenarien in *Social Media*-Umgebungen lassen sich mit der Konzeption des Persönlichen Lernnetzwerks (PLE, englisch: *Personal Learning Environment*) auf einen Begriff bringen (ausführlicher: Wampfler 2017). Rheingold, der sich in seinen Büchern und Vorträgen mit diesem Begriff wiederholt auseinandergesetzt hat, beschreibt seinen persönlichen Zugang in seinem Buch *Net Smart* wie folgt:

> When I started using social media in the classroom, I knew something about the technology, but less about the pedagogy that it could support. I looked for and began to learn from more experienced educators. I searched on terms such as „educational technology," „social

> media pedagogy," and „wikis in the classroom," noting names of authors while I collected links, opened tabs, tagged bookmarks, and added radars to my dashboard. I looked at the people who bookmarked a large number of sites with tags like „edu-tech" and „educational technology," inspected their other tags, and noticed who were the first to bookmark the most popular sites. I harvested the names that recurred, found their blogs and Twitter user names, and then started reading them. I followed their blogrolls and added more experts to my list. I tried to comment usefully on their blog posts and tweets. (Rheingold 2012, 226–227)

In seinem Ansatz der PLE geht Rheingold von Fragen und sozialen Beziehungen als Impulsen für Netzwerke aus. Entsprechend könnte eine Minimaldefinition einer PLE wie folgt lauten: „Eine persönliche Lernumgebung umfasst die Netzwerke, in denen ein Lerner oder eine Lernerin Fragen stellt und beantwortet." Dafür erforderlich sind mehrere Filterebenen: Der Fokus der Lernumgebung, die Auswahl der Themen und die Bezugspersonen des Netzwerks müssen anpassbar sein. Informationen, Prozesse oder Personen, die lernförderlich sind, müssen genauso hinzugefügt werden können, wie störende Aspekte zu entfernen sind.

Diese Filter bieten *Social Media*-Tools an, indem Profile gewählt werden können, Gruppenkonversationen abonniert oder ausgeblendet, Algorithmen Informationen gezielt verdichten, *Bookmark*-Systeme die Archivierung erleichtern oder Suchfunktionen den Zugriff auf bestimmte Informationen erleichtern. Geht Rheingold aus amerikanischer Perspektive von *Twitter* als Hauptwerkzeug aus, so bieten sich im deutschsprachigen Kontext auch andere Plattformen an, auf denen sich Lernende austauschen. Zu denken ist etwa an Foren, Lernmanagementsysteme wie *Moodle*, Gruppen bei *Facebook*, *Google Plus* oder *LinkedIn*. Entscheidend ist, dass institutionelle oder soziale Rahmenbedingungen den Aufbau der Netzwerke nicht einschränken. Wer sich beispielsweise nur innerhalb eines Unternehmens oder einer Schule mit anderen Personen austauscht, limitiert als Nebeneffekt seine Wissensarbeit und verhindert eine mögliche Spezialisierung durch die Vernetzung mit weiteren Lernenden, die ähnliche Interessen und Bedürfnisse haben.

Persönliche Lernumgebungen entwickeln Lernende im Bewusstsein, dass Lernressourcen durch die Pflege sozialer Beziehungen erschlossen werden. Dafür bieten *Social Media* die nötigen Werkzeuge an.

Aus didaktischer Perspektive lösen PLEs zwei Probleme: Sie individualisieren Lernprozesse auf der methodischen und der sozialen Ebene, indem sie Lernenden zugestehen, für ihr Lernen vollumfänglich die Verantwortung zu übernehmen. Wer lernt, bestimmt die Werkzeuge, die Mitglieder seiner Lerngruppen und den Modus seiner Lernreflexion. Die Resultate dieser Reflexion – das ist die zweite Leistung der persönlichen Lernumgebungen – fließen direkt in die Anpassung der Netzwerke ein. Die PLEs werden auf methodischer und sozialer Ebene kontinuierlich verbessert. Individualisierung sowie Entwicklung der Lernnetzwerke sind ein Alleinstellungsmerkmal gegenüber anderen Bildungsumgebungen, die aufgrund institutioneller Anbindung und längerfristiger Planung diese Flexibilität und Anpassungsfähigkeit nicht in diesem Ausmaß anbieten können.

Diese Perspektive orientiert sich an Idealen, erlaubt aber auch, einen Qualitätsanspruch abzuleiten: Gute PLEs sind leicht adaptierbar und funktionieren ohne institutionelle oder methodische Vorgaben. Sie bieten entsprechende Filter und Dashboards an, mit denen Lernende sie anpassen und ihre Wahrnehmung steuern können. Das ist der Hauptgrund, weshalb *Social Media* die Qualität von PLEs steigern: Sie sind letztlich die mediale Umsetzung dieser Anforderung. Sie erlauben fokussiertes Arbeiten in Netzwerken, weil sie Informationen zu filterbaren Strömen verdichten. Diese Ansicht widerspricht dem verbreiteten Narrativ, digitale Kommunikation sei als eine reine Oberfläche voller Ablenkungsgefahren zu charakterisieren. Es geht letztlich von einer ziellosen Nutzung von Tools aus, die der erprobenden Haltung einer neuen Userin oder eines neuen Users entspricht. Der bewusste Einsatz von *Social Media* im Rahmen von PLEs ist an den Lernprozess angebunden und entsprechend fokussiert. Ablenkung kann als Lernerfahrung durchaus gewollt sein, lässt sich mit der nötigen Selbstdisziplin aber eingrenzen.

Einige Beispiele mögen verdeutlichen, welche Leistung *Social Media* für Handhabung flexibler PLEs bieten:

1. Literaturhinweise werden häufig mit Links auf Dokumente und Verweisen auf Profile von Autorinnen und Autoren ausgestattet. So können einerseits die Dokumente selbst ins persönliche Wissensmanagementsystem aufgenommen werden, indem sie etwa bei *Evernote* oder *OneNote* abgelegt werden. Andererseits können die Profile ins Netzwerk integriert werden. Schafft die Interaktion interessante Lerngelegenheiten, dann bleibt das Profil Teil der PLE, ansonsten kann es möglicherweise entfernt werden.
2. Interaktionen in *Social Media*-PLEs werden beobachtet und können so Lernende zusammenführen, die an ähnlichen Themen interessiert sind. Eine Reihe technischer Möglichkeiten wie Favorisieren („liken") oder Weiterverbreiten (teilen) macht zudem die Resonanz einzelner Informationen und Aktionen sichtbar. Es ist, als könnte man in Bibliotheken nachschlagen, wer ein Buch schon ausgeliehen, gemocht oder darüber geschrieben hat. So lassen sich Kriterien festlegen, um PLEs anzupassen und zu verändern.
3. Inhalte in sozialen Netzwerken sind grundsätzlich kommentierbar. Feedback hat einen hohen Stellenwert. Es kann Hinweise geben, wie die eigene PLE verbessert werden kann, mehr noch: Wie Lernprozesse wirkungsvoll gestaltet werden können.
4. An einer Präsenzveranstaltung oder Tagung können Teilnehmende Inhalte auf einer digitalen Plattform kommentieren und weiterführende Hinweise geben.

> So vernetzen sich auch nicht miteinander bekannte Personen, bringen ihre PLEs in Kontakt miteinander und bereichern das Angebot der Veranstaltung.

PLEs orientieren sich an den informellen Lernprozessen, sind also funktional an subjektive und praxisbezogene Lernziele angebunden. Entsprechend liegen ihre Stärken auch in der Motivation der Lernenden, die ihren Kompetenzzuwachs direkt erleben und beobachten können.

Ohne Netzwerke sind PLEs nicht denkbar: Ihre Vernetzung umfasst *Peer*-Lernende wie auch Expertinnen und Experten. Der Blick auf die PLE ist der auf die Teilhabe von Individuen an solchen Gruppenprozessen. Rheingold weist zurecht darauf hin, dass funktionierende Netzwerke eine Balance zwischen *strong ties* und *weak ties* aufweisen müssen. Lernende Subjekte gestalten damit also enge und verlässliche Beziehungen, die ihnen Orientierung ermöglichen, und bauen neue und überraschende auf, die neue Informationen und Sichtweisen zugänglich machen (Wampfler 2014, 97).

Ganz allgemein besteht ein Großteil der Arbeit an PLEs darin, Gleichgewichte herzustellen: Antworten und Fragen, Gleich- und Andersdenkende, Bekanntes und Neues, Angenehmes und Anstrengendes müssen genauso wie enge und weite Beziehungen eine Balance bilden, damit digital umgesetzte PLEs einen Nutzen bringen.

Zusammenfassend stehen PLEs im Kontext der 4K-Vorstellung von Lernen: Sie verbinden Kommunikation, Kollaboration, Kreativität und kritisches Denken in einer personalisierbaren, flexiblen Lernumgebung (für die 4K-Definition – englisch 4C – P21 2015). So ergeben sich vier grundlegende Merkmale für ein qualitativ hochstehendes digitales Lernnetzwerk:

1. Die PLE ermöglicht Lernenden, mit Fragen an Fachleute zu gelangen und Fragen von anderen Lernenden zu beantworten.
2. Diese Lernnetzwerke lassen sich leicht personalisieren, verändern und mit Filtern versehen, z. B. durch die Verwendung von *Social Media*.
3. Gute PLEs ermöglichen den Anschluss an Lerngemeinschaften.
4. Sie sind hinsichtlich verschiedener Anforderungen so im Gleichgewicht, dass sie bei der Bewältigung informeller Lernprozesse unterstützend wirken, besonders deshalb, weil sie verlässliche Urteile, Feedback sowie neue Informationen und Beziehungen anbieten.

Abschließend sei kurz auf die Forschung zur spezifischen Leistung von *Social Media* für Lernprozesse hingewiesen, die stark mit der Diskussion des PLE-Konzepts zusammenhängt.

Wie der Forschungsüberblick von Dabbagh und Kitsantas (2012, 4–6) zeigt, helfen PLEs und *Social Media* bei der Bewältigung der Herausforderungen, die im Zusammenhang mit heterogenen Lerngruppen, der Verbindung von Lernprozessen in unterschiedlichen Kontexten sowie beim Transfer von Kompetenzen in die Praxis entstehen. Sie sind darüber hinaus Basis für emergente Lernprozesse, die den Zugang zu von Lehrenden nicht geplanten Kompetenzen und Inhalten ermöglichen. Das ist ein entscheidendes Vorgehen für den Umgang mit heterogenen Lerngruppen (Pauschenwein et al. 2016, 286).

Diese Funktion der Arbeit mit PLEs erklärt sich vornehmlich daraus, dass Lernende sich darüber oft stärker vernetzen als das im Kontext einer Präsenzveranstaltung der Fall wäre. Kuratierte Gruppen und Gefäße in *Social Media*-Kontexten führen zu einem wirksamen Austausch in Lerngemeinschaften über Einzelveranstaltungen hinaus.

Folgt man der 4K-Idee, dann spiegelt der Einsatz von *Social Media* den zeitgemäßen Umgang mit Lerninhalten. Pointiert gesagt ist der Unterricht in einem Schulungsraum im 21. Jahrhundert nicht mehr der primäre Lernmodus, sondern die Arbeit am Smartphone, dem Kulturzugangsgerät. *Social Media* müssten dann nicht im Rahmen einer Mehrwert-Debatte legitimiert werden, sondern wären für kompetente Lernende selbstverständlich ein zentraler Zugang zu kulturellen Artefakten, wie sich das bei Jugendlichen schon seit rund zehn Jahren zeigt (Folkestad 2006 für Musik oder Peppler/Kafai 2007 für einen kreativen bzw. pädagogischen Umgang mit Medien).

Bei Dabbagh und Kitsantas (2012) finden sich weitere wichtige Aspekte des Einbezugs von PLEs in die Weiterbildung. Sie sind durch Untersuchungen belegt: PLEs geben Lernenden eine stärkere Kontrolle über ihr Lernen, weil sie eine Personalisierung ermöglichen, die LMS oft nicht anbieten. Entsprechend gehen Lernende in solchen Umgebungen meist motivierter, aktiver und interaktiver vor. Zudem sind sie in der Lage, Lernendenprofile zu entwickeln und sich darüber auszutauschen und zu vernetzen. So zeigt etwa die Untersuchung von Blogprojekten bei Studierenden, wie sich die Lerngemeinschaft insofern verbessert, als dass einzelne Mitglieder sich selbst als wichtigen Teil wahrnehmen und den Eindruck haben, ihre Bedürfnisse und Meinungen spielten eine Rolle (Churchill 2009, 181–182).

Spezifischer kann die Leistung von PLEs und *Social Media* mit dem triadischen Modell des selbstregulierten Lernens von Zimmerman (2000, 15–17) erfasst werden. Das Modell geht von einem Zyklus aus, der aus dene Phasen Planung, Performanz sowie Selbstreflexion besteht. Diese letzte Phase kann etwa bei der Evaluation der Wirksamkeit von Lernmethoden die Motivation beeinflussen, die zur Planung gehört. Betrachtet man traditionelle Unterrichtsformate im Modell von Zimmerman, ergeben sich begrenzte Möglichkeiten, Planung und Selbstreflexion zu dokumentieren. Entsprechend limitiert fällt auch ihre Nutzung für Lernprozesse aus. Weil PLEs persönliche Anteile am Lern- und Wissensmanagement erhöhen, bieten sie dafür erweiterte Möglichkeiten. Mehr noch: Durch den *back channel* des *Social Media*-Austausches ist die zyklische Verbundenheit der drei Lernphasen während Präsenzveranstaltungen selbst erfahrbar, weil Lernende ihre PLEs oft als Werkzeug für die Ablage von Notizen und Reflexionen verwenden.

Die Verbindung von informellem und formalem Lernen

Die eingangs erwähnten Lernszenarien tragen zu einer „zunehmenden ‚Informalisierung' des Lernens in allen Lebenszusammenhängen" bei (Rohs 2016b, 30). Gemeint ist damit, dass unbewusste, nicht angeleitete, nicht anerkannte oder nicht getestete Lernprozesse eine größere Bedeutung erhalten. Wurde das 10-Finger-System zu Zeiten der Schreibmaschine in Kursen gelehrt, handelt es sich heute weitgehend um eine Kompetenz, die sich Kinder oder Jugendliche informell aneignen – unterstützt von digitalen Werkzeugen. Wer ein praktisches Problem lösen will, konsultiert heute im Netz Anleitungsseiten und -videos oder stellt Fragen in sozialen Netzwerken. Auch für den komplexen Erwerb von Fremdsprachen gibt es digitale Werkzeuge, die informell genutzt werden.

Diese Erfahrungen führen abgesehen vom konkreten Erwerb von Fertigkeiten auch zu methodischen Lernkompetenzen: Die Möglichkeiten, Hilfestellungen zu erhalten, werden mit der Zeit systematischer und effizienter.

Es wäre naheliegend zu denken, im Bereich des informellen Lernens liege ein großes Potenzial brach, das durch den richtigen Einsatz digitaler Werkzeuge oder spezifischer Nutzung von *Social Media* abgerufen werden könnte. Mehrere Aspekte dieser Vorstellung sind jedoch komplexer, als es den Anschein hat: Das Potenzial kann durch die Einbindung in formale Lernszenarien nicht einfach erschlossen werden, sondern wird durch den Versuch der Formalisierung des Lernens geradezu bedroht, wie das Pietraß in einem Fazit zum informellen Lernen in der Medienbildung festhält:

> Die Bedeutung formalen und nonformalen Lernens besitzt so auch eine Konsequenz für den Wert informell erworbener Lerngewinne. Wenn die Freizeit zunehmend zertifizierter Weiterbildung gewidmet werden muss, kann der kulturelle Sektor, das auf die eigenen Interessen und die persönliche Fortentwicklung gerichtete Lernen, zeitlich weniger Raum einnehmen. [...] Das Potenzial informellen Lernens, sowohl was die Aneignung von Fertigkeiten anbelangt, wie sie im Bereich der Freizeitarbeit anfallen, aber auch die Persönlichkeitsentwicklung und die kulturelle Bildung, wird so entwertet. Der Bereich des informellen Lernens mit Medien zeigt beeindruckend, wie vielfältig die sozialen Praxen und Strategien sind, Medien als Ressource für Lernen in den verschiedensten Bereichen zu nutzen. (Pietraß 2016, 138–139)

Hinzu kommt, dass es bislang nur vage Vorschläge dazu gibt, wie die Verbindung formaler und informeller Lernprozesse zu denken sei. Konstruktivistische und konnektivistische Lernparadigmen, die neben der Digitalisierung ebenfalls starke Gründe für die Konjunktur informellen Lernens darstellen (Gnahs 2016, 109–110), führen zu Unterrichtssettings, in denen soziale Netzwerke eine große Bedeutung einnehmen. Rücken subjektive Darstellungen des Weltwissens und Beziehungen zwischen Lernenden in den Mittelpunkt des Unterrichts, dann bieten sich im Rahmen der PLE-Vorstellung *Social Media* als Medium geradezu an. Informelles Lernen entsteht in solchen Unterrichtssettings emergent und wird als eine produktive Strategie auch hoch gewertet. Sind solche didaktischen Arrangements in der Erwachsenenbildung denkbar, so stehen sie im Widerspruch zu verbreiteten Verfahren der Leistungsmessung und Zertifizierung von Lernenden.

Eine dritte Herausforderung bei der Verbindung von formalen und informellen Lernprozessen liegt in der Gegensätzlichkeit ihrer Konzeption begründet. Wer informell lernt, misst die Lernergebnisse in der Praxis – ein reparierter Motor, ein gebackener Kuchen oder eine gesprochene Fremdsprache lassen darauf schließen, dass der Lernerfolg eingetreten ist. Diese konkreten Ziele tragen auch zur Motivation bei, sie sind so auch die Auslöser des Lernens. Distanziert sich formaler Unterricht von dieser Praxis, lässt er kaum informelle Lernprozesse zu.

Die Frage nach der Verbindung des informellen und formalen Lernens ist deshalb naheliegend, weil *Social Media* effiziente Werkzeuge zur Durchführung und Dokumentation informeller Lernprozesse anbieten. Wer *Social Media* nutzt, lernt meist automatisch. Wie Rohs in Bezug auf das informelle Lernen zeigt (Rohs 2016a), gibt es zahlreiche Ansätze, diese Lerneffekte zu erforschen und Möglichkeiten zu schaffen, sie zu anerkennen. Es ist aber nicht möglich, informelles Lernen zu formalem zu machen. Gerade weil sich die Userinnen und User von sozialen Netzwerken nicht so verhalten, wie sie das in einer Schule tun würden, können und wollen sie voneinander lernen. Aus der Perspektive einer traditionellen Schulsozialisation entwertet das *Social Media*-Lernen den Lernprozess – dies gilt allerdings nicht vor dem Hintergrund eines konstruktivistischen Lernparadigmas.

Ausblick

Social Media werden für Lernende in naher Zukunft eine größere Bedeutung haben. Dafür können drei Gründe angeführt werden:

Erstens werden sich Lernprozesse stärker am 4K-Ideal orientieren. PLEs werden zur Grundlage der dafür notwendigen Kollaboration, wie die Beispiele von Lernchats oder der Zusammenarbeit mit *Google Docs* zeigen. *Social Media*-Aktivitäten haben für Lernende zunehmend die gleiche Struktur wie Lernen: Auf den Plattformen der sozialen Netzwerken werden Fragen gestellt, Antworten gegeben, Wissen dargestellt, nach Informationen gesucht und Verfahren zur Problemlösung erarbeitet.

Zweitens erfolgen die wesentlichen Schritte der Wissensarbeit heute mit digitalen Tools. Diese wurden in den letzten Jahren mit *Social Media*-Funktionalitäten erweitert – wer schon nur *Microsoft Office* nutzt, befindet sich potentiell in einem sozialen Netzwerk. Es ist davon auszugehen, dass diese Funktionalitäten zunehmend auch verwendet werden, wenn sie Wissensarbeit effizienter machen. Denkt man etwa an die kollaborative Bearbeitung von Dokumenten durch das Verschicken von E-Mails mit unterschiedlichen Versionen, dann ist es naheliegend, cloudbasiert und mit *Social Media*-Erweiterungen zu arbeiten.

Drittens wird formales Lernen an Schulen, Universitäten und anderen Institutionen zunehmend durch informelles Lernen in digitalen Kontexten konkurrenziert. Kinder und Jugendliche sind mit diesen Methoden vertraut und setzen sie mit hoher Motivation ein. Weil es nicht möglich ist, sie in formale Lernkonzeptionen zu integrieren, dürfte es zu einer Verlagerung vieler Lernprozesse in informelle Lernsettings kommen, die häufig mit *Social Media*-Einsatz verbunden sind.

Literatur

Abeysekera, L.; Dawson, P. (2015): Motivation and cognitive load in the flipped classroom: definition, rationale and a call for research. *Higher Education Research & Development* 34/1, 1–14.

Baecker, D. (2016): Die vielfache Vertreibung aus dem Paradies. Medienwandel und Gesellschaft 4.0. NZZ vom 10. November 2016. http://www.nzz.ch/feuilleton/zeitgeschehen/medienwandel-und-gesellschaft-40-die-vielfache-vertreibung-aus-dem-paradies-ld.127460.

Boyd, D.; Ellison, N. B. (2013): Sociality through Social Network Sites. In: W. H.Dutton (Hrsg.): *Oxford Handbook of Internet Studies*. Oxford: Oxford University Press, 151–172.

Churchill, D. (2009): Educational applications of Web 2.0: Using blogs to support teaching and learning. *British Journal of Educational Technology* 40, 179–183.

Dabbagh, N.; Kitsantas, A. (2012): Personal Learning Environments, social media an self-regulated learning: A natural formula for connecting formal and informal learning. *Internet and Higher Education* 15, 3–8.

Folkestad, G. (2006): Formal and informal learning situations or practices vs formal and informal ways of learning. *British Journal of Music Education* 23/2 (2006), 135–145.

Gnahs, D. (2016): *Informelles Lernen in der Erwachsenenbildung/Weiterbildung. In: M. Rohs (Hrsg.): Handbuch informelles Lernen*. Wiesbaden: Springer VS, 107–122.

Herzig, B. (2017): Medien im Unterricht. In: M. K. W. Schweer (Hrsg.): *Lehrer-Schüler-Interaktion. Inhaltsfelder, Forschungsperspektiven und methodische Zugänge.* 3. Aufl. Wiesbaden: Springer VS, S. 503–522.

König, M. (2015): Twitter in der Wissenschaft: Ein Leitfaden für Historiker/innen. http://dhdhi.hypotheses.org/1072.

Lu, J.; Churchill, D. (2012): The effect of social interaction on learning engagement in a social networking environment. *Interactive Learning Environments* 22/4, 401–417.

P21: P21 Framework Definitions (2015). http://www.p21.org/storage/documents/docs/P21_Framework_Definitions_New_Logo_2015.pdf.

Passig, K. (2016): Gemeinsames Schreiben. https://docs.google.com/document/d/1Hey4tG4yI7QU1G0RG2GXRE-7B0-_mG8lpdabVTQjYqg/edit.

Pariser, E. (2016): Design Solutions for Fake News. https://docs.google.com/document/d/1OPghC4ra6QLhaHhW8QvPJRMKGEXT7KaZtG_7s5-UQrw/edit#heading=h.97o89pmf8ct6.

Pauschenwein, J.; Sfiri, A.; Schinnerl-Beikircher, I. (2016): Auseinandersetzung mit der Qualität didaktischer E-Learning Szenarien. In: Steirische Hochschulkonferenz (Hrsg.): *Qualität in Studium und Lehre. Kompetenz- und Wissensmanagement im steirischen Hochschulraum.* Wiesbaden: Springer VS, 283–304.

Peppler, K. A.; Kafai, Y. B. (2007): From SuperGoo to Scratch: exploring creative digital media production in informal learning. In: *Learning, Media and Technology* 32/2, 149–166.

Pietraß, M. (2016): Informelles Lernen in der Medienpädagogik. In: M. Rohs: *Handbuch informelles Lernen.* Wiesbaden: Springer VS, 123–140.

Rheingold, Howard (2012): *Net Smart. How to thrive Online.* Cambridge MA/London: MIT Press.

Rohs, M. (2016a): Vorwort. In: M. Rohs (Hrsg.): *Handbuch informelles Lernen.* Wiesbaden: Springer VS, v–ix.

Rohs, M. (2016b): Genese informellen Lernens. In: M. Rohs (Hrsg.): *Handbuch informelles Lernen.* Wiesbaden: Springer VS, 3–30.

Rosa, L. (2012): Lernen 2.0: Didaktik der Autodidaktik. http://shiftingschool.wordpress.com/2012/11/28/lernen-2-0-didaktik-der-autodidaktik/.

Schindler, K.; Wolfe, J. (2014): Beyond Single Authors: Organizational text production as collaborative writing. In: E.-M. Jakobs; D. Perrin, (Hrsg.): *Handbook of Writing and Text Production.* Berlin/Boston: De Gruyer Mouton, 159–174.

Stalder, F. (2016): *Kultur der Digitalität.* Frankfurt a.M.: Suhrkamp.

Wampfler, P. (2013): *Facebook, Blogs und Wikis in der Schule. Ein Social-Media-Leitfaden.* Göttingen: Vandenhoeck & Ruprecht.

Wampfler, P. (2014): *Generation „Social Media". Wie digitale Kommunikation Leben, Beziehungen und Lernen Jugendlicher verändert.* Göttingen: Vandenhoeck & Ruprecht.

Wampfler, P. (2016): Social Media sind Fugenkitt. https://schulesocialmedia.com/2016/05/03/social-media-sind-fugenkitt-und-andere-learnings-von-sollive/.

Wampfler, P. (2017): Social Media in der Weiterbildung. Erscheint in: T. Zimmermann; G. Thomann; D. Da Rin.: *Über Kurse und Lehrgänge hinaus. Weiterbildung an Hochschulen* Bern: HEP Verlag.

Weinert, F. E. (2001): Vergleichende Leistungsmessung in Schulen – eine umstrittene Selbstverständlichkeit. In: F. E. Weinert (Hrsg.): *Leistungsmessungen in Schulen.* Weinheim und Basel: Beltz, 17–31.

Zimmermann, B. (2000): Attainment of self-regulation: A social cognitive perspective. In: M. Boekaerts; P. Pintrich; M. Zeidner (Hrsg.): *Self-regulation: Theory, research and applications.* Orlando: Academic Press, 13–39.

Klaus Rummler

Lernen mit YouTube-Videos. Dimensionen einer vielfältigen Lernumgebung

Einleitung

In Deutschland besuchen etwa ein Drittel aller Internetnutzerinnen und -nutzer die Seite YouTube (ARD/ZDF-Onlinestudie 2016; Nielsen Digital Content Measurement 2015). Damit ist YouTube und das Thema Online-Videos zum festen Bestandteil von Internetnutzung geworden. Noch allgemeiner kann man vermutlich formulieren, dass Online-Videos – und YouTube steht hier exemplarisch – zu einem neuen Leitmedium geworden sind. Damit ist ein neuer Kulturraum (Marotzki et al. 2000) entstanden, der mit seiner Bildungsfunktion vielfältig in dynamische kulturelle Entwicklungen verflochten ist. So ist das Aufkommen von YouTube beispielsweise mit der Dreiecksbeziehung der *Sozio-kulturellen Ökologie* (Rummler 2014) oder dem *Mobile Complex* (Pachler et al. 2010) erklärbar, das auf der Grundlage des zunächst bipolaren *Structuration Models* von Giddens (1984) entstanden ist und um den Pol der kulturellen Praktiken erweitert wurde. Die drei Pole des Dreiecks sind *gesellschaftliche, soziale und technologische Strukturen* (social and technological structures), *kulturelle Praktiken* (cultural practices) und *Handlungs- bzw. Wirksamkeitskompetenzen* (agency):

– Die *gesellschaftlichen, sozialen und technologischen Strukturen*, wie sie sich in den letzten 30 Jahren in Zentraleuropa entwickelt haben, sind einer der Wegbereiter für den Erfolg von YouTube. Zentrale Stichworte sind hier unter anderen: Risikogesellschaft (Beck 1986), Individualisierung/Fragmentierung (Schulze 1992), Post-Strukturalismus und sich daran anschließende Gesellschaftszuschreibungen wie z. B. Informationsgesellschaft (Giesecke 2002), oder Netzwerkgesellschaft (Castells 2004) usw. In dieser Logik kam seit den 1980er Jahren der Personal Computer ins Spiel, der als notwendige Erfindung ein Produkt von Gesellschaft und Kultur ist. Meilensteine dieser Entwicklung sind die Erfindung des TCP/IP-Protokolls als Grundlage der Kommunikation von Computern untereinander und als Grundlage des Internets sowie die Erfindung der grafischen Benutzeroberfläche. In den 1990er Jahren sind dann zwei maßgebliche Systeme zusammengewachsen, nämlich die fernmündliche Kommunikation per Telefon und die räumliche Mobilität. Daraus sind zunächst das Autotelefon und später die im deutschsprachigen Raum sogenannten Handys entstanden. Die für uns aktuell folgenschwerste und spürbarste Entwicklung ist wiederum die Verbindung zuvor getrennter

DOI 10.1515/9783110501131-012

Systeme, nämlich das Verschmelzen des Computers mit dem Handy in der Form der Smartphones. Pachler et al. (2010) beschreiben die zentralen Merkmale von Smartphones mit „increasing portability, functional, multimedia convergence, ubiquity, personal ownership, social interactivity, context sensitivity, location awareness, connectivity and personalisation" (Pachler et al. 2010, 7). Mittlerweile sind das Smartphone und die darauf befindlichen Anwendungen eingebunden in ein System aus konvergenten Medien und Dienstleistungen, das von den Dienstleistungen und Plattformen im Internet kaum mehr zu trennen ist: Massenkommunikation ist die mobile, vernetzte und individualisierte Anwendung abstrakter Technologien, die einen institutionalisierten Rahmen erzeugen (Beispiel: YouTube als rahmende Plattform), innerhalb dessen die Userinnen und User sinnhafte Anwendungen finden *müssen*. Die Userinnen und User selbst sind dabei eingebunden in und werden geprägt durch soziale und gesellschaftliche Strukturen wie Schule, Peer-Groups und gesellschaftliche Milieus, wobei es Gesellschaft als solche ist, die wiederum Systeme wie YouTube hervorbringt, erzeugt und reproduziert.

- *Kulturelle Praktiken* fokussieren die Frage nach den Mediennutzungsmustern der Userinnen und User bzw. der kulturellen Praktiken im Alltag. Vor dem Hintergrund mobilisierter Massenkommunikation bedeutet das für die Nutzung mobiler Medien im Wesentlichen das aktive Herstellen sozialer Kontexte, z. B. gemeinsam Musik mit dem Smartphone zu hören oder sich zum Spielen von Konsolenspielen bei Freunden zu verabreden. Daneben geht es aber auch um das aktive Herstellen von Inhalten, z. B. eigene Videos mit dem Smartphone auf YouTube hochladen. Kulturelle Praktiken beschreiben dabei sedimentierte und nicht mehr hinterfragte Handlungsmuster. So entstehen derzeit rund um YouTube kulturelle Praktiken, die als Handlungsmuster in bestimmten sozialen Gemeinschaften selbstverständlich geworden sind und Phänomene wie „Let's Play!" vervorbringen.
- *Handlungs- bzw. Wirksamkeitskompetenz* entfaltet sich im Dreiecksgefüge aus gesellschaftlichen, sozialen und technologischen Strukturen und den damit verbundenen kulturellen Praktiken. Es ist die Frage danach, wie es Menschen gelingt, ihre Lebenswelt reflexiv und verantwortlich mit Medien zu konstruieren und aufzubauen, sowie nach der gelingenden Teilhabe an *kulturellen Praktiken* und an *gesellschaftlichen, sozialen und technischen Strukturen*.

In diesem Verständnis stehen Online-Videos und Plattformen wie YouTube als Ressourcen innerhalb komplexer ökologischer Gefüge zur Verfügung. Menschen – und da sind sich Kinder, Jugendliche, Erwachsene und *SilverSurfer* gleich – suchen, nutzen und wählen die Videos vor ihren persönlichen Hintergründen, Motivationen, Interessen und Lebenslagen aus. Diese Muster der Aneignung und Rezeption sind eingebunden in kulturelle Praktiken z. B. des schulischen Lernens oder der Handlungspraktiken innerhalb der Peer-Group. Innerhalb dieser Gefüge entfalten Menschen Handlungs- und Wirksamkeitskompetenz, indem sie z. B. über Videos Kommunikation erzeugen, daran teilhaben, bis hin zum Upload selbst produzierter Videos auf YouTube.

Typisierung von Online-Videos

Die Vielzahl der YouTube Videos und der kulturellen Praktiken, in denen sie eingelagert sind und in denen sie entstehen, lassen ganz eigenständige Genres und Formate aufkommen. Bereits zu den Anfangszeiten von YouTube wurde die Plattform in der Kultur- und Medienwissenschaft diskutiert (Snickars/Vonderau 2009) und besondere Formate wie das semi-professionelle Vlogging als Video-Blogging (Burgess/Green 2009) oder persönliche individuelle Kriegsberichterstattung aus dem Irak (Christensen 2009) ausgemacht. Anhand der Umfrage von Goldmedia 2015 im Auftrag der Bayerischen Landeszentrale für neue Medien (BLM) sowie der Landesanstalt für Kommunikation Baden-Württemberg (LFK) ist erkennbar, dass die Medien- und Reichweitenforschung, von der Fernsehforschung herkommend, auch YouTube als Web-TV ernst nimmt. Fragt man die Web-TV-Anbieter nach den Formaten, die sie auf YouTube anbieten, folgt eine Liste an Formaten, von denen einige für das Thema „Lernen" im engeren Sinne interessant scheinen „Tutorial & How-to; Videoblog (Vlog)/Follow me around; [...] News; Doku/Information; Gaming; Wissen; Musik; [...] Sport; [...] Sonstiges" (Goldmedia 2016, 18).

Fragt man Jugendliche, welche Videos sie zum Lernen benutzen, oder aus welchen Videos sie etwas gelernt haben, kommt die Bremer Befragung zur Nutzung, Produktion und Publikation von Online-Videos zu den Bereichen Sport, Musizieren, Styling und Mode, Nutzung technischer Geräte wie Computer und Smartphones, Computerspiele, Kochen, Basteln und Reparieren, soziales Lernen und schulisches Lernen (Rummler/Wolf 2012). In dieser Lesart werden also auch Videos, die ursprünglich nicht als Instruktions-, Dokumentations- oder Vermittlungsformate angelegt waren, erst durch die Nutzung und durch die handlungspraktische Kontextualisierung der Nutzerinnen und Nutzer, zu lernrelevanten Videos.

Um Online-Videos und insbesondere selbst produzierte Online-Videos für den erziehungswissenschaftlichen Diskurs bearbeitbar zu machen, versucht Wolf Kategorisierungen verschiedener Videoformate, die im weiteren

Verständnis Lehrcharakter haben, zu systematisieren (Wolf 2015b, 121–131). Im Bereich non-fiktionaler Sachfilme spannt er dazu zwei Achsen auf: die Frage nach der Spielhandlung und Narration auf der horizontalen Achse und die Frage nach dem Grad der Didaktisierung auf der vertikalen Achse. Dabei entstehen zwei Pole: (1) Filme mit einem hohen Grad an Didaktisierung und Professionalisierung (Lehrfilme) mit einem gewissen Anteil an Spielhandlung und Narration. Am andren Pol stehen (2) Dokumentarfilme mit relativ geringem Grad an Didaktisierung aber einem höheren Anteil vor allem an Narration und Professionalisierung. Dazwischen spannt sich mit Erklärvideos im weiteren Sinne für Wolf der Kernbereich der Betrachtung auf. Wolf (2015b) bezeichnet Erklärvideos als „eigenproduzierte Filme, in denen erläutert wird, wie man etwas macht oder wie etwas funktioniert, bzw. in der abstrakte Konzepte und Zusammenhänge erklärt werden“ (Wolf 2015b, 123; Wolf/Kratzer 2015, 30). Wolf beschreibt weiter vier kennzeichnende Merkmale von Erklärvideos: thematische Vielfalt, gestalterische Vielfalt, informeller Kommunikationsstil, Diversität in der Autorinnen- und Autorenschaft.

Als Sub-Genre von Erklärvideos versteht er „Videotutorials“, „in denen eine beobachtbare Fertigkeit oder Fähigkeit im Sinne einer vollständigen Handlung explizit zum Nachmachen durch die ZuschauerInnen vorgemacht wird“ (Wolf 2015b, 123; siehe vertiefend zu Video-Tutorials: Valentin 2015). Davon abgrenzend beschreibt er „Performanzvideos [...] in denen eine beobachtbare Fertigkeit im Sinne einer Dokumentation oder einer Selbstdarstellung ohne weitere didaktische Aufarbeitung gezeigt wird (z. B. ein Skateboardtrick oder eine Maltechnik)“ (Wolf 2015b, 123). Sie haben zunächst eher Unterhaltungscharakter. Aber bereits durch einfache gestalterische Eingriffe als Grundentscheidungen bekommen Performanzvideos eine „Proto-Didaktik“, vor allem dann, wenn diese Videos zum Ziel haben, die dargestellten Handlungen nachvollziehbar und nachmachbar zu machen.

> So kann z. B. bei einem Performanzvideo eines Liedvortrages mit einer Gitarre die Nutzung mehrerer Kameraperspektiven (rechte Hand, linke Hand) das Nachmachen (Lernen am Modell) stark vereinfachen. Durch weitere didaktische Entscheidungen, wie z. B. das Lied in einzelnen Teilen verlangsamt vorzumachen, mündliche Erklärungen einzusprechen oder technische Vorübungen für schwierige Teile einzuführen, wird das Performanzvideo zu einem Video-Tutorial. (Wolf 2015b, 124)

In dieser Lesart, gibt es vielfältige Überlappungen und sehr schmale Grenzen zwischen diesen Kategorisierungen. Es wird deutlich, dass bereits kleine erklärende Momente in den Videos didaktisierenden Charakter bekommen und damit das Video selbst zum Erklärvideo wird.

Lernen mit Videos

Die Nutzungsmuster von Jugendlichen zeigen, dass sie Online-Videos nicht nur zur Unterhaltung nebenbei nutzen, sondern auch gezielt zum Lernen verwenden, indem sie Videos zu bestimmten Themen suchen, aber auch Videos zu bestimmten, lernrelevanten Themen selbst produzieren. Im nächsten Schritt gilt es Modelle zu bestimmen, die in der Lage sind, die Lernprozesse zu beschreiben, die im größeren Zusammenhang mit der Rezeption und vor allem mit der Produktion und ihrer spezifischen Didaktik von Online-Videos stehen (Wolf/Rummler 2011).

Auf der Ebene der Rezeption bedeutet das Suchen und Anschauen von Videos zu bestimmten Themen zunächst *Lernen am Modell* sowie vertiefend das *Lernen durch Reflexion*, auf der Ebene der eigenen Videoproduktion bedeutet das *Lernen durch Lehren.*

Lernen durch Rezeption von Videos

Lernen am Modell

Lernen anhand von Online-Videos kann auf einer basalen Ebene zunächst als Prozess des Nachahmens verstanden werden. Eine Handlung wird als Video dokumentiert und kann somit wiederholt betrachtet werden. Ob das Nachahmen eines „Performanzvideos“ gelingt, hängt von der Komplexität und Sichtbarkeit der Handlung sowie der Qualität der Videoaufnahme ab sowie dem Vorwissen der Betrachtenden. So ist z. B. ein Tanzschritt oder das Flechten einer Frisur leichter per Video zu dokumentieren als der Mundansatz beim Spielen einer Trompete. Soll also ein Video eine Handlung nicht nur dokumentieren, sondern auch erklären, werden didaktische Überlegungen und Entscheidungen notwendig. Da viele Erklärvideos auf Online-Videoplattformen nicht von ausgebildeten Didaktikerinnen und Didaktikern erstellt werden, orientieren sich die Autorinnen und Autoren an subjektiven Didaktiktheorien.

Die in Lernenden-generierten Online-Videos am häufigsten implizit gewählten didaktischen Modelle für die Produktion von Erklärvideos stammen aus der Berufspädagogik und dienen zum Erlernen einer Arbeitstätigkeit:

(a) 4-Stufen-Methode (Schelten 1995): insbesondere die ersten zwei Stufen (1. Stufe: Vorbereitung; 2. Stufe: Vorführung und Erklärung) sind in Form von Videos einfach zu realisieren. Das „Nachmachen unter Anleitung“ (3. Stufe) kann von den Jugendlichen per Video im Sinne von „Probeläufen“ selbst dokumentiert, durch Videorückmeldungen kommentiert und schließlich mit

Rückmeldungen versehen werden (4. Stufe: Selbständig üben und arbeiten lassen) (Schelten 1995, 126).

(b) Modell der vollständigen Handlung (Schöpf 2005): Lernen nach dem Modell der vollständigen Handlung beschreibt einen zirkulären Kreislauf aus den Schritten 1. Informieren (Arbeitsmittel, Arbeitsfeld, Kunden usw.), 2. Planen der Arbeitshandlungen (Vorgehensweise festlegen, Arbeitsplan erstellen usw.), 3. Entscheiden (Was muss ich tun?), 4. Ausführen der geplanten Arbeitshandlungen, 5. Kontrollieren des Arbeitsergebnisses (Qualitätsmanagement), 6. Bewerten des Arbeitsergebnisses (Ist das Arbeitsergebnis so wie ich es mir vorgestellt habe?)

Die von den „didaktischen Amateuren" produzierten Videos orientieren sich dabei vor allem an eigenen Instruktionserfahrungen in der Schule, Ausbildungskontexten oder Sportvereinen, aber auch Erklärformaten wie den Sachgeschichten aus dem Kinderfernsehen (z. B. „Die Sendung mit der Maus").

Lernen durch Reflexion und Analyse

Allerdings greift eine Beschreibung des Lernens mit Video als reines Nachahmen zu kurz. Eine weitere Qualität gewinnt das Lernen mit Video durch das Reflektieren und Analysieren von videografierten Handlungssituationen. In Bezug auf die Rezeption von Videos, ursprünglich im Kontext der Lehrerbildung, verdichten Krammer und Reusser (2005) das Lernen durch Reflexion von Videos auf folgende sechs Bereiche: Erfassen der Komplexität von Realität, Wissen erweitern, Wissen flexibler machen, Theorie und Praxis verbinden, Fachsprache aufbauen und Perspektivwechsel durchführen (Krammer/Reusser 2005, 36–37).

Pea und Lindgren (2008, 9f.) beschreiben drei Dimensionen zur Analyse und zur Reflexion über Videos:

1. Stil des Diskurses, in den das Video eingebettet ist und in dem es diskutiert wird: eher formell und aufgefordert wie in einer Unterrichtssituation oder informell und explorativ wie in einer lockeren Runde unter Peers.
2. Bezug zum Quellmaterial: Sind Lernende Insider (haben sie das Video selbst gedreht, haben sie selbst mitgespielt) oder sind sie Outsider (sind es Videos von anderen, werden Videos anderer diskutiert oder bearbeitet)?
3. Ziele und Zweck der Diskussion, der Rezeption oder der Produktion:
   a) Design: Ein Produkt, ein Prozess oder ein Schema verbessern,
   b) Synthese / Systematiken und Muster entdecken: Gemeinsamkeiten bei bestimmten Themen finden,

c) Evaluation: Kritik und konstruktives Feedback im Video,
d) Analyse und Interpretation: Dinge und Prozesse in ihre Bestandteile aufgliedern, nach Ursachen und Hintergründen suchen.

Aus einer lernzieltaxonomischen Sicht heraus wird klar, dass Lernen durch Reflexion und Analyse von Videos weit über eine reine Instruktion durch Erklärvideos hinausgehen kann. Fraglich bleibt allerdings bei Online-Videos, inwieweit diese Prozesse ohne eine explizite Unterstützung stattfinden.

Produktion von Erklärvideos: Lernen durch Lehren

In der von Anderson und Krathwohl (2001) überarbeiteten Bloom'schen Taxonomie, die von Andrew Churches (2009) im Hinblick auf digitale Medien aktualisiert und „übersetzt" wurde, entspricht das Filmen und Produzieren von Videos der höchsten Lernzielstufe.

Tab. 1: Auszüge aus Blooms digitaler Taxonomie mit Relevanz für das Thema „Lernen mit geteilten Videos". Übersetzt durch die Autoren nach Churches (2009).

Schlüsselbegriffe	***Verben***
Erschaffen	Gestalten, *filmen*, animieren, (video-)bloggen, abmischen, Video und Audio senden, Regie führen, *produzieren*.
Erproben	*kommentieren*, revidieren, *mitteilen*, kollaborieren, netzwerken.
Analysieren	attribuieren, strukturieren, integrieren, *verschlagworten*.
Anwenden	umsetzen, hochladen, *teilen*, *bearbeiten*.
Verstehen	interpretieren, zusammenfassen, vergleichen, *erklären*, *veranschaulichen*, erweitertes suchen, twittern, kategorisieren, *kommentieren*.
Erinnern	erkennen, auflisten, beschreiben, identifizieren, *beschaffen*, auffinden, Lesezeichen setzen, soziales vernetzen, favorisieren, *suchen*.

Das Konzept des *Lernens durch Lehren* (Martin 2007) bzw. Lernen durch die Gestaltung von Lernmaterialien (*Learning by Design*: Kafai 1996; Kafai/Harel 1991) löst traditionelle Rollenbilder formaler Bildungsprozesse auf. Schülerinnen und Schüler lernen durch das Erklären bzw. durch das Lehren in Videos, die sie selbst produziert haben. Die Nicht-Flüchtigkeit des Mediums Video erfordert jedoch eine Planung, was und wie am besten zu erklären ist. Dies wiederum befördert eine tiefere Durchdringung des zu vermittelnden Inhaltes, da man um erklären zu können, verstehen muss. Dieser Meta-Prozess – hier in Form des Gestaltens von Erklärvideos – könnte also durchaus als zusätzliche *siebte* Stufe in der oben genannten Taxonomie verstanden werden.

Dieses Konzept wird insbesondere durch Video-Dialoge, also aufeinander bezogene Videobotschaften unterstützt, in denen Nachfragen und Verbesserungsvorschläge von den Nutzerinnen und Nutzern zurückgemeldet werden. Die Beschäftigung mit der Lehrperspektive ermöglicht gleichzeitig eine neue Kommunikationsebene mit eingebundenen Peers, relevanten Dritten oder Lehrenden, indem über die Güte sowohl von Ausführung als auch von Erklärung und Anleitung fachinhaltlich und -didaktisch öffentlich diskutiert wird.

Lernkontexte, wie jener z. B. einer Berufslehre, oder allgemeiner „Lernergenerierte Contexte" [sic.] sind nach einer Definition von Seipold (2014) durch die Lernenden in ihrer Interaktion mit Menschen oder Gegenständen hergestellte Situationen und Räume. Sie sind situiert, zeitlich begrenzt und umfassen Handlungskompetenzen, Kenntnisse z. B. über das Berufsfeld und die darin eingelassenen kulturellen Praktiken.

Wie beschrieben lassen sich Online-Videos zwar vielfältig kategorisieren und verschiedene Grade der Didaktisierung darin ausmachen. Jedoch werden Online-Videos vor allem erst in der Nutzung in informellen Lernkontexten und vor dem Hintergrund der „Lernergenerierte Contexte" zu Erklärmedien. Aus Sicht der Lernenden braucht es

> ein genuines Interesse am Thema bzw. ein subjektiv bedeutsames und zu lösendes Problem im Sinne eines expansiven Lernprozesses (Holzkamp 2004) bzw. im Kontext von sogenannten Lernprojekten [...] abgeschlossene Prozesse informellen und selbst organisierten Lernens mit einem Thema (Wolf 2015a, 36),

um das interessenbasierte Lernen mit Hilfe von Online-Videos zu initiieren. Wolf (2015a) betont, dass nicht das Videoangebot den Ausgangspunkt der Nutzung darstellt, „sondern die jeweils subjektiv bedeutsame Frage nach dem ‚Wie geht etwas?'" (Wolf 2015a, 36). Sicherlich ist der technische Aufbau von YouTube durch „Likes", Vorschlagssystem, Personalisierung, Auffindbarkeit usw. sehr hilfreich um diesen subjektiv bedeutsamen Fragen nachzugehen oder sie erst zu entwickeln. Festzuhalten bleibt aber, dass sich Menschen (Kinder, Jugendliche, Lernende, Erwachsene) auch die online-Videos auf YouTube im Sinne von „symbolischem Material von Konsumobjekten, Medien und Ereignissen" individuell aneignen:

> in der Perspektive des eigenen Lebenslaufs und der eigenen subjektiven Themen, bezogen auf die vorhandene oder gesuchte soziale Umgebung als Bezugsrahmen, mit dem, was im jeweiligen Medien-Text angelegt ist, wobei die aufeinander bezogenen Medien in spezifischen kulturellen Kontexten einen Bezugsrahmen liefern (Bachmair 2009, 229).

Lernen mit Online-Videos in unterschiedlichen (beruflichen) Feldern

Das Thema Lernen mit Online-Videos ist nicht nur auf der Ebene Lernender-generierter Inhalt in informellen Lernkontexten relevant, sondern hat in den letzten Jahren auch in unterschiedlichen beruflichen Feldern stark an Bedeutung gewonnen. Um dies aufzuzeigen, beschreibt der folgende Abschnitt exemplarisch vier Bereiche, in denen Videos, insbesondere online-Videos eine zentrale Vermittlungsrolle spielen.

Unterrichtsvideos: Videos in der Lehramtsausbildung

In der Sozialforschung sind Videos zur Beobachtung sozialer Wirklichkeiten praktisch seit dem Aufkommen der Videotechnik bzw. der Speicherbarkeit von Bewegtbildern ein Mittel zur Generierung, Sammlung und späteren systematischen Analyse von Videobeobachtungen als empirische Datengrundlage:

> The term video study refers to research of social or educational reality based on analysis of video recordings. The investigative potential of video study lies in the fact that complex phenomena and events captured on video are available for analysis that can focus ex-post facto on various aspects of the material under investigation. (Janik et al. 2009, 7)

Die Ergebnisse dieser Studien, vor allem im Bereich der Unterrichtsbeobachtungen, haben einen umfangreichen Wissenskorpus über Unterrichtspraktiken, ihre Muster und Zusammenhänge geschaffen. Sie lassen differenzierte Aussagen zum Auftreten der Lehrperson, der Didaktik und Lehr-/Lernprozessen usw. sowie zu spezifisch fachdidaktischen Fragestellungen zu (Janik et al. 2009, 7).

Parallel zur Forschungslinie „Video Studies“ werden Unterrichtsvideos als Werkzeuge in der Aus- und Weiterbildung von Lehrpersonen eingesetzt (Krammer/Reusser 2005). Dort haben diese Beobachtungen auch eine Brückenfunktion zur Diskussion von Unterrichtspraxis und Forschungsergebnissen zwischen Forschenden und Lehrpersonen. Dabei beobachten Lehrpersonen retrospektiv ihren eigenen Unterricht, oder sie beobachten andere Lehrpersonen in ihrer Unterrichtspraxis. Dies erfolgt entweder in der Form von kurzen ausgewählten Sequenzen oder als rohes Datenmaterial ganzer Unterrichtseinheiten (Seidel et al. 2011).

Diese Videos unterscheiden sich von der bislang diskutierten Form der Videos, da sie zunächst grundsätzlich nicht veröffentlicht werden – es sind keine Online-Videos – und sie sind in dem Sinne nicht Userinnen-/User- oder Lernenden-generiert. Diese Videos sind, wie oben bereits erwähnt, ein Beispiel für Lernen am Modell bzw. Lernen durch Reflexion und Analyse. Da diese Videobeobachtungen jedoch in der Forschung sowie in der Aus- und Weiterbildung einen hohen Stellenwert haben, sollten sie bei der Diskussion um die aktuelle Nutzungspraxis von Videos nicht außer Acht gelassen werden.

Videos in der Berufsausbildung und beruflichen Weiterbildung

In vielen Bereichen und Ausbildungsprogrammen werden entweder professionell vorproduzierte oder Lernenden-generierte Online-Videos in der beruflichen Aus- und Weiterbildung verwendet. Diese Videos befinden sich dann häufig in betriebsspezifischen Applikationen, können dort wiederholt abgerufen und teilweise annotiert werden. Je nach didaktischem Setting werden bereits produzierte Videos im nächsten Jahrgang wiederverwendet oder sie werden themen- und aufgabenspezifisch in jedem Jahr neu produziert.

Ein eindrucksvoll dokumentiertes Beispiel zeigt den didaktischen Einsatz Lernenden-generierter Videos in der Ausbildung zu Verwaltungsfachangestellten für den öffentlichen Dienst an einem Schulzentrum in Norddeutschland (Lübcke/Burchert 2013). „Die allgemeine Aufgabenstellung lautete, einen Verwaltungsvorgang filmisch so aufzubereiten, dass die zu Grunde liegenden Gesetze sichtbar werden.“ (Lübcke/Burchert 2013, 2) Bedeutsam an diesem Projekt und an der angesetzten Didaktik ist, dass es nicht darum ging, „dass die gezeigten Verwaltungsvorgänge korrekt dargestellt und begründet sind“. Vielmehr ging es darum die Konzepte der *User Generated Contexts* und des *Arbeitsprozesswissen* zu verbinden. *User Generated Contexts* geht davon aus, dass Nutzerinnen und Nutzer Inhalte auf der Grundlage eigener Interessen und Hintergründe und zwar situiert im aktuellen Lebenszusammenhang erstellen. Dabei kann die im Lehrsetting gestellte Aufgabe nur ein Anstoß sein, sie wird aber letztlich zu einer didaktisch gewollten Eigendynamik der Lernaktivitäten und der Produkte/Prozesse mit digitalen Medien führen (Luckin et al. 2009; Seipold 2014).

> Arbeitsprozesswissen wird als Verknüpfung zwischen prozeduralem und deklarativen Wissen verstanden, als Konglomerat aus Arbeitserfahrung, theoretischem Fachwissen und Planungskompetenz, das eine Vielzahl von Facetten einschließt. (Lübcke/Burchert 2013, 5)

Diese konzeptuelle Verbindung „eröffnet Lehrenden die Gelegenheit, Verbindungen zwischen dem Lernen in der Schule und in der Verwaltungspraxis aufzu zeigen – und zwar zum einen im Sinne fachlicher Vertiefung“ (Lübcke/Burchert 2013, 12).

Online-Videos in der Hochschuldidaktik

Videoaufzeichnungen oder live-streams von Vorlesungen wurden zuvor bspw. genutzt, um eine Vorlesung aus einem Hörsaal in einen zweiten zu spiegeln, um eine große Zahl an Studierenden mit nur einem Dozierenden zu bedienen. Das Speichern und spätere Verfügbarmachen dieser Aufzeichnungen dient letztlich einem ähnlichen Ziel. Im Zusammenhang mit neuen universitären Kursformaten wie Massive Open Online Courses (MOOCS), im Zusammenhang mit dem Thema Open Educational Resources (OER) (Ebner et al. 2015) sowie im Zusammenhang mit neuen didaktischen Formaten wie *Flipped Classroom* ist im Anschluss an Vorlesungsaufzeichnungen ein veränderter Blick auf Videos in der Hochschullehre entstanden. Diesen Videos ist gemeinsam, dass sie – im Unterschied zu 90minütigen Vorlesungsausfzeichnungen – spezifisch als Videoproduktion geplant sind, dass sie überschaubare, einzelne inhaltliche Sinnabschnitte behandeln und ca. fünf bis zehn Minuten lang sind. Dies sind nach Wolf (2015b, 122) Lehrfilme im engeren Sinne. Konkrete forschungsbasierte Designempfehlungen geben Guo, Kim und Rubin:

> Our main findings are that shorter videos are much more engaging, that informal talking-head videos are more engaging, that Khan-style tablet drawings are more engaging, that even high-quality pre-recorded classroom lectures might not make for engaging online videos, and that students engage differently with lecture and tutorial videos. (Guo et al. 2014, 1)

Doch trotz all der Euphorie über massive Zugriffszahlen auf Online-Videos und großen Studierendenzahlen bei manchen MOOCS gibt es einige Ernüchterung: Hansch et al. (2015, 3) identifizieren forschungsbasiert fünf Ergebnisse, die gleichsam Herausforderungen für das Format Lernen mit Videos in Hochschulkontexten darstellen:

1. Videos dominieren den Inhalt der Kurse: Videos und insbesondere in den beiden Formen “Talking Head“ und “Tablet Capture“ sind die zentralen Vermittlungsinstrumente in den Kursen, wobei häufig unklar ist oder unreflektiert bleibt, ob Videos an den entsprechenden Stellen das passende Vermittlungsformat sind, oder ob es auch andere adäquatere Repräsentationsmodi gibt (Hansch et al. 2015, 3–5).
2. Videos sind teuer: Die Produktion dezidierter Videos involviert unterschiedliche Personen und Strukturen einer Hochschule bis hin zur Anschaffung oder Ausleihe von Hardware oder die Anmiete professioneller Studios. Diese Personal- und Sachkosten sind budgetrelevant (Hansch et al. 2015, 5–6).

Obwohl nur wenige Institutionen diese Kosten ausweisen kann man aus der Praxis ein Verhältnis von 1:10 ansetzen. Also 1 Stunde Video benötigt etwa 10 Stunden Personal multipliziert mit dem jeweiligen Faktor der Personalkosten plus Sachkosten.

3. Das Verhältnis zwischen Produktionskosten und Lernprozessen ist unklar: Hochschulen neigen dazu, teure *Hochglanzvideos* zu produzieren. Obwohl aus der Erfahrung deutlich wird, dass qualitativ gutes Audio bei den Videos unerlässlich ist, ist es unklar, welchen Einfluss die Bildqualität auf die Beliebtheit und den Lernerfolg der Studierenden hat (Hansch et al. 2015, 6). Letztendlich geht es hier um den wirtschaftlichen Return-of-Investment (ROI) aus Sicht der Hochschulen.
4. Gute Hochschuldozierende sind nicht notwendigerweise gute Videodarstelleinnen und -darsteller: Der Unterschied zwischen einer traditionellen Präsenz-Lehrsituation unterscheidet sich laut den Autorinnen und Autoren von der Lehrsituation vor der Kamera für ein Video. Die Dozierenden schlüpfen in die Rolle ähnlich die von Schauspielerinnen und Schauspielern. Insofern empfehlen sie Probeaufnahmen um diese Situation mit Dozierenden zu üben und anzupassen. Dabei ist nicht sicher, ob es sinnvoll ist ein vorbereitetes Skript zu haben (Hansch et al. 2015, 7).
5. Standardisierung von Videos ist fraglich: Wirtschaftlich scheint es reizvoll, die Produktion und die Ästhetik von Videos je Plattform oder je Hochschule zu vereinheitlichen. In der Praxis schränkt dies jedoch Dozierende zu sehr ein und ist letztlich kaum umsetzbar (Hansch et al. 2015, 9–10).

YouTube-Videos im Schulunterricht

Jugendliche lernen mit Online-Videos, insbesondere mit YouTube für die Schule und für den Unterricht. Aus der Bremer Befragung zur Nutzung, Produktion und Publikation von Online-Videos geht hervor (Rummler/Wolf 2012), dass Lehrende die Vorbereitung bestimmter, teilweise selbst gewählter Themen anhand von YouTube zulassen und die Schülerinnen und Schüler dazu ermutigen. Die Befragten berichten, dass sie Online-Videos speziell für die Fächer Biologie, Physik, Wirtschaft, Politik, Englisch, Geographie, Chemie und Mathematik verwenden. In Zahlen verwenden etwa 62 % der Schülerinnen und Schüler die Videos zur Vorbereitung für Klausuren oder um Präsentationen und Referate zu Themen wie Photosynthese, Stickstoffkreislauf, Chromosomen, Immunbiologie oder Atomkraft vorzubereiten.

Wolf und Kulgemeyer (2016) zeigen Lernpotenziale mit online-Videos am Beispiel Physikunterricht anschaulich auf. Die Erkenntnisse und Vorschläge sind durchaus auch auf viele andere Schulfächer übertragbar. Sie schlagen auch den Lehrpersonen vor, sich auf YouTube Erklärvideos zur individuellen Weiterbildung anzusehen, die von anderen Lehrpersonen erstellt wurden:

> Man schaut sich an, wie Kollegen ein Thema präsentieren, einführen und erklären, welche Experimente durchgeführt werden, welche Metaphern verwendet und welche Argumente genutzt werden. Dabei geht es meist in erster Linie darum, didaktische Ideen zu sammeln. (Wolf/Kulgemeyer 2016, 36)

Selbst produzierte Videos von Lehrpersonen, die an Schülerinnen und Schüler gerichtet sind können zur Vertiefung, zur Wiederholung und als didaktisches Mittel in spezifischen Lernsettings verwendet werden. Wenn Schülerinnen und Schüler Erklärvideos produzieren, die spezifisch an die Lehrperson gerichtet sind, kann dies „der Diagnostik des bisherigen Vorwissens (Einstiegsphase), als formative Prozessdokumentation des eigenständigen Lernens (Erarbeitungsphase) oder der pädagogischen Förderdiagnostik (Ergebnissicherung)“, oder als Teil der Leistungsbewertung dienen (Wolf/Kulgemeyer 2016, 38). Als vertiefende Lernstrategie empfehlen die Autoren das Erstellen von Erklärvideos durch Schülerinnen und Schüler für Schülerinnen und Schüler (Wolf/Kulgemeyer 2016, 37). Die Autoren unterscheiden dabei drei wesentliche Ziele: „Alternative Erklärungen“ durch die Lernenden aus ihrer eigenen Perspektive und in ihren eigenen Worten; „Förderung der leistungsstarken Schülerinnen und Schüler“ als besondere Herausforderung; „Unterstützung leistungsschwächerer Lernender“ durch [...] leistungsangepasste Verteilung von Erklärthemen (Wolf/Kulgemeyer 2016, 38). Um diese selbst erstellten Videos in den Unterricht einzubinden, stellen Wolf und Kulgemeyer drei didaktisch sinnvolle Varianten vor:

- „Themenabschluss: Produktion des Videos nach der fachlichen Bearbeitung eines Inhaltsbereichs“: Um den Stoff der zurückliegenden Unterrichtseinheit zu vertiefen und um noch bestehende Unklarheiten aufzudecken und bearbeitbar zu machen, erhalten Schüler/innen Themen aus dieser Phase und sollen verständliche Erklärvideos als kurze Sequenzen mit ihren verfügbaren Geräten produzieren.
- „Projekt: Produktion des Videos z. B. im kontextorientierten Unterricht oder in einer Projektwoche“: Die Lernenden recherchieren allein oder in Gruppen unter Anleitung eines oder mehrere Themengebiete und erstellen mit ihren Ergebnissen Videos.
- „Peer Tutoring: Produktion der Videos als ‚Nachhilfe‘ von Schülern untereinander.“ (Wolf/Kulgemeyer 2016, 40–41)

Generell kann man für selbst produzierte Videos im Unterricht festhalten, dass sie sinnvoll in den Unterricht eingebunden sein müssen. Ihre Einbindung in die

Didaktik und den in den zeitlichen Verlauf sowie die Aufgabenstellung und deren Bedeutung, müssen für Schülerinnen und Schüler Sinn machen.

Aktuelle Grenzen von Online-Videos

Aktuelle Formen der Nutzung von Online-Videos und aktuelle Formate von Online-Videos selbst sind gebunden an zeitspezifische technische und gesellschaftliche Entwicklungen. So sind Videos in Lehr-/Lernkontexten derzeit konkurrierende oder komplementäre Formate neben traditionell schriftsprachlichen Formaten und werden daher auch immer wieder damit verglichen. Auch wenn YouTube und das Lernen mit Videos derzeit recht beliebt sind, als neu und innovativ propagiert werden, so sind doch Grenzen bspw. auf den Ebenen der Nutzung, Produktion und Distribution absehbar.

Der Nutzung der Videos sind bspw. dort Grenzen gesetzt, wo Videos selbst (noch) nicht durchsuchbar sind. Der Inhalt der Videos erschließt sich derzeit nur über schriftsprachlich begleitende und beschreibende Texte im Sinne von Metadaten. Nur wenn diese ausführlich genug sind, werden die Videos auffindbar und dadurch besser nutzbar. Der Inhalt der Online-Videos selbst erschließt sich aber für einzelne Userinnen und User erst durch das tatsächliche Ansehen. Nur so können Bewegtbild und Ton erfasst und eingeschätzt werden. Selbst die schnelle Vorschau oder eine Reihe von Vorschaubildern als Thumbnails können das Video nicht systematisch und maschinenlesbar beschreiben. Weitere technische Entwicklungen könnten das lösen.

Auch die Produktion von Videos scheint derzeit sehr niederschwellig geworden zu sein. Waren bis vor kurzem noch aufwendige Kameras nötig, die man nur in dezidierten Medienzentren ausleihen konnte, kann man heute mit verschiedensten Geräten – vom *Arduino* Kameramodul, über die *ActionCam*, oder dem Kompaktfotoapparat, oder dem Smartphone, bis hin zur digitalen Spiegelreflexkamera – hochwertige Videos produzieren. Jedoch beginnt z. B. für Lehrpersonen das Problem bereits mit dem Übertragen von Videos von der Kamera auf schulische Computer. Bereits das nächste Problem entsteht, wenn der Wunsch nach dem Schneiden des Videos aufkommt. Selbst auf gängigen Betriebssystemen braucht es dafür kostenpflichtige Software. Dies in schulischen Kontexten zu nutzen, braucht zum einen finanzielle Mittel, die oft nicht vorhanden sind und zum anderen braucht es Lehrpersonen, die das Thema didaktisch geschickt aufgreifen und verarbeiten können.

Man stelle sich unter aktuellen Gegebenheiten an vielen Europäischen Schulen vor, dass in mehreren Klassen gleichzeitig der Auftrag an die

Schülerinnen und Schüler lautet, sich doch bitte rasch mit den verfügbaren Geräten auf YouTube ein oder zwei Videos zu einem bestimmten Thema anzusehen. Vorausgesetzt die Schulen bieten Schülerinnen und Schülern drahtlosen Internetzugang, so muss man davon ausgehen, dass die Datenlast, die bei einem solchen Arbeitsauftrag anfällt, die verfügbare Bandbreite des schulischen Internetzugangs schnell erschöpft. Die Folge ist, dass plötzlich niemand mehr Zugang zum Internet hat. Ein ähnliches Szenario ist beim Upload eines durch Schülerinnen und Schüler produzierten Videos vorstellbar. Auch hier reichen die verfügbaren Bandbreiten der schulischen Internetzugänge bei weitem nicht aus, um die mediendidaktisch erwünschten Aufgaben und Szenarien durchzuführen.

Kritik an Videoplattformen

So beliebt Online-Videos einerseits sind, so sehr spürt man doch Widerstände und Vorbehalte vor allem gegenüber der Veröffentlichung von Videos im Internet.

Insofern sind die Antworten der Jugendlichen auf die Frage, was sie an Videoplattformen als störend empfinden, sehr diversifiziert. Ihre Kritik innerhalb der Dimension der Rezeption von Online-Video beziehen sie hauptsächlich auf YouTube bezüglich der rechtlichen Einschränkungen, der technischen Barrieren und den Inhalten der Videos (Rummler/Wolf 2012).

Auf der Ebene der *Technik* kritisieren die befragten Jugendlichen, dass Online-Videos oftmals nicht oder nur langsam laden. Manche Videos bleiben beim Abspielen hängen oder funktionieren nicht. Der Segen, der großen Auswahl an Videos, gerade auf YouTube, ist aber gleichzeitig der Fluch. Jugendliche kritisieren die vielen und teils ungenauen Suchtreffer und die, an die Suchtreffer gebundenen, vorgeschlagenen Videos innerhalb eines jeweiligen Treffervideos. Eine Einschränkung anderer Art sind Werbungen, die vor Videos geschaltet werden und von den Nutzerinnen und Nutzern nicht übersprungen werden können. Nutzerinnen und Nutzer werden dadurch gezwungen, die Werbung anzusehen, wenn sie wenigstens den Anfang des eigentlichen Videos sehen wollen.

Die Kritik an den *Inhalten* der Videos lässt sich in drei Dimensionen einordnen:

Enttäuschung über den Inhalt: Userinnen und User erhoffen sich bestimmte Inhalte bei der Suche nach Videos. Sie suchen beispielsweise nach einem bestimmten Musikvideo und finden aber nur Konzertmitschnitte von live

Auftritten. Neben dem Fehlen der Originalvideos stört die Jugendlichen auch an vielen anderen Online-Videos die schlechte Bildqualität, die vermutlich zugunsten der Dateigröße beim Umwandeln vor dem Hochladen geopfert wurde. Einige Jugendliche berichten auch von bearbeiteten Videos, die vorgeben vollständige Originale zu sein und sich aber als Zusammenschnitte herausstellen. Problematisch wird es, wenn Jugendliche nach lustigen Videos suchen und auf Videos stoßen, deren Humor sie nicht teilen können, oder die die Grenzen der Sittlichkeit und des guten Geschmacks überschreiten. Teilweise werden hier die Persönlichkeitsrechte Dritter, also der Darstellerinnen und Darsteller verletzt, was bei genauerer Betrachtung bis zur Verletzung der Menschenwürde reichen kann.

Angst vor dem Inhalt: In ihrer Kritik an Videoplattformen äußern Jugendliche explizit, dass sie Angst haben, auf problematische und Jugendschutz-relevante Inhalte zu stoßen. Viele befragte Jugendliche wollen keine schockierenden, ekligen, obszönen oder demütigenden Inhalte sehen. An den Äußerungen der Jugendlichen ist ihre Unsicherheit deutlich zu spüren. Sie haben bereits Erfahrungen mit Onlinevideos gesammelt und wissen, dass entsprechende Bearbeitungen möglich sind und fragwürdige Inhalte in Videos eingebaut werden können und wissen, dass es gleichzeitig keine verlässliche Alterskontrolle oder inhaltliche Kontrolle gibt.

Angst vor den Kommentaren und Folgen außerhalb des Videos: Die befragten Jugendlichen äußern ihre Kritik an den „nervigen Kommentardiskussionen", und sie wollen nicht, dass „manche verarscht werden". In den Äußerungen kommt durchaus zum Ausdruck, dass die Jugendlichen Angst davor haben, selbst Opfer von übler Nachrede und von Mobbing zur werden. Dies beziehen sie sowohl auf die inhaltliche Ebene der Videos, als auch auf die Kommentare entlang der Videos auf YouTube oder Facebook.

Ganz ähnliche Probleme und Herausforderungen berichten Lübcke und Burchert (2014) in Bezug auf den Einsatz von Videos in der Berufsbildung und im Berufsschuleinsatz am Beispiel dreier Projekte, die zu diesem Thema im Raum Bremen durchgeführt wurden. Unter anderem werden Videos als didaktisches Mittel zwar an vielen Stellen als sinnvoll erachtet, jedoch wird „das Lernen im Prozess der Arbeit und von erfahrenen Kolleginnen" (Saniter et al. 2015, 26) häufig bevorzugt.

Gründe für Nicht-Nutzung

Gefragt, warum sie keine Videos drehen, gaben befragte Jugendliche an, keine Zeit für die Produktion zu haben oder, dass es sie nicht interessiere (Rummler/

Wolf 2012). Für ein Fünftel der Nicht-Nutzerinnen und Nicht-Nutzer ist es zu kompliziert, oder sie wissen nicht wie es geht. Hierbei merkten die Jugendlichen aber an, dass sie bislang noch keine Ideen für eigene Videos entwickelt haben, sie zu hohe Qualitätsansprüche haben und das Filmen mit dem Handy mindestens wegen der schlechten Bildqualität als peinlich empfinden.

Ein Drittel der befragten Jugendlichen hat ganz klare Vorbehalte gegen die Publikation von Videos im Internet. Am wichtigsten ist ihnen dabei die Wahrung ihrer Privatsphäre und des Datenschutzes. Sie produzieren zwar Videos, aber sie laden sie nicht ins Internet, „weil sie privat sind und ich sie nur als Erinnerung behalte" (charakteristische Aussage einer 16-jährigen Befragten aus der Bremer Befragung zur Nutzung, Produktion und Publikation von Online-Videos). Dabei ist ihnen klar, dass Videos im Internet, sobald sie einmal hochgeladen sind, nur schwer wieder zu löschen sind, und dass dies unabsehbare Folgen für die Zukunft haben könnte, weil z. B. spätere Arbeitgeber unangenehme Videos sehen könnten.

Literatur

Anderson, L. W., & Krathwohl, D. R. (Hrsg.) (2001): *A taxonomy for learning, teaching, and assessing: a revision of Bloom's taxonomy of educational objectives*. New York, San Francisco, Boston: Longman.

ARD/ZDF-Onlinestudie (2016): *Internetnutzer – Anzahl in Deutschland 2015 | Statistik*. https://de.statista.com/statistik/daten/studie/36146/umfrage/anzahl-der-internetnutzer-in-deutschland-seit-1997/.

Bachmair, B. (2009): *Medienwissen für Pädagogen: Medienbildung in riskanten Erlebniswelten*. Wiesbaden: VS Verlag für Sozialwissenschaften.

Beck, U. (1986): *Risikogesellschaft – Auf dem Weg in eine andere Moderne*. Frankfurt a. M.: Suhrkamp.

Burgess, J.; Green, J. (2009): The Entrepreneurial Vlogger: Participatory Culture Beyond the Professional-Amateur Divide. In: P. Snickars; P. Vonderau (Hrsg.): *The YouTube Reader*. London: Wallflower Press, 89–107.

Castells, M. (2004): *Das Informationszeitalter: Der Aufstieg der Netzwerkgesellschaft (Bd. 1)*. Opladen: Leske + Budrich.

Christensen, C. (2009): „Hey Man, Nice Shot": Setting the Iraq War to Music on YouTube. In: P. Snickars; P. Patrick Vonderau (Hrsg.): *The YouTube Reader*. London: Wallflower Press, 204–217.

Churches, A. (2009): Bloom's Digital Taxonomy. Abgerufen von http://edorigami.wikispaces.com/file/view/bloom%27s+Digital+taxonomy+v3.01.pdf.

Ebner, M.; Kopp, M.; Wittke, A.; Schön, S. (2015): Das O in MOOCs – über die Bedeutung freier Bildungsressourcen in frei zugänglichen Online-Kursen. *HMD Praxis der Wirtschaftsinformatik*, 52/1), 68–80. https://doi.org/10.1365/s40702-014-0106-0.

Giddens, A. (1984): *The constitution of society: outline of the theory of structuration.* Cambridge: Polity Press.
Giesecke, M. (2002): *Von den Mythen der Buchkultur zu den Visionen der Informationsgesellschaft.* Frankfurt a. M.: Suhrkamp.
Goldmedia (2016): BLM/LFK-Web-TV-Monitor 2015. Online-Video-Angebote in Deutschland. https://www.blm.de/files/pdf1/160119-web-tv-monitor-2015_langversion.pdf.
Guo, P. J.; Kim, J.; Rubin, R. (2014): How video production affects student engagement: an empirical study of MOOC videos. In: L@S '14 Proceedings of the first ACM conference on Learning @ scale conference ACM Press, 41–50. https://doi.org/10.1145/2556325.2566239.
Hansch, A.; Hillers, L.; McConachie, K.; Newman, C.; Schildhauer, T.; Schmidt, P. (2015): Video and Online Learning: Critical Reflections and Findings from the Field. SSRN Electronic Journal, Discussion Paper 2015-02. https://doi.org/10.2139/ssrn.2577882.
Holzkamp, K. (2004): Wider den Lehr-Lern-Kurzschluß. Interview zum Thema „Lernen". In: P. Faulstich; J. Ludwig (Hrsg.): *Expansives Lernen.* Baltmannsweiler: Schneider-Verl. Hohengehren, 29–38.
Janik, T.; Seidel, T.; Najvar, P. (2009): Introduction: On the Power of Video Studies in Investigating Teaching and Learning. In: T. Janik; T. Seidel (Hrsg.): *The power of video studies in investigating teaching and learning in the classroom.* Münster: Waxmann, 7–19.
Kafai, Y. B. (1996): Learning design by making games: children's development of design strategies in the creation of a complex computational artifact. In: Y. B. Kafai; M. Resnick (Hrsg.): *Constructionism in Practice: Designing, Thinking and Learning in a Digital World.* Mahwah, NJ: Lawrence Erlbaum Associates, 71–96.
Kafai, Y. B.; Harel, I. (1991): Children's Learning Through Consulting: When Mathematical Ideas, Software Design, and Playful Discourse are Intertwined. In: I. Harel; S. Papert (Hrsg.): *Constructionism.* Norwood, NJ: Ablex Pub, 111–140.
Krammer, K.; Reusser, K. (2005): Unterrichtsvideos als Medium der Aus- und Weiterbildung von Lehrpersonen. *Beiträge zur Lehrerbildung* 23/1, 35–50.
Lübcke, E.; Burchert, J. (2013): Berufliches Lernen unter den Bedingungen Digitaler Medien – Videos von Auszubildenden als User Generated Context. *bwp@. Berufs- und Wirtschaftspädagogik – online* (24: Didaktik beruflicher Bildung). http://www.bwpat.de/ausgabe24/luebcke_burchert_bwpat24.pdf.
Lübcke, E.; Burchert, J. (2014): Kongruenz oder Korrespondenz? Soziokulturelle Ökologie als Ansatz zum Verstehen des Web 2.0 in der beruflichen Bildung. In: Bundesinstitut für Berufsbildung (BIBB) (Hrsg.): Lernen im Web 2.0: Erfahrungen aus Berufsbildung und Studium. Bielefeld: W. Brtelsmann, 207–225. http://nbn-resolving.de/urn:nbn:de:0168-ssoar-417267.
Luckin, R.; Clark, W.; Garnet, F.; Whitworth, A.; Akass, J.; Cook, J. (2009). Learner-generated contexts: a framework to support the effective use of technology to support learning. In: J. Mark; L. McLoughlin; C. McLoughlin (Hrsg.): *Web 2.0-based e-learning: applying social informatics for tertiary teaching.* IGI Global.
Marotzki, W.; Meister, D. M.; Sander, U. (Hrsg.) (2000): Zum *Bildungswert des Internet* (Bd. 1). Opladen: Leske + Budrich.
Martin, J.-P. (2007): Wissen gemeinsam konstruieren: weltweit. *Lehren und Lernen – Zeitschrift für Schule und Innovation in Baden-Württemberg* 33/1, 29–30.

Nielsen Digital Content Measurement (2015): YouTube – Anzahl der Nutzer in Deutschland 2015 | Statistik. https://de.statista.com/statistik/daten/studie/563098/umfrage/anzahl-der-unique-user-von-youtube-in-deutschland/.
Pachler, N.; Bachmair, B.; Cook, J. (2010): *Mobile Learning. Structures, Agency, Practices.* New York: Springer.
Pea, R.; Lindgren, R. (2008): Video collaboratories for research and education: an analysis of collaboration design patterns. *IEEE Transactions on Learning Technologies* 4/1, 235–247.
Rummler, K. (2014): Foundations of Socio-Cultural Ecology: Consequences for Media Education and Mobile Learning in Schools. *MedienPädagogik: Zeitschrift für Theorie und Praxis der Medienbildung*, (24 Pedagogical Media Ecologies), 1–17. https://doi.org/10.21240/mpaed/24/2014.07.10.X.
Rummler, K.; Wolf, K. D. (2012):Lernen mit geteilten Videos: aktuelle Ergebnisse zur Nutzung, Produktion und Publikation von online-Videos durch Jugendliche. In: W. Sützl; F. Stalder; R. Meier; T. Hug (Hrsg.): *MEDIEN – WISSEN – BILDUNG: Kulturen und Ethiken des Teilens.* Universität Innsbruck: Innsbruck University Press, 253–266. Abgerufen von http://www.uibk.ac.at/iup/buch_pdfs/9783902811745.pdf.
Saniter, A.; Lübcke, E.; Burchert, J. (2015): Förderung der Fach- und Medienkompetenz im Kontext der Einstiegsqualifizierung: Eine berufswissenschaftliche Analyse am Beispiel des Programms Chance Plus bei der Deutschen Bahn (ITB-Forschungsberichte No. 58). Bremen. http://www.ifib.de/documents/Andreas_Saniter;_Eileen_Luebcke;_Joanna_Burchert_(2015),_Foerderung_der_Fach-_und_Medienkompetenz_im_Kontext_der_Einstiegsqualifizierung.pdf.
Schelten, A. (1995): *Grundlagen der Arbeitspädagogik.* 3. Aufl. Stuttgart: Steiner.
Schöpf, N. (2005): *Ausbilden mit Lern- und Arbeitsaufgaben*. Bielefeld: W. Bertelsmann.
Schulze, G. (1992): *Die Erlebnisgesellschaft: Kultursoziologie der Gegenwart.* 8. Aufl. Frankfurt a. M.: Campus-Verlag.
Seidel, T.; Stürmer, K.; Blomberg, G.; Kobarg, M.; Schwindt, K. (2011): Teacher learning from analysis of videotaped classroom situations: Does it make a difference whether teachers observe their own teaching or that of others? *Teaching and Teacher Education* 27/2, 259–267. https://doi.org/10.1016/j.tate.2010.08.009.
Seipold, J. (2014): Lernergenerierte Contexte. Ressourcen, Konstruktionsprozesse und Möglichkeitsräume zwischen Lernen und Bildung. In: K. Rummler (Hrsg.): *Lernräume gestalten – Bildungskontexte vielfältig denken*. Münster, New York: Waxmann, 91–101. Abgerufen von http://2014.gmw-online.de/091/.
Snickars, P.; Vonderau, P. (Hrsg.). (2009): *The YouTube Reader* (Bd. 12). London: Wallflower Press.
Valentin, K. (Hrsg.) (2015): Empirische Exploration nichtkommerzieller Video-Tutorials im Internet. Dokumentation eines Studentischen Forschungsprojektes. Nürnberg: Friedrich-Alexander-Universität Erlangen-Nürnberg. http://katrin-valentin.de/wp-content/uploads/2015/04/Doku-Tutorials.pdf.
Wolf, K. D. (2015a): Produzieren Jugendliche und junge Erwachsene ihr eigenes Bildungsfernsehen? Erklärvideos auf YouTube. *TelevIZIon* 28/1, 35–39.
Wolf, K. D. (2015b): Video-Tutorials und Erklärvideos als Gegenstand, Methode und Ziel der Medien- und Filmbildung. In: A. Hartung; T. Ballhausen; C. Trültzsch-Wijnen, A. Barberi, & K. Kaiser-Müller (Hrsg.): *Filmbildung im Wandel.* Wien: New Academic Press, 121–131.

Wolf, K. D.; Kratzer, V. (2015): Erklärstrukturen in selbsterstellten Erklärvideos von Kindern. In: K.-U. Hugger; A. Tillmann; S. Iske; J. Fromme; P. Grell; T. Hug (Hrsg.): *Jahrbuch Medienpädagogik* 12. Wiesbaden: Springer Fachmedien, 29–44. https://doi.org/10.1007/978-3-658-09809-4_3.
Wolf, K. D.; Kulgemeyer, C. (2016): Lernen mit Videos? Erklärvideos im Physikunterricht. *Naturwissenschaften im Unterricht: Physik* 27/152, 36–41.
Wolf, K. D.; Rummler, K. (2011): Mobile Learning with Videos in Online Communities: The example of draufhaber.tv. *MedienPädagogik: Zeitschrift für Theorie und Praxis der Medienbildung,* 19(Mobile Learning in Widening Contexts: Concepts and Cases). https://doi.org/10.21240/mpaed/19/2011.05.04.X.

Andreas Sexauer und Daniel Weichsel

MOOC als didaktisches Konzept. Perspektiven veränderter Lernwelten

Anhand von Beispielen betrachtet dieser Artikel das Thema MOOC und versucht Wege aufzuzeigen wie das – auch kritisch hinterfragte – Format Impulse zur Veränderung in unterschiedlichen Bildungskontexten und Lernwelten beitragen kann. Das Potenzial dieses Formats unterschiedliche Zielebenen einer Bildungseinrichtung zu beeinflussen und zentrale Entscheidungen die dabei getroffen werden müssen sind Teil der Betrachtung.

Ursprung und geschichtliche Entwicklung

Connectivism and Connective Knowledge/2008 (CCK08; Downes 2008) war der erste Kurs, der das Akronym MOOC verwendete. Er wurde 2008 an der Universität von Manitoba in Kanada von Downes und Siemens gestartet. Für den Kurs registrierten sich etwa 2.200 Personen. Der Kurs war frei verfügbar, zusätzlich gab es bereits die Möglichkeit gegen Gebühr eine Teilnahmebestätigung zu erhalten.

Außerhalb der E-Learning-Szene wurde dieser MOOC kaum wahrgenommen. Dies änderte sich 2012 mit dem MOOC *Introduction to Artificial Intelligence* der beiden Stanford Professoren Thrun und Norvig. Mehr als 160.000 Studierende aus 190 Ländern registrierten sich für den Kurs. Dieser verfolgte die Idee, die Vorlesung nachzuempfinden und ein Lehrangebot einer führenden Universität kostenlos verfügbar zu machen. Die enorme Teilnehmerzahl führte dazu, dass Thrun und Norvig das Start-up-Unternehmen *Udacity* als Anbieter für Online-Bildung gründeten. Innerhalb eines Jahres folgten zwei weitere amerikanische Start-ups: *Coursera* und *EdX*. *Coursera* entstand ebenfalls aus der Stanford University heraus, *EdX* im Mai 2012 aus dem Massachusetts Institute of Technology (MIT). 2013 folgte die britische *Open University* mit *Future Learn* und in Deutschland mit der Unterstützung des Stifterverbands der deutschen Wissenschaft im Oktober 2013 *iversity*. Daneben entstanden etliche weitere MOOC-Plattformen mit Ausrichtungen auf das jeweilige Heimatland. Der MOOC-Aggregator[1] *Class Central*

1 Ein MOOC-Aggregator bietet eine Gesamtübersicht über MOOC Angebote bei unterschiedlichen Anbietern.

DOI 10.1515/9783110501131-013

listete im Oktober 2016 39 Provider (Class Central 2016), allerdings erscheint dort beispielsweise *Mooin* (oncampus 2016) als mittlerweile zweitgrößter Anbieter in Deutschland nicht auf der Liste.

Der Ursprung von MOOCs entstammt der Idee freier Bildung für alle. Wie das Beispiel von *iversity* zeigt, trägt diese in Deutschland mit freiem Zugang zu Bildung nur bedingt. International sind MOOCs durch ein starkes Wachstum geprägt (Shah 2105). *Coursera* und *iversity* orientieren sich aber zunehmend in Richtung bezahlter Weiterbildungsangebote, nachhaltige Geschäftsmodelle außerhalb einer staatlichen Finanzierung (Pongratz 2015), wie z. B. bei *mooin* durch das BMBF, sind zur Zeit (Mitte 2017) noch unklar. Bisher waren die Produzierenden von MOOCs meist Hochschullehrende. Zunehmend werden aber auch erfolgreiche MOOC-Angebote außerhalb der Hochschule kreiert.

Definition

Das Format ist über das Akronym MOOC definiert. Von *Massive* ist das M abgeleitet. MOOCs richten sich an sehr viele Teilnehmende gleichzeitig. Es gibt keine Obergrenze für die Teilnehmendenzahl, die häufig im vierstelligen Bereich liegt. Daraus ergeben sich Besonderheiten in Bezug auf die Didaktik, auf die später gesondert eingegangen wird.

Die beiden O stehen für *Open* und *Online*. Ein MOOC findet komplett online statt, ein Webbrowser und Internetanschluss genügen für die Teilnahme. MOOCs sind offen (*open*) im Sinne eines freien Zugangs (*Open Access*) zum Kurs. Auf die eigentlichen Kursinhalte kann kostenfrei nach einer Registrierung zugegriffen werden. Dies bedeutet aber in der Regel nicht, dass MOOC-Inhalte selbst *Open Educational Ressources*[2] (OER) sind. Geschäftsmodelle von MOOCs sind eine der großen Herausforderungen, daher versuchen Anbieter den Verkauf von Mehrwertleistungen in Form von privilegierter Betreuung oder verlangen Gebühren für die Ausstellung von Zertifikaten oder zusätzlichen Kursinhalten. Die Finanzierung der Produktion und Bereitstellung der Kurse erfolgt in der Regel über indirekte Wege. Inzwischen finden sich auf dem Markt zahlreiche Angebote, die sich selbst als MOOC bezeichnen, aber Kursgebühren für den Zugang erheben und damit zumindest das ursprüngliche Kriterium des Open Access nicht erfüllen.

---

2 Open Educational Ressources wurde von der UNESCO 2002 zum ersten Mal als Begriff verwendet. Damit gemeint sind Bildungsinhalte, die unter einen freie Lizenz gestellt werden, d. h. frei zur Verfügung stehen und auch als Grundlage für daraus abgeleitete Bildungsinhalte verwendet werden dürfen.

Das C in MOOC steht für *Course*. MOOC-Angebote unterscheiden sich von anderen Informationsangeboten im Web (Webseiten, *YouTube*, *iTunesU-Feeds* etc.) durch ihre Kursstruktur. Diese Struktur kann durch unterschiedliche Elemente gegeben sein. In der Regel ist für die Teilnahme eine Registrierung und Einschreibung in den Kurs erforderlich. Weiterhin sind dazu definierte Lernziele, ein entsprechendes Curriculum, eine tutorielle Betreuung und ein zeitlich definierter Ablauf zu zählen. Das Spektrum reicht von konkreten gemeinsamen Kurszeiten bis hin zu *Self-Paced*-Angeboten, die jederzeit begonnen und in eigenem Tempo bearbeitet werden können.

Neben den Merkmalen des Akronyms sind weitere Elemente wesentliche Bestandteile. Zu diesen gehören das Videoformat, das Quiz und der Einsatz von *Social Media*.

In MOOCs sind Videos ein wichtiges Element, um Lerninhalte zur Verfügung zu stellen. Meist werden zumindest die Kerninhalte in Form kurzer, speziell aufbereiteter Videosequenzen dargestellt. Ein Video fokussiert meist einen Lerngedanken und hat eine Länge von 5 bis 10 Minuten.

In vielen MOOCs erlauben Quizfragen Lernenden die Rezeption der Lerninhalte zu überprüfen. Diese Quizfragen sind teilweise sogar direkt in die Videos integriert. Damit ist der Gedanke verbunden, die Aufmerksamkeit der Lernenden aufrecht zu erhalten. Diese Quizfragen sind oft auch ein Bestandteil, um die aktive oder erfolgreiche Teilnahme am MOOC festzustellen.

Social Media ist ein weiteres wichtiges Element in der Verbreitung der Kursangebote und dem Marketing der Kursprovider. Bei vielen Plattformen kann der *Social Media* Account von Benutzern direkt für die Authentifizierung verwendet werden. Darüber hinaus setzen Kurse teilweise *Social Media* Netzwerke auch für die Kommunikation im Kurs ein.

C oder X, unterschiedliche Ziele

Bereits aus der geschichtlichen Entwicklung heraus zeigen sich zwei sehr unterschiedliche Ansätze. Der erste MOOC *CCK08* war sehr stark durch ein konstruktivistisches Bild des Lernens geprägt. Er war lernerzentriert, hatte einen eher informellen Charakter und setzte soziale Medien für die Kurskommunikation ein. Er verstand sich als eine Art Katalysator und Sammelpunkt für Lernende, die selbstgesteuert in unterschiedlichsten Netzwerken lernten. Die Lernenden sollten sich selbst eigene Lernziele setzen und diese verfolgen. Diese Form wird inzwischen als cMOOC (c für *constructivistic*) bezeichnet. Typisch für cMOOCs sind meist Teilnehmerzahlen von mehreren Hundert bis teilweise einige Tausend.

Mit Thrun und Norvig und dem MOOC *Introduction to Artificial Intelligence* begann sich 2012 ein eher instruktivistisches Format durchzusetzen. Dieses ging von dem Format des Frontalunterrichts in der Vorlesung aus und besteht im Wesentlichen aus kurzen *Videolectures* mit einer definierten Abfolge, einer granularen Wissensüberprüfung durch Quizfragen pro Einheit und Foren zur Diskussion. Ausgangspunkt für dieses Format war primär nicht ein bestimmter didaktischer Ansatz, sondern die Idee, universitäre Bildung frei zur Verfügung zu stellen. Diese Form der MOOCs werden als xMOOCs[3] bezeichnet und haben meist mehrere Tausend Teilnehmende. Der größte xMOOC hatte nach Angaben von *Class Central* zeitweise 440.000 Teilnehmende (Shah 2015).

Veränderte Lernwelten und der Kontext mobiles Lernen

Das Kursformat MOOC wurde erst mit Verbreitung digitaler Endgeräte und der allgemeinen Verfügbarkeit des Internets möglich. MOOCs sind ein Phänomen der zunehmenden Digitalisierung in der Bevölkerung, der Durchdringung der Digitalisierung in allen Lebensbereichen und der Digitalisierung der Hochschullehre. MOOCs folgen dabei neuen Nutzungsgewohnheiten, zu denen beispielswiese statt Nachschlagen in einem Lexikon das Suchen eines entsprechenden Videos auf YouTube gehören. Mit der Verbreitung digitaler Kameras und mobiler Endgeräte mit Videofunktion steht die notwendige Hardware für Produktion und Nutzung von Videomaterial allgemein zur Verfügung. Die Produktion ist damit nicht mehr allein wenigen professionellen Anbietern vorbehalten, sondern zu großen Teilen mit dem bereits vorhandenem Equipment oder günstiger Massenware möglich. Die Kompetenz einfache, geeignete Lehrvideos zu gestalten verbreitet sich zunehmend in der Gesellschaft, gleichzeitig verändert sich das Verständnis bezüglich der Qualität eines Videos. Der persönliche Nutzwert eines Videos wird höher priorisiert, als rein technische oder gestalterische Merkmale professioneller Videos.

Auch das Lernen an sich hat sich verändert. Lernende nutzen längst zusätzliche Ressourcen anderer Anbieter als Ergänzung zum direkt bereitgestellten Material. Schülerinnen und Schüler suchen für schulische Aufgaben Videos auf *YouTube* oder der *Kahn-Akademie*, statt des klassischen VHS-Kurses werden

3 Das x stammt aus der Markierung von Online-Varianten im Vorlesungsverzeichnis der Harvard University. Dort stand es für *extension*.

zunehmend Online-Sprachkurse genutzt oder Trainings für spezifische berufliche Aufgaben als Online-Format angeboten.

Mit dem *European Credit Transfer System* soll der Wechsel zwischen Hochschulen vereinfacht werden, Studieren soll mobiler werden. MOOC-Inhalte fügen sich in dieses Bild – das Lernen zu flexibilisieren – ein. Bei universitären MOOCs stehen Inhalte der Hochschullehre dabei sogar zur Nutzung ganz ohne Überprüfung einer Hochschulzugangsberechtigung Interessierten zur Verfügung. Ausgehend von den Erfahrungen im Bereich der Hochschulen schwappt das Format inzwischen auf andere Bereiche über. Der Abschnitt „Eignung von MOOCs in verschiedenen Bildungskontexten anhand von Beispielen" geht darauf gezielt ein.

Mit der Durchdringung von mobilen internetfähigen Endgeräten findet zunehmend auch der Zugriff auf MOOCs mit diesen Geräten statt. Die beiden größten Anbieter *Coursera* und *edX* ermöglichen bereits über eine mobile App für iOS und Android auf Teile der MOOCs zuzugreifen. Die meisten anderen MOOC-Provider unterstützen noch nicht mit entsprechenden Apps, sondern lediglich die Nutzung durch ein angepasstes *Responsive Design* ihrer Webseite. Für die vollständige Teilnahme ist vorerst weiter ein Browser auf einem Desktop- oder Laptop-Computer notwendig. *Mooin* gibt an, dass im Mai 2015 knappe 22 % der Nutzerinnen und Nutzer über mobile Endgeräte die Kurse genutzt hatten. Anfang 2016 waren es bereits 49 % und nur noch 48 % mit Desktopbrowsern (Wittke 2016). Ursache hierfür war der Effekt durch das zwischenzeitlich gestartete Kursangebot für Flüchtlinge auf *Mooin*, die hauptsächlich über mobile Endgeräte verfügen. Es ist also anzunehmen, dass durch weitere Verdrängung des Computers durch Tablets und andere mobile Endgeräte auch bei anderen Zielgruppen hier entsprechende Veränderungen stattfinden werden.

Verbreitung von MOOCs

MOOCs haben seit 2011 ein enormes Wachstum erfahren (vgl. Abb. 1), der MOOC-Aggregator *Class Central* gibt 1.800 neue MOOCs im Jahr 2015 an, dies entspricht einem Wachstum von 75 % gegenüber dem Vorjahr. Der Anteil an englischsprachigen Kursen ging dabei 2015 um 5 % gegenüber 2015 zurück (Shah 2015). Ursache ist die stärkere Orientierung von Providern wie *Coursera* auf internationale Märkte wie auch das Wachstum regionaler Anbieter wie *FUN* (Frankreich), *MiriadaX* (Spanien) oder *Mooin* (Deutschland). In Deutschland behauptet sich zunehmend *Mooin* von oncampus der FH Lübeck als Provider für MOOC-Angebote. Nach eigenen Angaben hatten die Kurse auf *Mooin* zum Jahresende 2015 insgesamt ca. 6100 Teilnehmemende, im Oktober 2016 waren es bereits ca. 27.600.

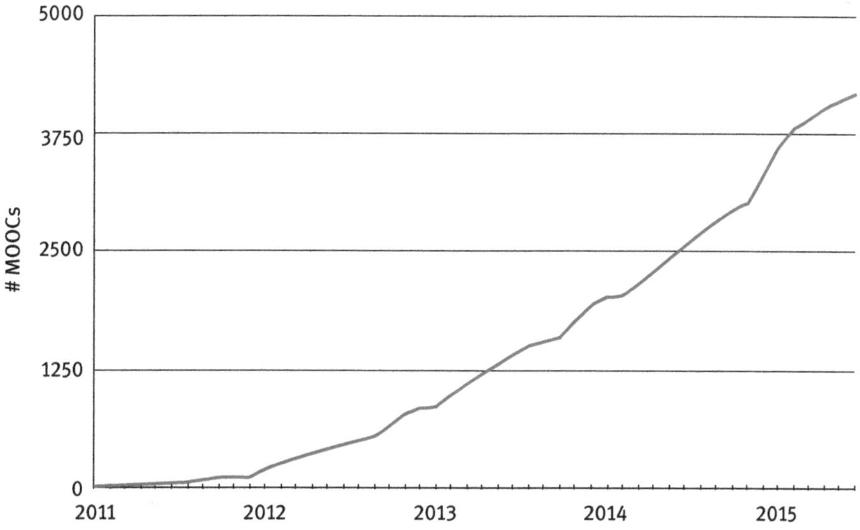

Abb. 1: Anzahl von MOOCs zwischen 2012 und 2016 (nach Shah 2015).

Ziele und Ansätze für Geschäftsmodelle

Die Erstellung eines MOOCs ist in der Regel ein Unterfangen im mindestens fünfstelligen Euro-Bereich. Alleine durch die zeitintensive Videoproduktion ergeben sich erhebliche Kosten. Hinzu kommen zudem die Konzeption, die Erstellung von Inhalten in weiteren Formaten und die Betreuung des MOOCs während der Durchführung. Der Stifterverband der Deutschen Wissenschaft lobte 2013 *FellowShips* für die Produktion je eines MOOCs mit jeweils 25.000 € aus. In der Auswertung des *FellowShips* wurden dann Kosten zwischen 5.000 und 50.000 € genannt, gleichzeitig aber darauf hingewiesen, dass weitere Ressourcen – wie z. B. die eigene Arbeitszeit – ohne Berechnung eingeflossen sind (Lorenz 2016, 190–191). Aus diesem Grund stellt sich die Frage, ob und ab wann sich ein solches Unterfangen lohnt?

Eigene Erfahrungen zeigen, dass es ein guter Ansatz ist, sich über die Zieldimensionen klar zu werden. Eine Studie des MIT stellt fest: „*The goal of certification of individuals may eventually seem short-sighted*“ (Ho et al. 2015, 5). Hierbei können auch gezielt Kombinationen mehrerer Zieldimensionen gesucht werden, um Mehrwerte zu schaffen. Für MOOCs bieten sich ganz unterschiedliche Zieldimensionen an, die jeweils verfolgt werden können:

- *Lehrqualitätsverbesserung*: Eine rein quantitative Verbesserung kann sich bereits dadurch ergeben, dass auf ein anderes Format mit einer nicht begrenzten Teilnehmerzahl umgestellt wird. Diese Umstellung bedarf auch einer neuen, strukturierten Auseinandersetzung mit den eigentlichen Lehrzielen und Inhalten der Veranstaltung. Die Restrukturierung in kurze, auf einzelne Inhalte fokussierte, format-typische Videosequenzen zwingt dazu, die Lehrinhalte neu zu gliedern und sich stärker auf die wesentlichen Inhalte zu konzentrieren. Auch ohne den konkreten Einsatz von *Learning Analytics* kommt es in Kursen schnell durch die großen Teilnehmzahlen zu einem Verständnis, welche Lehrinhalte funktionieren und wo Probleme beim Lernen bestehen.

- *Sichtbarkeit auf einem sich verändernden Markt*: Durch MOOCs kann mit einem Lehrprodukt eine Marketingfunktion erfüllt werden, die mit vergleichbarem Mitteleinsatz sonst kaum erreichbar wäre. Z. B. bekam die TU München als erste deutsche Universität mit Kursangeboten bei amerikanischen Anbietern ein großes Medienecho. Der erste MOOC des Karlsruher Instituts für Technologie (KIT) gegen das chronische Aufschieben erzielte eine große Reichweite (über 100 Berichte) auch in bundesweiten Medien. EADATU befragte Ende 2014 67 Institutionen weltweit welche Beweggründe sie für MOOC-Angebote haben. Dabei antworteten über 25 % mit der Sichtbarkeit der Institution (Jansen/Schuwer 2014, 8 & 23).
- *Outreach, Wissenschaftskommunikation*: Über MOOCs können Personen erreicht werden, die sonst keinen Zugang zu diesen Inhalten hätten und sie können das Ziel verfolgen wissenschaftliche Themen allgemein verständlich darzustellen. Insbesondere im Bereich der Großforschung und der Universitäten könnten MOOCs daher einen wesentlichen Bestandteil zur Erfüllung des Bildungsauftrags (Hochschulrahmengesetz §2 Abs. 7, *Die Hochschulen fördern den Wissens- und Technologietransfer*) darstellen. MOOCs haben hier ein großes Potenzial, um mit einer einzelnen Aktivität eine große Anzahl von Personen zu erreichen. Themen können gleichzeitig sowohl verständlich für eine interessierte Öffentlichkeit, als auch für eigene Studierende aufbereitet werden.
- *Internationalisierung, Recruiting*: MOOC-Angeboten sind für viele Hochschulen Teil der Internationalisierungsstrategie. Über MOOCs können – potenzielle – Studierende in anderen Ländern erreicht und bei diesen für präsente Studienangebote geworben werden. Für *FUN* (Frankreich) und *MiriadaX* (Spanien) sind der französisch sprechende Teil von Afrika bzw. spanischsprachige Länder Teil der Strategie Kurse in der eigenen Muttersprache anzubieten. Gemeinsame von Hochschulen verschiedener Länder erstellte oder genutzte MOOCs bieten auch die Möglichkeit Studierende bereits in frühen Phasen des Studiums an Internationalisierung heranzuführen. Der Deutsche Akademische Auslandsdienst (DAAD) fördert z. B. aktuell das Projekt *CLICS – Continuous Learning in International Collaborative Studies*, in dem MOOCs entstehen, in denen Studierende der beteiligten Universitäten verschiedener Kontinente zusammen lernen und arbeiten sollen (KIT 2015).

- *Forschungsperspektiven*: MOOCs bieten ganz neue Möglichkeiten nicht nur das Format selbst zu beforschen, sondern im Rahmen des MOOC selbst Forschungsdaten zu erheben. Durch die große Teilnehmerzahl lassen sich durch entsprechende Elemente wie Befragungen oder Aktivitäten schnell Erkenntnisse mit großen Stichproben erzeugen. Teilnehmende können dabei auch in Kohorten aufgeteilt werden, um vergleichende Daten bei unterschiedlichen Settings zu erhalten (vgl. *Beispiel Universität – MOOCen gegen das chronische Aufschieben*).
- *Reputationsaufbau*: MOOCs bieten Lehrenden neue Möglichkeiten über gute Lehre sichtbar zu werden. Sie tragen damit zum persönlichen Reputationsaufbau im thematischen Bereich des Kurses bei. Auch organisationaler Reputationsaufbau kann mit einem MOOC-Angebot verbunden werden. Stiftungen oder Organisationen unterstützen oder produzieren einen MOOC mit und verbinden ihre Reputation mit diesem, z. B. beim *KlimaMOOC* der *World Wildlife Fund Deutschland* in Kooperation mit dem *Deutschen Klima Konsortium*.
- *Weiterbildungsangebote, Öffnung der Hochschule*: Dieser Weiterbildungsauftrag (Hochschulrahmengesetz §2, Abs. 1) kann unter anderem mit MOOCs wahrgenommen werden. Kurse aus der Hochschullehre können gleichzeitig frei zur Weiterbildung genutzt werden. Damit ist es unter anderem möglich Absolventinnen und Absolventen der eigenen Hochschule oder auch anderen Personen, die bereits entsprechende Vorbildung mitbringen, durch entsprechende Angebote an neuen Erkenntnissen der Wissenschaft teilhaben zu lassen.

Neben diesen Zielen können auch Absichten der Förderung von Life Long Learning, die gezielte Ansprache neuer Zielgruppen u. a. in Frage kommen. Kommerzielle Ziele hingegen werden in Europa kaum verfolgt. Eine Befragung von Hochschulen ergab so gut wie keine derartigen Nennungen bei europäischen Hochschulen und selbst bei den amerikanischen Hochschulen existiert kaum eine derartige Intention (Jansen/Schuwer 2014, 23). Die Finanzierung der Bereitstellung eines MOOCs erfolgt daher meist indirekt, z. B. über Projektfinanzierungen.

Eignung von MOOCs in verschiedenen Bildungskontexten anhand von Beispielen

MOOC-Angebote verteilen sich auf alle Fachrichtungen (vgl. Abb. 2). Eine besondere Eignung des Formats für bestimmte Themengebiete kann aus der jeweiligen Anzahl nicht abgeleitet werden. Auffällig sind der Spitzenreiter, das Themengebiet *Business & Management* (16,8 %), und der Bereich *Mathematics* (4,09 %)

(Shah 2015). Für Mathematik gibt es allerdings bereits zahlreiche andere, auch kursartige Bildungsressourcen im Netz, z. B. seit 2006 die Khan-Academy, die die geringe Anzahl an MOOCs in diesem Bereich erklären könnten.

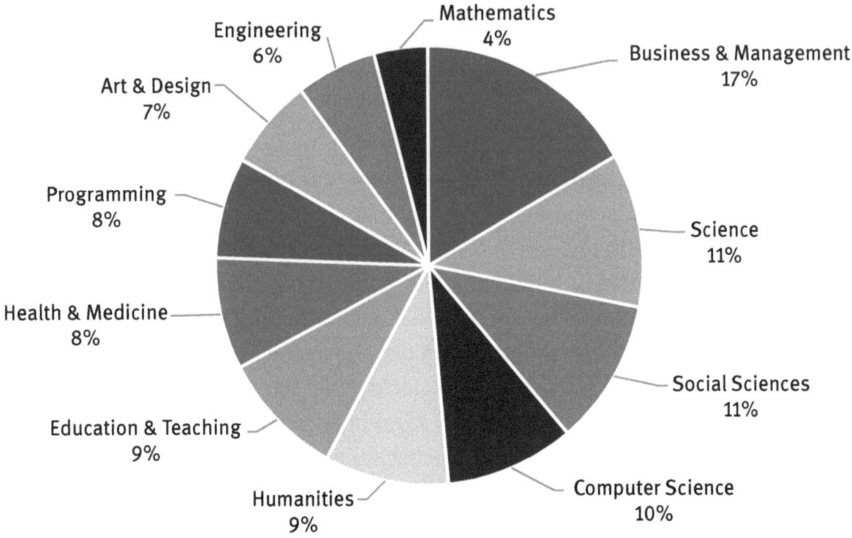

Abb. 2: Verteilung MOOC-Themen nach Fachrichtungen, Stand 2015 (nach Shah 2015).

In Deutschland entwickelten sich MOOCs auch außerhalb der Hochschullehre – z. B. der *KlimaMOOC*, der MOOC *Das Digitale ich, kurz #ichMOOC* als größter bisher stattgefundener VHS-Kurs (Wittke, 2015a) und *Lehrer2020-bw* als Online-Fortbildung für Lehrerinnen und Lehrer zum Einsatz mobiler Endgeräte in Baden-Württemberg. Dies legt nahe, dass neben der Hochschullehre zunehmend auch Angebote in diesem Format an der Schnittstelle Hochschule und Weiterbildung oder auch komplett ohne Beteiligung von Hochschulen in anderen Bildungskontexten an Bedeutung zunehmen werden.

Mit den folgenden MOOCs werden daher sehr unterschiedliche Beispiele betrachtet und an diesen die verschiedenen Möglichkeiten des vielseitigen Formats in verschiedenen Bildungskontexten näher erläutert.

Beispiel MOOCs im Kontext VHS

Im Bereich der Volkshochschulen haben bereits verschiedene MOOCs stattgefunden. 2013 der cMOOC *Wecke den Riesen auf*, mit dem Ziel mit VHS-Mitarbeiterinnen und -Mitarbeitern und Dozentinnen und Dozenten zum Thema Web-Lernen mit der Volkshochschule zu einem Erfahrungsaustausch zu kommen und einen gemeinsamen Entwicklungsprozess anzugehen. Der Kurs begann mit 662 registrierten Teilnehmenden und endete mit 716. Nach Angaben aus dem Evaluationsbericht der TU Kaiserslautern (Rohs 2014, 27) ergab sich mit 80 % ein hoher Anteil der Teilnehmenden aus Volkshochschulen. Von den Teilnehmenden schätzten 85 % ihre Medienkompetenz als gut bis sehr gut ein. Hier wird deutlich, dass zwar eine große Zahl an Teilnehmern aus dem Kontext VHS gewonnen werden konnte, aber es offensichtlich nicht gelang, Personen ohne bereits vorhandene Medienaffinität in bedeutendem Umfang für die Teilnahme zu gewinnen. Das diskursive Kursformat cMOOC wurde von den Teilnehmenden nur wenig in dieser Form genutzt, der Evaluationsbericht stellt fest: „Damit wird noch mal die generell eher passive Nutzung von MOOCs bestätigt" (Rohs 2014, 24).

Mit dem MOOC *Das Digitale ich, kurz #ichMOOC* fand ab Mai 2015 ein weiterer MOOC im Kontext der VHS statt. Der MOOC sollte zeigen, wie die eigene Online-Identität gestaltet und für persönliche Ziele genutzt werden kann. Der *ichMOOC* hatte zum Start ca. 950 Teilnehmende und innerhalb kurzer Zeit mehr als 1060 und überholte damit den VHS-MOOC *Gratis Online Lernen* bei iMooX als bis dahin größten VHS-Kurs (Wittke 2015a). Der *#ichMOOC* wurde mit dem OER-Award 2016 ausgezeichnet, in der Laudatio hieß es:

> Verbunden mit kostenfreier Teilnahme und ständiger Erreichbarkeit über das Internet sind MOOCs ein besonders geeignetes Medium, sowohl für die Erwachsenenbildung als auch für die Idee, jederzeit und überall Wege zu Bildung zu bieten. (Hirschmann/Seipel 2016)

Beispiel Weiterbildung für Lehrkräfte – MOOC Lehrer2020-bw

Ziel dieses MOOCs war die Vermittlung verschiedener Möglichkeiten, wie mit mobilen Endgeräten der persönliche Schulalltag von Lehrkräften erleichtert und Unterricht didaktisch gestaltet werden kann. Das Angebot richtete sich besonders an Einsteiger in diese Thematik und sollte über den Kreis der *Early Adopters* hinaus, die Verwendung mobiler Endgeräte (Smartphones und Tablets) im Schulalltag weiter in die Breite bringen. Das Projekt diente auch dazu, das Potenzial des Formats MOOC im Kontext der Lehreraus- und-weiterbildung des Landes Baden-Württemberg zu evaluieren und fokussierte so in zweifacher Hinsicht Organisationsentwicklung. Am Ende nahmen über 4460 Teilnehmende aus 95 Ländern teil.

Viele Themenbereiche des Kurses sind bisher nicht abschließend geklärt und eindeutig zu beantworten, die Inhalte zeigten daher grundlegende Konzepte und generelle Rahmenbedingungen, z. B. zu Datenschutz oder technischen Lösungen, auf. In der Diskussion der Foren gelang es diese Themen weiter zu vertiefen und mit bisher nicht allgemein bekannten Lösungen und Konzepten von erfahrenen Teilnehmern anzureichern. Der Austausch der Teilnehmenden in den Foren war mit 653 Beiträgen sehr rege und lieferte wertvolle Erkenntnisse über die Praxis und Probleme im Schulalltag. Der Kurs lieferte so nicht nur den Teilnehmenden neue Erkenntnisse, sondern auch den Organisatoren. Es war ein Novum ein solches Weiterbildungsangebot für eine spezifische Zielgruppe unverbindlich, rein online und als offenes Angebot zu gestalten. Gleichzeitig wurde überwiegend die beabsichtigte Zielgruppe erreicht. Von den Teilnehmenden waren 81,5 % aus Baden-Württemberg und von diesen wiederum 92 % aus Teilnehmergruppen, die dem Schulsystem zuzuordnen sind. Externe Teilnehmendengruppen trugen mit anderen Perspektiven sehr erfrischend zur Diskussion in den Foren bei. Die Online-Form mit freier Zeiteinteilung kam der Zielgruppe der Lehrkräfte in der Nutzung sehr entgegen. An der Abschlussbefragung zum Kurs nahmen 583 Personen teil. Von diesen wünschten sich 94 % weitere Angebote in diesem Format als Ergänzung zu den vorhandenen Weiterbildungsangeboten. Dies wurde 2016 mit dem MOOC *Leitperspektiven Bildungspläne 2016* im Kontext der Einführung neuer Bildungspläne in Baden-Württemberg aufgegriffen.

Beispiel Universität – MOOCen gegen das chronische Aufschieben

Dieses Beispiel zeigt den mehrfachen Nutzen eines MOOCs für unterschiedliche Ziele. Der MOOC trug sowohl zur Sichtbarkeit des KIT als auch zum Reputationsaufbau der Wissenschaftlerin bei, erzeugte wertvolle Forschungsdaten und führte mindestens zu einer quantitativen Verbesserung des Lehrangebots.

Ziel dieses MOOCs war das Aufschiebeverhalten (*Aufschieberitis*) v. a. von Studierenden auf unterschiedlichen Ebenen anzugehen. So wurden wissenschaftliche Hintergründe zum Prokrastinationsphänomen vermittelt, aber auch konkrete Unterstützung gegeben, um das eigene Verhalten zu reflektieren und zu verändern. Er entstand als erster MOOC des KIT aus der Idee, das bisher stark überbuchte entsprechende Angebot im Bereich der Schlüsselqualifikationen mehr Studierenden zu ermöglichen. Er lief erstmals 2014 mit über 8.500 Teilnehmern. Der MOOC wurde zusammen mit einer präsenten, begleitenden Lehrveranstaltung am KIT auch für die eigenen Studierenden angeboten. In dieser Kombination konnten über viermal so viele Studierende wie bisher das Angebot wahrnehmen.

Im Rahmen des MOOC wurden die Teilnehmenden gebeten, wissenschaftliche Fragebögen zur weiteren Beforschung von Prokrastination zu bearbeiten. Auf diese Weise konnten ca. 3.000 Datensätze mit über 20.000 Fragebögen erzeugt werden. Die Ergebnisse der Befragungen und die Stimmen der Teilnehmenden zeigen, dass mit einem solchen MOOC durchaus mehr als eine reine theoriebasierte Vermittlung von möglich ist, in diesem Fall ein Training für eine Verhaltensänderung:

> Vielen Dank für den Kurs – ich habe schon einiges davon umsetzen können und auch tatsächlich eine Verbesserung der Lebensqualität (man klingt das hochtrabend;-)) gemerkt. Vor allem der Blick auf die psychologischen Zusammenhänge hat mir sehr geholfen, das Aufschieben und dessen Ursachen besser zu verstehen und anzugehen. (Teilnehmerstimme aus der Evaluation)

Dies erkannte auch die Jury des deutschen Bildungsmedienpreises *digita 2015* an und zeichnete den Kurs als Sieger im Bereich Berufliche Bildung und Studium aus (digita 2015).

Beispiel Kooperation Universität und Unternehmen – MOOC Idea Generation Methods

Dieser MOOC entstand und wurde in Kooperation mit *KIC InnoEnergy* – einem europaweit tätigen Unternehmen im Bereich der Erneuerbaren Energien[4] – und dem KIT angeboten. Er stellte dem Wissenschaftler Daniel Koch als Dozenten die Möglichkeit die eigene Forschungsthematik – ziel- und prozessorientierte Techniken und Methoden der Ideengenerierung – aufzubereiten und einem Teilnehmendenkreis auch über die Studierenden des KIT hinaus zur Verfügung zu stellen. Er wurde so auch als Weiterbildungsangebot aufgestellt und in Englisch angeboten.

Der MOOC wurde als Chance gesehen, neue Formen der Kooperation und Außendarstellung zwischen einem Unternehmen und einer Forschungseinrichtung zu nutzen, die beide über einen Schwerpunkt in den Bereichen *Innovation und Entrepreneurship* profiliert sind. Im MOOC wurden neben der theoretischen Vermittlung durch den Dozenten über das Unternehmen die Erfahrung mit Innovationsprojekten im Energiebereich eingebracht. Die Teilnehmenden konnten die vorgestellten Methoden an einem eigenen Beispiel konkret ausprobieren und hierbei vom Feedback aus den Erfahrungen der realen Welt eines Innovationsunternehmens profitieren.

4 http://www.kic-innoenergy.com/
5 https://kiron.ngo/

Beispiel Zielgruppe Flüchtlinge – Kiron

Kiron Open Higher Education ist ein 2014 gegründetes *Social Start-Up*[5] Es will zusammen mit Hochschulen und deren MOOC-Angeboten Geflüchteten den Einstieg in Hochschulbildung erleichtern. Die Idee ist vorhandene universitäre MOOCs zu kombinieren, um wesentliche Anteile der ersten Studiensemester in Studiengängen abzubilden. Durch das Online-Format können Geflüchtete bereits in einer Phase der Anerkennung, in der sowohl notwendige Zulassungsdokumente beschafft oder über alternative Verfahren eine Hochschulzugangsberechtigung ermöglicht wird, ohne weiteren Zeitverlust Studienleistungen erbringen. Hochschulen sollen so Bewerbungen von Geflüchteten mit einer besseren Prognose für den erfolgreichen Abschluss des Studiums erhalten (Kiron 2016). Gegenüber präsenten Modellen mit lokalem Gasthörendenstatus an einer Hochschule berücksichtigt dieses Vorgehen, dass Geflüchtete in dieser Phase einerseits nicht so mobil sind, um sich an einen Ort mit entsprechender Hochschule zu begeben, andererseits wiederum nicht ortsfest sind. Sie müssten bei einem Ortswechsel, oft durch äußere Umstände bestimmt, meist mit Zeitverlust neu beginnen. Kiron versucht also – über Online-Angebote – einer stark verteilten Zielgruppe in einer besonderen Lebenssituation Mobilität in Bezug auf die Aufnahme eines Hochschulstudiums zu ermöglichen. Dies ist damit ein Beispiel für das Potenzial von MOOCs aus der Hochschullehre in Bezug auf weitere Nutzungsmöglichkeiten und sich daraus ergebender indirekter Wertschöpfung.

Didaktische Dimensionen

Da cMOOCs bezogen auf die gesamte Anzahl und die gesamten Teilnehmerzahlen nur einen geringen Anteil am Phänomen MOOC darstellen, wird im Folgenden auf Aspekte der Didaktik bei xMOOC-Formaten eingegangen. Diese können allerdings im Einzelnen auch auf andere MOOC-Formate übertragen werden.

MOOCs bestehen aus unterschiedlichen kombinierten Elementen (vgl. Abb. 3, rechte Seite), meist wird nur eine Auswahl dieser eingesetzt. In allen MOOCs kommen zumindest Videos zur Inhaltsvermittlung und Quiz für eine Kontrolle der Rezeption der Inhalte zum Einsatz. Es können unterschiedliche Niveausstufen bezogen auf die Lehrziele verfolgt oder auch ermöglicht werden. Typisch für MOOCs als offenes Angebot ist eine heterogene Lernerzusammensetzung. Lernende greifen mit unterschiedlichen, persönlichen Motiven auf den Kurs zu (Ho et al. 2015, 11). Die Teilnahmeabsicht kann vom Erwerb von Leistungspunkten gemäß ECTS bei Studierenden bis hin zu einem eher allgemeinen, losen Interesse an der Thematik reichen. Lehrende beabsichtigen mit dem Kurs die Vermittlung spezifischer Lehrziele und das Erreichen damit verbundener Niveaustufen. Auf jeden Fall stellt sich für den Kursanbieter die Frage, wie mit der Heterogenität der Teilnehmermotive gegenüber den beabsichtigen Lehrzielen umgegangen werden soll. Die hohen Abbrecherzahlen bei MOOCs (teilweise bis zu 95 %, typisch 70 % und mehr) führen zu einer intensiven Diskussion über den Misserfolg oder Erfolg von MOOCs (Brinck 2015; Wittke 2015b). Oftmals verlieren diese Kurse bereits in den ersten Abschnitten über die Hälfte der registrierten Teilnehmer. Inzwischen wird aber vermehrt anerkannt, dass Lernende mit verschiedenen Absichten an den Kursen teilnehmen und eine Reduktion auf die Abbrecherquote als Kennzahl dem nicht gerecht wird. Es werden inzwischen andere Modelle vorgeschlagen, die versuchen die Teilnehmer in unterschiedliche Gruppen zu clustern, die dann getrennt bezüglich des Erfolgs bewertet werden (Clark 2016). Neben der Frage, wie ein Kurs so zu gestalten ist, dass möglichst viele Teilnehmer das Lehrziel erreichen, stellt sich daher die Frage, ob und wie ein Kurs gestaltet werden kann, um unterschiedlichen Motiven der Teilnehmenden gleichzeitig gerecht zu

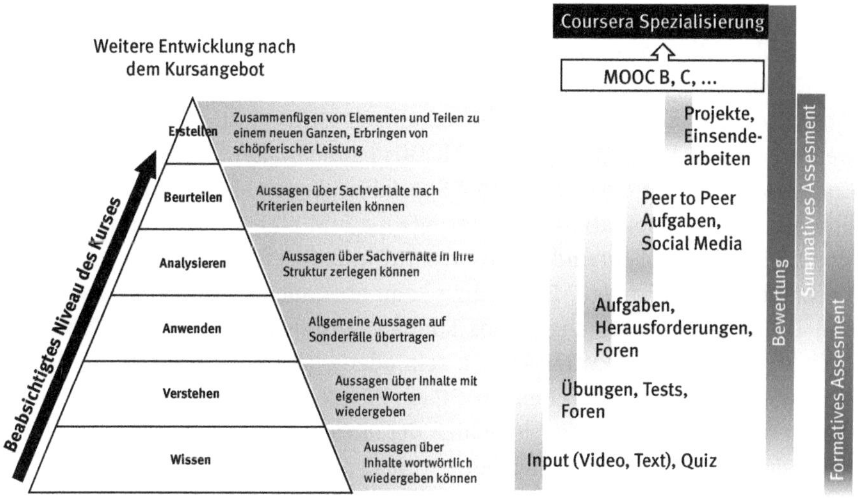

Abb. 3: MOOC Elemente im Kontext der Bloom'schen Taxonomie.[6]

6 Auch wenn die Autoren die Kritik an Lernzieltaxonomien im Sinne der Trennung von Funktionsbereichen innerhalb des Lernprozesses teilen, stellt die strukturierte Aufschlüsselung eine didaktische Planungshilfe zur Gestaltung wesentlicher Elemente eines MOOCs dar. Wesentlich ist die Vernetzung der einzelnen Elemente zu einem konsistenten Szenario.

werden. D. h. die Heterogenität des Formats zu akzeptieren und als Chance zu verstehen, statt das Format selbst im Sinne einer Homogenisierung von Teilnehmenden zu verändern.

Abb. 3 stellt die Taxonomie von Lernzielen entsprechenden MOOC-Elementen gegenüber und ermöglicht so ein Nachdenken darüber, welche Elemente in der Konzeption eines MOOCs je nach beabsichtigter Taxonomiestufe verwendet werden könnten. Der Grad der Färbung zeigt dabei, wo erfahrungsbasiert eine besondere Passung gegeben sein kann, drückt gleichzeitig aber auch aus, dass es von der jeweiligen Art der konkreten Verwendung des Elements im Einzelfall abhängt. Z. B. können Aufgabenstellungen rein rezeptives Wissen umfassen, aber auch eine beurteilende Tätigkeit des Lernenden erfordern. Aus der Gegenüberstellung wird deutlich, dass es in einem MOOC durchaus sinnvoll sein kann, unterschiedliche Motive der Teilnahme zu berücksichtigen. Im MOOC *Lehrer2020-bw* konnten wir beispielsweise beobachten, dass es eine große Teilnehmergruppe von *Einsteigern* gab, die fast ausschließlich die Videos und Quiz für einen Wissenszuwachs nutzten und eine Gruppe von „Experten" unter den Teilnehmenden, die eine Diskussion in den Foren führte, die über den Austausch von Wissen eher den oberen Taxonomiestufen zuzuordnen war. Die Abbildung ermöglicht darüber hinaus auch eine differenzierte Diskussion darüber zu führen, welche Formen der Überprüfung je nach beabsichtigtem Lernziel naheliegend sind.

Neben der Betrachtung eines MOOCs als singuläres Angebot, ist es aber längst notwendig MOOCs auch als Teil ganzer Settings zu betrachten. Längst werden größere Themen in mehrere MOOCs modularisiert. Die MOOC-Plattform Coursera hat hierfür die sogenannten Spezialisierungen eingeführt. Diese bestehen aus einer Kombination mehrerer MOOCs und einem Abschlussprojekt als summatives Assessment und sollen ein berufsqualifizierendes Zertifikat für einen Themenbereich darstellen. Das Setting kann aber auch aus anderen, begleitenden Lehrangeboten bestehen. Dies können beispielsweise *Flipped Classroom* Szenarien wie bei der RWTH Aachen sein oder zusätzlich angebotene präsente Workshops. Damit wird aus dem MOOC ein *Blended Learning* Szenario. Bei allen diesen Gesamtarrangements bleibt aber der einzelne MOOC weiter ein auch singulär sinnvoll zu nutzendes Angebot.

Aus unserer Erfahrung ist der Aspekt *Massiv* entscheidend. Einerseits, um eine Abgrenzung gegenüber anderen Online-Formaten vorzunehmen, andererseits auch, um in der Konzeption didaktisch und strategisch berücksichtigt zu werden. So kann insbesondere eine Emotionalität des Lehrprodukts MOOC hergestellt werden und dieses gegenüber anderen Lernressourcen wie *e-Books* etc. abgegrenzt werden. Wir schlagen hierzu vier Leitfragen vor:

1. *Wie wird die Masse für ein besonderes Erlebnis genutzt?* Ähnlich wie es einen Unterschied macht, ob ein Fußballspiel alleine vor dem Fernseher betrach-

tet wird, beim Public-Viewing oder im Fussballstadion, sollte auch die Teilnahme an einem MOOC mit einem sozialen Erleben der Masse verbunden sein. Z. B. war es beim *MOOCen gegen das chronische Aufschieben* ein wichtiges Element für die Teilnehmenden mit dem Problem der Prokastination nicht alleine dazustehen.

2. *Wie erleben sich Teilnehmende als Teil der Menge?* Dieses soziale Erleben der Masse, sollte durch entsprechende Elemente im MOOC gezielt verwendet werden, gerade auch um eine Emotionalität herzustellen. Abstimmungen, um Stellung zu einem Thema zu beziehen, könnte z. B. ein solches Element sein. Auch einfache *Votings* von Forenbeiträgen können unterstreichen, ein Verständnisproblem nicht nur alleine zu haben.
3. *Kann der Aspekt Massive für Big Data Elemente verwendet werden?* Über Aufgabenstellungen ist es möglich die große Anzahl der Teilnehmenden als Mehrwert zu verwenden. Diese Chance wird leicht übersehen, sollte aber aktiv genutzt werden. Dies kann durch Sammeln von Forschungsdaten erfolgen, aber auch durch Gruppenaufgaben direkt dem Lernprozess der Teilnehmenden dienen. Beispielsweise können regionale Aspekte eines Problems in einer gemeinsamen Datenbank zusammentragen werden, um regionale von globalen Aspekten zu differenzieren oder durch Aufgabenteilung ein größeres, komplexes Problem gemeinsam zu lösen.
4. *Können einzelne Teilnehmende einen individuellen Lieblingsplatz zur Teilnahme finden?* Nochmals die Assoziation des Public-Viewings aufgreifend, ist dies der Aspekt, um unterschiedlichen Arten von Teilnehmenden gerecht zu werden. Beim Public-Viewing entscheide ich mich selbst, ob ich im Kern des Geschehens direkt vor der Leinwand agieren oder eher am Rand ruhig und passiv zusehen will. Dieses Szenario erlaubt individuelle Möglichkeiten der Teilnahme mit unterschiedlicher Intensität. Gleiches sollte aus unser Sicht auch die Konzeption eines MOOC-Angebots verfolgen. Je nach Motiv der Teilnahme und auch persönlichen oder kulturellen Unterschieden sollten Freiheitsgrade für eine individualisierte Nutzung des Formats gezielt gesucht und ermöglicht werden.

Organisatorische und rechtliche Herausforderungen

Das Thema MOOC stellt die Hochschulen vor eine große Herausforderung. Die Zusammenarbeit mit privatwirtschaftlichen Anbietern von MOOC-Plattformen ist rechtlich zumindest schwierig. Dass dabei die beiden größten Plattformen

Coursera und *edX* außerhalb des europäischen Rechtsraumes angesiedelt sind, führt zu zusätzlichen Herausforderungen vor dem Hintergrund des Datenschutzes. Andererseits steckt in diesen großen Plattformen viel Know-How, die durch lokale Anstrengungen kaum aufzuholen sind. Klar ist, dass sich externe Ziele nur in Zusammenarbeit mit den etablierten, externen Providern erreichen lassen. Selbst einer Kooperation der führenden neun technischen Universitäten in Deutschland (TU9) ist dies nicht gelungen (Pscheida et al. 2014). Es gilt die Zusammenarbeit zwischen Hochschule und privatwirtschaftlichen Organisationen als Chance zu begreifen und rechtliche Aspekte der Zusammenarbeit teilnehmerzentriert zu lösen. Dabei ist neben den direkten Akteurinnen und Akteuren auch die Politik gefordert, da insbesondere Fragestellungen im Bereich des Datenschutzes beantwortet werden müssen. Ebenso muss geklärt werden, ob bzw. wie deutsche Hochschulen im internationalen Kontext – der anderen Universitäten umfassendere, rechtliche Spielräumen für unternehmerischer geprägte Unterfangen in diesem Bereich bietet – agieren sollen und dürfen.

Ausblick

MOOCs sind ein Ergebnis der in allen Bereichen stattfindenden Digitalisierung der Bildung, die zu Veränderungen in der Art und Weise wie, wann und wo wir lernen, führt. Dabei geht es nicht darum, diese Veränderung als bessere Zukunft oder als Gefahr zu sehen, vielmehr darum, diese Veränderung als stattfindend zu akzeptieren und mit zu gestalten. Die Befürchtungen MOOCs würden die Universitäten abschaffen sind nicht gerechtfertigt. Die große Resonanz zeigt, dass das Format durch Lernende angenommen wird. Dies bildet die Basis, um sich vermehrt über adäquate didaktische Konzepte Gedanken zu machen: eine disruptive Innovation verändert Bildung. MOOCs sind aber nicht nur ein Element, wie sich Lernen in der Welt der Hochschule weiter verändern und entwickeln wird, sondern haben auch das Potenzial dazu in anderen Bereichen des Lernens Anteil an Veränderungen und der Digitalisierung zu haben. Der Prozess MOOCs als ein Format des Lehrens und Lernens auf andere Bereiche zu übertragen hat längst erfolgreich begonnen. Die Frage zu den Geschäftsmodellen von MOOCs nur durch eine direkte Monetarisierung mit Teilnehmerentgelten zu beantworten ist zu naiv. Eine Antwort können indirekte Modelle der Finanzierung und Verwertung sein, weil beispielsweise die Kosten für ein alternatives Erreichen der angestrebten Ziele der Integration, die direkten Kosten des MOOCs selbst übersteigen.

Eine andere Antwort kann im Bereich der effizienteren Erreichung von Zielen der Organisationsentwicklung und von Bildungsaufgaben liegen.[7]

Literatur

Bloom, B. S. (Hrsg.) (1972): *Taxonomie von Lernzielen im kognitiven Bereich*. 4. Aufl. Weinheim/Basel: Beltz Verlag.

BMBF (2016): Pressemitteilung; BMBF fördert soziales Start-up „Kiron" für Flüchtlinge. https://www.bmbf.de/de/bmbf-foerdert-soziales-start-up-kiron-fuer-fluechtlinge-3281.html.

Brinck, C. (2015): ZEIT Online; http://www.zeit.de/2015/44/fernstudium-online-kurse-erfolg-moocs-spocs.

Clark, D. (2016): MOOCs: course completion is wrong measure. http://donaldclarkplanb.blogspot.de/2016/02/moocs-course-completion-is-wrong-measure.html.

Class Central (2016): Providers (Stand am 18.10.2016). https://www.class-central.com/providers.

Digita (2015): MOOCen gegen chronisches Aufschieben! https://www.digita.de/2015/beruf3.htm.

Downes, C. (2008): Connectivism & Connective Knowledge. *The Daily Blog*. http://connect.downes.ca/archive/08/09_15_thedaily.htm.

Hirschmann D.; Seipel H. (2016): OER-Award 2016 Laudatio – Bildungsbereich Weiterbildung / Erwachsenenbildung. http://open-educational-resources.de/16/award/laudatio-bildungsbereich-weiterbildung-erwachsenenbildung/.

Ho, A. D.; Chuang, I.; Reich, J.; Coleman, C. A.; Whitehill, J.; Northcutt, C. G.; Williams, J. J.; Hansen, J. D.; Lopez, G.; Petersen, R. (2015): HarvardX and MITx: Two Years of Open Online Courses Fall 2012-Summer 2014 (MITx Working Papers; 15): http://hdl.handle.net/1721.1/96825. MIT Office of Digital Learning; HarvardX Research Committee.

Iversity (2016): iversity startet mit Holtzbrinck Digital durch. https://iversity.org/de/pages/iversity-startet-mit-holtzbrinck-digital-durch.

Jansen D., Schuwer R. (2014): *Institutional MOOC strategies in Europe. Status report based on a mapping survey conducted in October – December 2014.*

Kiron (2016): Kiron for Academic Institutions. https://kiron.ngo/for-academic-institutions.

KIT (2015): KIT baut Engagement in Asien aus (Presseinformation 013/2015). https://www.kit.edu/kit/pi_2015_16325.php.

---

7 MOOC ist Teamwork, daher danken wir besonders unseren Kolleginnen und Kollegen Sarah Holstein, Andreas Heinen und David Lohner, ohne die in diesem Beitrag zugrunde liegenden MOOCs am Zentrum für Mediales Lernen (ZML) des Karlsruher Institut für Technologie (KIT) nicht möglich gewesen wären. Besonderer Dank geht hierbei auch an die jeweiligen Dozentinnen und Dozenten der MOOCs, die diese erst durch ihr hohes persönliches und zeitliches Engagement Realität werden ließen. Dies betrifft die erwähnten MOOCs (in chronologischer Reihenfolge der Entstehung) *MOOCen gegen das chronische Aufschieben*, *Idea Generation Methods* und der *MOOC Leitperspektiven Bildungspläne 2016*. Für die beiden MOOCs *Lehrer2020-bw* und *MOOC Leitperspektiven Bildungspläne 2016* bedanken wir uns bei Maurice Florêncio Bonnet für die besondere Unterstützung bei der Konzeption und Entstehung.

Lorenz, A. (2016): „The MOOC Production Fellowship: Reviewing the first German MOOC funding program“ In: M. Khalil; M. Ebner; M. Kopp; A. Lorenz; M. Kalz (Hrsg.): *Proceedings of the EUROPEAN STAKEHOLDER SUMMIT on experiences and best practices in and around MOOCs (EMOOCS 2016)*. Graz oncampus: https://mooin.oncampus.de.

Pongratz, H. (Hrsg.) (2015): *Neue Kooperations- und Finanzierungsmodelle in der Hochschullehre*. Berlin: Hochschulforum Digitalisierung.

Pscheida, D.; Lißner, A.; Hoppe, C.; Sexauer, A. (2015): MOOCs als Instrument des hochschulübergreifenden Marketings und der Studienorientierung. *Zeitschrift für Hochschulentwicklung* 10/02, 126–136.

Rohs, M. (Hrsg.) (2014): *TU Kaiserslautern. Beiträge zur Erwachsenenbildung (Nr.2), Evaluationsbericht zum VHS-MOOC „Wecke den Riesen auf“*.

Shah, D., Class Central (2015): By The Numbers: MOOCS in 2015, How has the MOOC space grown this year? Get the facts, figures, and pie charts. https://www.class-central.com/report/moocs-2015-stats/.

Steinberger, P. (2013): Achtung, Unis, jetzt kommt das Internet. Süddeutsche Zeitung. http://www.sueddeutsche.de/bildung/online-vorlesungen-achtung-unis-jetzt-kommt-das-internet-1.1691325.

Wittke, A. (2015a): Die Story hinter dem ichMOOC. http://www.onlinebynature.com/2015/06/die-story-hinter-dem-ichmooc/.

Wittke, A. (2015b): Abbrecherquote – Sinn oder Unsinn? http://www.onlinebynature.com/2015/05/abbrecherquote-sinn-oder-unsinn/.

Wittke, A. (2016): MOOCing in action – how to launch 25 moocs in 18 months. Präsentation im Rahmen des Webinars für Moos4all.eu. http://www.slideshare.net/oncampusfhl/mooc-ing-in-action-how-to-launch-25-moocs-in-18-months.

Wolf, M. (2016): Wer braucht Unis, wenn er einen Mooc hat? Digitales Lernen: Warum lernen an einer Online-Uni nichts bringt. Welt und N24. https://www.welt.de/kultur/article152547190/Wer-braucht-Unis-wenn-er-einen-Mooc-hat.html.

IV Kompetenzbedarfe

Karl Peböck

Media Literacy als Kulturtechnik. Herausforderungen mobiler Lernwelten

Einleitung

Die Bedeutung und Präsenz von Medien unterliegen einem historischen Wandel. Der Begriff „Leitmedium" bringt diesen Wandel zum Ausdruck. „Leitmedium" ist in einem doppelten Sinn ein Modebegriff geworden: Zum einen, weil er in Medienwissenschaft, Journalismus und Medienpraxis häufig verwendet wird, zum anderen insofern, als das Wort „Leitmedium" eine gewisse Vorherrschaft eines bestimmten Mediums beansprucht (Wilke 2009, 29). Tatsächlich hat es in der Geschichte mehrmals große Umbrüche in Bezug auf die Existenz und die Wirkmächtigkeit von Medien gegeben: die mündliche Kommunikation stand am Beginn. Die Fähigkeit, sich auch schriftlich mitzuteilen, eröffnete die Möglichkeit, örtliche und zeitliche Distanzen zu überwinden. Eine einschneidende Veränderung in der Medienwelt stellte die Erfindung des Buchdrucks im 15. Jahrhundert dar. Das Buch wurde dadurch ein Gebrauchsgut, das einer breiten Öffentlichkeit zur Verfügung stand (Boorstin 1992, 23–24). Eine erste große Demokratisierung des Wissens war eingeleitet, die sich – verglichen aus heutiger Sicht mit der Informationsexplosion des Internet – dennoch bescheiden anmutet.

Der Fortschritt, den das Fernsehen mit sich brachte, lag vor allem in den Faktoren der Geschwindigkeit und der Breitenwirkung (Boorstin 1992, 24–25). In dieser Form der Massenkommunikation sind die übermittelten Medienbotschaften nicht personalisiert und für alle Rezipientinnen und Rezipienten gleich (Heyer/Rupp 2002, 96).

Heute darf man das Internet als das Leitmedium in Bezug auf Informations- und Wissensaneignung und Meinungsbildung bezeichnen. Es beinhaltet ein beinahe zeit- und ortsunabhängig abrufbares riesiges Kompendium an Information und ist insofern ein ideales Werkzeug für lebenslanges und selbstgesteuertes Lernen (Pscheida 2010, 284). Speziell durch die Möglichkeiten des Web 2.0 (O'Reilly 2009) – es handelt sich hierbei um einen Kunstbegriff, der sinnbildhaft für die interaktiven und mitgestalterischen Möglichkeiten des Internet steht – werden die Auswirkungen auf unsere Wissenskultur noch einmal verstärkt (Pscheida 2009, 247). Das Internet ist nunmehr ein partizipatives Beteiligungsmedium, das zur Kommunikation und Kollaboration einlädt (Pscheida 2010, 284). Döbeli Honegger spricht in diesem Zusammenhang auch von einem

DOI 10.1515/9783110501131-014

Leitmedienwechsel, der sich vor allem in den Faktoren der Digitalisierung, der Automatisierung und Vernetzung äußert (Döbeli Honegger 2016, 15).

Alle diese Veränderungen haben immer auch einen gesellschaftlich-kulturellen Wandel mit sich gebracht. Nach Postmans Thesen zu Medientechnologie begünstigt jede Technologie eine bestimmte Art und Weise, die Welt zu sehen, zu beurteilen und über sich zu sprechen. Neue Medien kommen nicht einfach nur hinzu, sondern verändern das Gesamtsystem. Technologien bekommen einen mythischen Status, der dazu geeignet ist, sie als naturgegeben zu sehen und nicht als künstlich geschaffene Artefakte (Postman 1992, 14–19).

Unter diesem Gesichtspunkt ist der Siegeszug des Smartphones zu betrachten, der sich in mehrfacher Art manifestiert: erstens in der Veränderung der Nutzung technologischer Geräte: Die JIM-Studie des Medienpädagogischen Forschungsverbunds Südwest hat für Jugendliche bis neunzehn belegt, dass Internetnutzung immer stärker mit mobilen Endgeräten passiert. Innerhalb der letzten beiden Jahre gab es hier eine Verschiebung um mehr als zehn Prozent weg von Notebook und PC hin zum Smartphone (Medienpädagogischer Forschungsverbund Südwest 2015, 32). Diese Veränderung des Mediennutzungsverhaltens geht mit dem zweitens Aspekt Hand in Hand: mit der Veränderung der Lebensgewohnheiten. Durch das Smartphone ist einerseits der Mensch für andere ständig verfügbar – was unter anderem auch von Unternehmen gezielt eingesetzt wird (Markowetz 2015, 39), andererseits steht Nutzerinnen und Nutzern durch die mobilen Begleiter die Welt des Internets in Form von Kommunikation, Kollaboration und Wissensaneignung ständig offen. Auch die alten Medien – Buch, Zeitung, Fernsehen – sind auf dem Smartphone ständig verfügbar. Man darf das Internet – vermittelt durch mobile und stationäre Endgeräte – tatsächlich als Leitmedium bezeichnen.

Die Kritik der digitalen Apokalyptiker

Bereits um den Jahrtausendwechsel hat Enzensberger in seinem im *Spiegel* erschienen Essay *Das digitale Evangelium* zwischen digitalen Evangelisten und digitalen Apokalyptikern unterschieden (Enzensberger 2000). Als Evangelisten bezeichnet er diejenigen, die Nutzen und Wert digitaler Medien bedingungslos anerkennen, als Apokalyptiker jene, die vor allem die Gefahren sehen. Die Technologien digitaler Medien haben sich ebenso wie ihre Rolle in Gesellschaft, Bildung und Arbeitswelt seit Enzensbergers Essay weiter stark verändert. Die Polarisierung zwischen Evangelisten und Apokalyptikern ist aber nicht geringer geworden, sondern hat sich nicht zuletzt durch die noch stärkere Verbreitung digitaler Medien gesteigert – ein Diskurs, der nicht immer sachlich und oft populärwissenschaftlich geführt wird und sich häufig in plakativen und reißerischen Buchtiteln manifestiert. Diese Kritik fokussiert in drei Auswirkungen für den Menschen: dessen Verdummung, dessen Ausbeutung und dessen Erschöpfung und Frustration.

An vorderster Front bei den digitalen Apokalyptikern steht der Hirnforscher Spitzer, der mit seinem Buch *Digitale Demenz* zu beweisen versucht, dass die Lernleistung durch die Verwendung von digitalen Medien sogar sinkt, indem das Gehirn dadurch negativ beeinflusst und der Aufbau einer Problemlösekompetenz verhindert wird. Zudem mache der Gebrauch von digitalen Medien psychisch und physisch krank (Spitzer 2012). Die Kritik an Spitzers Wissenschaftsverständnis, nach dem Wissenschaft den Zweck der Vereinfachung im Dienste der Aufklärung zu erfüllen hat (Spitzer 2012, 288), ist wohl berechtigt. Dem im Buchtitel behaupteten Zusammenhang zwischen der Verwendung digitaler Medien und dem Auftreten von Demenzerkrankungen wird Spitzer wissenschaftlich nicht gerecht (Liebold et al. 2013, 73). Auch Döbeli Honegger kritisiert Spitzers Umgang mit Zitaten und Zahlen (Döbeli Honegger 2012). Appel und Schreiner haben in ihrer Studie gezielt durch Metaanalysen Spitzers Theorien in vielen Bereichen widerlegt (Appel/Schreiner 2014). Insbesondere finden sie nicht die von Spitzer behaupteten signifikanten Zusammenhänge von Wohlbefinden, Aggressivität und Übergewicht mit digitalen Medien. Ebenso wie Spitzer halten auch Leipner und Lembke eine Kindheit ohne Computer und digitale Medien für die beste Vorbereitung auf das digitale Zeitalter. Lernen als Prozess der Wissensaneignung folgt nicht den Prinzipien von Algorithmen, denn digitale Medien beanspruchen jene Gehirnareale, die für Lernen, Denken und Handeln zuständig sind (Leipner/Lembke 2015, 220).

Enzensbergers Feststellung, dass neue Medien immer auf der Suche nach unbekannten Bedürfnissen sind (Enzensberger 2000) erreicht durch *big data*, der Fähigkeit, möglichst viele Internetdaten über Menschen zu sammeln und zu analysieren, um damit neue Erkenntnisse über diese Menschen zu generieren (Mayer-Schönberger/Cukier 2013, 9) unter anderem auch wirtschaftliche Brisanz. Han sieht in *big data* ein sehr effizientes psychopolitisches Instrument, das Menschen manipuliert, ohne dass sie es merken. Die Digitalisierung beschleunigt die kommerzielle Ausbeutung des menschlichen Lebens auf die Art, dass personenbezogene Daten über Lebensgewohnheiten, Bedürfnisse und Konsumverhalten gesammelt und analysiert werden mit dem Zweck, dem Menschen gezielt Werbung zuzuführen, um Bedürfnisse zu wecken und ihn zu weiterem Konsumverhalten zu veranlassen (Han 2016).

Der letzte der drei grundsätzlichen Kritikpunkte der digitalen Apokalyptiker ist beschrieben mit den Schlagworten *digitaler Burnout* und *digitale Depression*. Markowetz schildert das Suchtpotential der *digitalen Spielautomaten*, die über die

Menschen Herrschaft erlangen, mit ständigen Unterbrechungen die Produktivität und Konzentration zerstören und dem Menschen das Glück stehlen (Markowetz 2015). Diefenbach und Ullrich beobachten, dass durch das Bedürfnis, besondere Momente durch die Verwendung von Smartphones festzuhalten, Glücksgefühle zerstört werden. Die Technik hat damit unmittelbare Auswirkungen auf das Glücksempfinden des Menschen. Der Mensch möchte das Glücksgefühl intensivieren durch Fotos und *Postings* auf *Social Networks* und verlernt dabei das Glücklichsein selbst (Diefenbach/Ullrich 2016). Ebenso wie Spitzer bleiben auch Diefenbach und Ullrich die wissenschaftliche Argumentation zum ursächlichen Zusammenhang mit der Depression schuldig. Differenzierter stellt die re:publica-Konferenz 2016 in Berlin die Problematik dar (re:publica 2016; Weber 2016): während eine Depressions-Betroffene ihr Suchtverhalten mit Dopaminausstoß beim Aufpoppen von *Social Media*-Mitteilungen beschreibt, die nur mit völligem Entzug zu bekämpfen waren, hat einem anderen Depressiven der offene Umgang mit der Krankheit auf den Plattformen Twitter und Facebook aus der Depression geholfen.

Allen diesen endzeitlichen Propheten in Bezug auf digitale Medien ist gemeinsam ein populärwissenschaftlicher Zugang zur Thematik, der kasuistisch Einzelfälle zur Allgemeingültigkeit erhebt und den digitalen Medien mit einer absolut ablehnenden Haltung begegnet. Eine derart undifferenzierte Position darf man skeptisch betrachten, dennoch wäre es falsch, die Argumentation generell zu verwerfen. Vielmehr gilt es, relevante Aspekte zu erkennen und daraus Wege zur Entwicklung einer Medienkompetenz zu entdecken. Die große Nachfrage nach Veröffentlichungen dieser Art zeigt, wie verunsichert viele Menschen in diesen Fragen sind (GMK 2012, 1). Auch Gegenschriften kommen auf den Markt. Milzner bezeichnet diese Ängste als Hysterie und geht davon aus, dass Kinder und Jugendliche durch den intensiven Medienkonsum zum Großteil keineswegs degenerieren, sondern sich für eine Zukunft rüsten, die noch viel technologischer und digitaler sein wird als die Gegenwart (Milzner 2016, 17).

Der Begriff der Medienkompetenz wird im digitalen Zeitalter von der modernen Gesellschaft als Schlüsselqualifikation gefordert (Gapski 2001). Im gesellschaftlichen Diskurs wird der Begriff Medienkompetenz aber meistens als diffuses Konstrukt und umfassendes Allheilmittel verwendet. Auf diese Weise kommen die Komplexität und raschen Veränderungen der digitalen Medienwelt zum Ausdruck (Jarren/Wassmer 2009, 46). In Deutschland laufen derzeit mehrere bildungspolitische Initiativen, um Medienkompetenz breit zu verorten, messbar und überprüfbar zu machen (Pöyskö 2011). Die Initiative D21 beispielsweise, ein gemeinnütziges Netzwerk für die digitale Gesellschaft, hat sich zum Ziel gesetzt, die digitale Spaltung der Gesellschaft zu verhindern und den digitalen Wandel motiviert und chancenorientiert zu gestalten. Tatsächlich scheint Medienkompetenz als weitreichende Kulturtechnik heute unumgänglich.

Medienkompetenz als Kulturtechnik

Baacke unterscheidet Medienkompetenz von Medienerziehung. Unter letzterem versteht er intentionales Handeln mit pädagogischem Auftrag (Baacke et al. 1999). Der Begriff Kompetenz selbst kann nicht einem bestimmten institutionellen Bereich zugeordnet werden und muss daher stets im größeren Kontext des gesamten Lebens betrachtet werden (Treumann et al. 2002, 19). Die Spannbreite der Fähigkeiten, die ein medienkompetentes Individuum aufweisen muss, macht es nötig, dass Fachleute aus verschiedenen Bereichen sich mit Medienkompetenz beschäftigen. Jarren und Wassmer haben über Google-Scholar recherchiert, aus welchen wissenschaftlichen Disziplinen Autorinnen und Autoren zu Medienkompetenz zu finden sind (Jarren/Wassmer 2009, 47). Die meisten Autorinnen und Autoren kommen aus dem Bereich Erziehungswissenschaft und Pädagogik, gefolgt von Medienwissenschaft und Kommunikation. An dritter Stelle ist die Psychologie vertreten. Auch wenn die oben zitierte Unterscheidung von Baacke sinnvoll erscheint, zeigt sich doch, dass Medienerziehung einen wichtigen Faktor in der Medienkompetenz darstellt. Die grundsätzliche, pädagogische Frage, inwieweit erzieherisches, intentionales Handeln sinnvoll und notwendig ist, oder ob Individuen selbstverantwortlich lernen können, stellt sich auch in Bezug auf Medienkompetenz.

Die Tatsache der sich rasch ändernden Medienwelt begegnet Groeben mit der Forderung, dass der Medienbegriff selbst aus Aktualitätsgründen weit genug gefasst werden muss, und auch das Konzept der Medienkompetenz muss eine entsprechende Weite haben (Groeben 2004, 29–31). In Anlehnung an Baacke, der den Begriff Medienkompetenz im deutschsprachigen Raum erstmals in die Bereiche Medienkunde, Medienkritik, Mediennutzung und Mediengestaltung (Baacke 1997) klassifiziert hat, strukturiert Groeben Medienkompetenz prozessual, um das Konstrukt der Medienkompetenz empirisch operationalisierbar zu machen. Er unterteilt Medienkompetenz in sieben Teilbereiche, die den Phasen der Mediennutzung zugeordnet werden können: Medienwissen/Medialitätsbewusstsein, medienspezifische Rezeptionsmuster, medienbezogene Genussfähigkeit, medienbezogene Kritikfähigkeit, Selektion/Kombination von Mediennutzung, produktive Partizipationsmuster und Anschlusskommunikation (Groeben 2004, 40). Damit legt er den Fokus noch stärker auf das Tun des Menschen, der Medienkompetenzbegriff wird dadurch noch greifbarer. Groeben hält auch fest, dass die gesellschaftlich geforderte Zielidee der Medienkompetenz ein derart hoher Wert ist, dass er auch im wissenschaftlichen Diskurs nicht eliminiert werden darf. Sein Medienkompetenzkonzept hat einen normativen Charakter: In technisch fortgeschrittenen Gesellschaften ist ein Mindestmaß an Medienkompetenz für Individuen Voraussetzung für erfolgreiche Teilhabe an der Wissensgesellschaft (Groeben 2004, 43).

Beide eben beschriebenen Aspekte der Medienkompetenz – dass Medienerziehung ein wesentlicher Bereich der Medienkompetenz ist, und dass ein hohes Maß an Medienkompetenz konstitutiv für Teilhabe an der (Wissens-)Gesellschaft ist – kongruieren mit der Tatsache, dass digitale Medien das Leben der Menschen immer stärker und immer früher bestimmen und beeinflussen (Medienpädagogischer Forschungsverbund Südwest 2015) und finden ihren Ausdruck in den Ängsten, die die digitalen Apokalyptiker formulieren. Um den Fokus von den Bedrohungen durch digitale Medien wegzulenken, wird an dieser Stelle der Blick auf den angloamerikanischen Raum gelenkt. Dort wird der Begriff *Media Literacy* verwendet, der anders zu verstehen ist als das deutsche Wort Medienkompetenz. *Literacy* wird dort als Errungenschaft der Zivilisation verstanden, die der Menschheit Fortschritt, individuelle Freiheit und soziale Mobilität gebracht hat. In einem anderen Sinn meint *Literacy* die spezifisch sozialen Praktiken wie Lesen und Schreiben, die in einen sozialen und kulturellen Kontext eingebettet sind und die man als Kulturtechniken bezeichnen kann (Eberhöfer 2008, 56). Diese Sichtweise betont auch die Bedeutung der Geschichte für die *Media Literacy*. In ihr entwickelt sich *Media Literacy* als soziokulturelle Grundkompetenz (RobbGrieco 2013). Im Gegensatz zur Sichtweise der digitalen Apokalyptiker wird die Medienentwicklung als Fortschritt gesehen, gesellschaftlichen Veränderungen (beispielsweise im Bereich Bildung und Lernen) steht man offen gegenüber und sieht die Chancen darin. Medienkompetenz muss in diesem Sinn als Kulturtechnik der Menschheit betrachtet werden, die wesentlich zu den Grundkompetenzen jedes Menschen gehört.

Der Kurznachrichtendienst als Antithese zum gedruckten Buch

Medienkompetenz ist also eine Schlüsselkompetenz des 21. Jahrhunderts. Wissenschaftliche Definitionen des Begriffs – davon gibt es viele – können unterschiedlich eng oder weit gefasst sein. Im alltäglichen Sprachgebrauch meint man damit meist die Fähigkeit, in Freizeit und Beruf kompetent mit alten und neuen Medien umzugehen (Neumann-Braun 2000, 2). Diese alltägliche Verwendung des Wortes ist zwar keine Definition – im Sinne von Abgrenzung – macht aber die Problematik deutlich, der die Menschen täglich gegenüberstehen. Beispielhaft werden an dieser Stelle die Chancen und Möglichkeiten, aber auch die Schwierigkeiten und Gefahren des Lernens mit neuen Medien anhand einer konkreten Anwendung erörtert: Der Kurznachrichtendienst *Twitter* ist eines der unzähligen Tools, mit denen viele Menschen täglich zu tun haben und mit denen digitales Lernen im 21. Jahrhundert möglich ist.

Sieben Jahre lang war Twitter auf der *Top 100 Tools for Learning List*, einer weltweiten Studie von mehr als 2000 Fachleuten aus dem Bereich E-Learning, an erster Stelle platziert. Im Ranking von 2016 ist *Twitter* erstmals hinter *Google Search* und *YouTube* auf Platz drei gerutscht (Hart 2016). Dieses Ergebnis mag auf den ersten Blick verwundern. Es lohnt sich, genauer hinzusehen, welche Bilder von Lernen dahinterstehen, wie sich Lernen verändert oder auch schon verändert hat, welche Fähigkeiten an Medienkompetenz Lernen mit *Twitter* bedingt.

Definitionen von Lernen sind hinlänglich bekannt, eine weit verbreitete, die von Gudjons, sei hier dennoch angeführt:

> Lernen ist also – anders als „Erziehung" – ein wertneutraler Begriff. Es geht um die Kennzeichnung von Änderungen (nicht wie beim Erziehungsbegriff um Verbesserungen) menschlicher Verhaltensdispositionen, die durch Verarbeitung von Erfahrungen erklärt werden können. (Gudjons 2012, 219, H.i.O.)

Wesentlich ist für Gudjons also die Veränderung des Verhaltens, die durch einen aktiven Prozess beim Lernenden selbst herbeigeführt wird – ein Aspekt, den Gudjons auch im Zusammenhang mit der Veränderung der Lehrerrolle in neuer Unterrichtskultur betont und fordert (Gudjons 2006, 16). Interessant ist diese Definition im Kontext des Lernens mit *Twitter* unter dem Gesichtspunkt der Lerntheorie des Konstruktivismus, die sich im pädagogischen Diskurs derzeit großer Beliebtheit erfreut. Zwar ist der Konstruktivismus keine einheitliche Theorie, sondern setzt sich aus verschiedenen Ansätzen aus der Biologie, der Psychologie, der Kybernetik, der Soziologie, der Sprachwissenschaft, der Philosophie und anderen Fachwissenschaften zusammen, gemeinsam ist diesen Ansätzen aber die Grundannahme, dass der Mensch seine Sinneswahrnehmungen auf der Grundlage seiner persönlichen Erfahrungen verarbeitet und seine eigene, subjektive Welt konstruiert (Haan/Rülcker 2009, 7).

Es gehört zum Wesen der Postmoderne und des Internetzeitalters, dass die Menge an Wissen enorm zugenommen hat und dabei Wissen und Wahrheit flüchtiger geworden sind. Das Internet bringt eine Demokratisierung des Wissens mit sich, die Zuverlässigkeit von Informationen nimmt allerdings ab. Dadurch wird der Beziehungsaspekt der Informationen wichtiger. Durch die Referenz vertrauenswürdiger Menschen erhalten Informationen eine Bedeutung (Rasche 2009, 79–80).

Der Kurznachrichtendienst *Twitter* steht gleichsam prototypisch für diese neue Dimension von Lernen und Wissensaneignung in der postmodernen Informationsgesellschaft. Im traditionellen Denken ist Wissen verortet in Bibliotheken. Sie stehen bildhaft und real für den Schatz des sich in Jahrtausenden angesammelten Wissens, das der Mensch sich durch Studieren aneignen kann. Dieses Studieren ist ein langer und intensiver Prozess, der viel Zeit und Geduld erfordert, jedoch – zumindest in der Vorstellung eines klassischen akademischen Studiums – irgendwann abgeschlossen ist.

Der Microblogging-Dienst *Twitter* ist eine Kommunikationsplattform, auf der angemeldete Nutzerinnen und Nutzer Kurznachrichten (*Tweets*) bis maximal 140 Zeichen senden können. *Tweets* können über sog. *Hashtags* mit Begriffen assoziiert werden. Neben der Möglichkeit, Direktnachrichten an andere *Twitter*-Nutzerinnen und -Nutzer zu senden, erfolgt die Übermittlung der Beiträge an die einzelnen Nutzerinnen und Nutzer durch das Abonnieren anderer Nutzerinnen und Nutzer (*Follower*) oder das Suchen nach *Hashtags*.

Vergleicht man nun die Tätigkeit des Twitterns und des klassischen Studierens, so stellt man fest, dass Lernen mit *Twitter* völlig anderen Prinzipien unterliegt als das traditionelle Studieren. Die grundlegendsten Unterschiede seien hier aufgezählt:

- *Informationsmenge:* die Kurznachricht per se mit höchstens 140 Zeichen als kleinste, vollständige Einheit stellt schon von ihrer Datenmenge die Antithese zum gedruckten Buch dar.
- *Zufälligkeit: Twitter*-Nutzerinnen und -Nutzer treffen zwar durch Abonnements von anderen Nutzerinnen und Nutzer und Hashtags eine Auswahl der ihnen zugeführten Informationen. Trotzdem bleibt ein relativ großes Maß an Zufälligkeit, das auch gewünscht ist und sich wesentlich von gezielter, eigener Recherche zu einem bestimmten Thema unterscheidet.
- *Ort und Zeit:* im Gegensatz zum klassischen Studieren in der Bibliothek findet Lernen mit *Twitter* nicht an bestimmten Orten und zu festgelegten Zeiten statt. Voraussetzungen sind lediglich Zugang zum Internet und ein internetfähiges Endgerät. Speziell mit Smartphones sind beide Bedingungen heute fast immer gegeben und der Integration des Lernens in den Alltag steht nichts im Weg. Damit verbunden ist auch ein Unterschied in der Zeitdauer der Beschäftigung.
- *Vernetzung:* Lernen mit *Twitter* ist konstruktivistisch vernetztes Lernen: Lernen mit und von anderen. Gemeinsam werden Informationen aus der Datenmenge des Internet gefiltert und gezielt miteinander geteilt. Die Personen aus dem sozialen Netzwerk bilden die Referenz für den Wert der Informationen. Bei Twitter kommt hier auch die Theorie der Schwarmintelligenz zum Tragen, die davon ausgeht, dass die kollektive Intelligenz bei zunehmender Teilnehmerzahl ansteigt und damit gemeinschaftliche Prozesse optimiert werden, ein Faktum, das auch für politische Entwicklungen stark genutzt wird (Stier 2012, 84).

Selbstverständlich wird die klassische Form des Lernens und Studierens nicht durch das Lernen mit dem Kurznachrichtendienst abgelöst. Lernen mit *Twitter* stellt aber doch eine Form des Lernens mit neuen Medien dar, die der medialen Informationsgesellschaft entspricht und die klassische Form ergänzt.

Diese neuen Möglichkeiten des Lernens bergen natürlich auch Gefahrenpotenziale in sich, und die Warnungen der digitalen Apokalyptiker liegen auf der Hand: Mit dem Leben im Unterbrechungsmodus, das keine kontinuierliche Konzentration auf eine Beschäftigung zulässt und dem Smartphone als Ablenkungsturbo, der die Produktivität hemmt, wird argumentiert (Markowetz 2015, 61–69). Eine medienkompetente Nutzung solcher Tools ist tatsächlich das Gebot der Stunde. Medienpädagogik und die Förderung von Medienkompetenzen sind gefragt, die Reaktion auf technische Neuerungen im Medienbereich muss rasch erfolgen (Gapski/Gräßer 2007, 26). Für das Lernen mit *Twitter* bedeutet das zum einen eine zeitliche Selbstbeschränkung, was die Nutzung des Nachrichtendienstes betrifft. Damit verbunden ist das zweite Gebot, nicht alle *Tweets* lesen zu müssen, es dem Zufallsprinzip zu überlassen, was man lernt und damit auch zu riskieren, dass eventuell relevante Informationen nicht wahrgenommen werden. Gapski und Gräßer sprechen in diesem Zusammenhang von Prozessen der Selbstorganisation und trauen den Menschen zu, im Tun selbst einen sinnvollen und adäquaten Umgang mit dem Medium zu finden. Medienkompetenzen werden also nicht vermittelt sondern entwickeln sich, wenn entsprechende Stimuli geschaffen werden, also durch das faktische Verwenden der Medien (Gapski/Gräßer 2007, 28). Wampfler definiert drei Voraussetzungen für eine individuelle Netzkompetenz. Die erste spricht diesen sinnvollen Umgang mit den Medien an, er meint

> Selbstregulation, Selbstorganisation und Selbstreflexion ermöglichen informelles Lernen im Kontext des Web 2.0; sie führen zu Neugierde und Kreativität, Initiative und Autonomie, Lernfähigkeit, Verantwortungsbewusstsein, Frustrationstoleranz, Improvisationsgeschick und Risikobereitschaft (Wampfler 2013, 79).

Auch die zweite und dritte Voraussetzung sind im Kontext des Lernens mit digitalen Medien relevant. Die zweite greift den bereits genannten Begriff der *Literacy* als Kulturtechnik auf, die dritte spricht die Ebene der Vernetzung und Kommunikation an:

> Eine Internetkompetenz, die sich aus einer Medienalphabetisierung oder Medienliteracy, medienspezifischen Analyse-, Evaluations- und Contententwicklungs-Skills und der Fähigkeit, Informationen kontextualisieren zu können, zusammensetzt. Die unter 1. und 2. genannten Fähigkeiten kommen in heterogenen sozialen Zusammenhängen zum Einsatz. Entscheidend ist also die Kompetenz, in flexiblen Umgebungen problembezogen kommunizieren zu können, ohne die eigene Autonomie preiszugeben. (Wampfler 2013, 79)

Die digital geprägte Gesellschaft

Alltägliche Stimuli, die zur Nutzung digitaler Medien über mobile Endgeräte verleiten, gibt es zur Genüge. Gleichsam wörtlich verstanden versinnbildlicht der Begriff *„mobiler Begleiter“* im Bereich der Navigation die Bedeutung von Smartphones. Was für durchschnittliche Mitteleuropäerinnen und Mitteleuropäer eine komfortable Erleichterung im Alltag darstellt, ist für Kriegsflüchtlinge in der Fremde lebensnotwendige Hilfe. Spitzers Einwand, durch den Komfort der digitalen Medien würden die Menschen ihr Gedächtnis immer weniger nutzen und die alten Techniken verlernen, beispielsweise das sich Zurechtfinden in fremder Umgebung oder das Auswendiglernen von Telefonnummern (Spitzer 2012, 322), kann entgegengehalten werden, dass dieser digitale Wandel unumkehrbar ist und es auch schon früher solche Umbrüche gegeben hat. Ebenso, wie die Menschen verlernt haben, ihre Nahrung selbst zu jagen und stattdessen ihr Essen einkaufen, ist es daher nicht weiter tragisch, wenn man heute beispielsweise keine Telefonnummern mehr auswendig kann, weil diese im Smartphone gespeichert sind (Döbeli Honegger 2015).

Mobile Endgeräte, insbesondere Smartphones, entwickeln sich zur *„Cross-Technology-Plattform“* für alle Lebensbereiche auf der technischen Grundlage des *„Always-In-Touch“* (Heinemann/Gaiser 2016, 64). Kerkau bezeichnet Smartphones metaphorisch als „Fernbedienung des Lebens“ (Kerkau 2012), womit er die Nutzungsintensität und Web-Affinität der *Smart Natives* zum Ausdruck bringt. Diese Omnipräsenz hat auch Auswirkungen auf den Bildungsbereich und wird dort in Politik und Gesellschaft – bezeichnenderweise auch in den digitalen Medien – kontrovers und teilweise heftig diskutiert.

Döbeli Honegger listet die Argumente der Verweigernden und Befürwortenden auf und stellt sie einander gegenüber (Döbeli Honegger 2015). Es wird wohl kaum gelingen, Vertreter der Extrempositionen (digitale Evangelisten und digitale Apokalyptiker) zu überzeugen oder zu bekehren, gegenüber Tatsachen sind sie zumeist immun (Enzensberger 2000, 92). Auf eine Gegenüberstellung von Argumenten wird daher an dieser Stelle auch verzichtet. Es empfiehlt sich, die Chancen von digitaler Bildung zu erkennen, die Augen vor den Schwierigkeiten nicht zu verschließen und daraus die Konsequenzen zu ziehen.

Im schulischen Bereich trifft man immer wieder auf die (Schreckens-)Vision, dass Computer, Tablet und Smartphone die Lehrerinnen und Lehrer ersetzen könnten. Auch in dieser Frage sind Polemik und Extrempositionen wenig hilfreich. Die Bedeutung der Lehrpersonen für das schulische Lernen ist nicht erst seit der Hattie-Studie bekannt und bewusst (Hattie et al. 2014), und gute Lehrerinnen und Lehrer zu haben, ist für junge Menschen ein wichtiger Faktor für ein erfolgreiches Leben. Diese allein werden allerdings das Bildungsdilemma (massentaugliche Bildung bei extrem heterogenen Voraussetzungen bei den Lernenden) nicht bewältigen können. Der Einsatz von Internet und digitalen Medien ist in diesem Dilemma ein entscheidender Schritt in Richtung Lösung. Zugleich ist die digitale Revolution doch auch eine Demokratisierung des Wissens und damit ein Angriff auf das Elitedenken im Bildungsbereich. *„Durch die digital verbreitete Schwarmintelligenz der Studenten wird die Autorität des Professors in Echtzeit noch während der Vorlesung unterwandert.“* (Wirz 2016).

Die Möglichkeiten des Lernens mit digitalen Medien nicht zu nutzen wäre fahrlässig. Darin ein Allheilmittel für das Lernen zu sehen wäre unverantwortlich. Die Gesellschaft für Informatik hat 2016 diese Verantwortung und die Erfordernisse für Bildung in der digitalen vernetzten Welt in der *„Dagstuhl-Erklärung“* zum Ausdruck gebracht (Brinda et al. 2016). Ausgangspunkt ist die Erkenntnis des Lebens in einer digital geprägten Gesellschaft, die eine eigene Kultur in Lebens- und Arbeitswelt hervorbringt. Eine zukunftsfähige Gestaltung von Bildungsprozessen setzt ein Verständnis der grundlegenden Konzepte der digitalen vernetzten Welt voraus. Die Gesellschaft für Informatik fordert daher in gemeinsamer Verantwortung von Medienpädagogik, Informatik und Wirtschaft, die digitale Bildung unter den Perspektiven der Technologie, der Gesellschaft und Kultur und der Anwendungen zu betrachten (Brinda et al. 2016).

Zum Ausdruck kommen in der Erklärung ein bewusster, verantwortungsvoller Zugang zur Thematik des Lernens mit digitalen Medien. Nach der ersten Euphorie der 1990er Jahre beim Thema *Lernen und Computer* haben sich mit Beginn des neuen Jahrtausends gegenteilige Schlagzeilen daruntergemischt, die auch negative Einflüsse thematisieren. Diese Skepsis hält bei vielen bis heute an, gefördert durch die massive Verbreitung digitaler Medien in alle Lebensbereiche hinein durch den Siegeszug der Smartphones (Tulodziecki 2011, 43). Es ist zu wünschen, dass diese offene, verantwortungsvolle Nutzung in medienkompetenter Weise zu einem Allgemeingut der Gesellschaft wird. Ansätze dazu gibt es: Die Europäische Union hat bereits 2006 die Computerkompetenz als eine von acht Schlüsselkompetenzen für lebenslanges Lernen festgehalten (Europäische Union 2006). Die bereits beschriebene Sichtweise von Medienkompetenz wird in den letzten Jahren ausgehend von den wachsenden Anforderungen für die Nutzung digitaler Endgeräte im Alltag immer weiter gefasst: Hague und Payton bezeichnen als *Critical Skills for 21st Century Students* neben den bereits bekannten digitalen Kompetenzen auch Kreativität, kritisches Denken, kulturelles und soziales Verständnis (Hague/Payton 2010). Hartmann und Hundertpfund gehen noch einen Schritt weiter und fassen unter dem Begriff digitale Kompetenzen einzelne Fähigkeiten zusammen, die man benötigt, um in einer digital geprägten Gesellschaft am Arbeitsmarkt erfolgreich teilnehmen zu können und sich im gesellschaftlichen und privaten Umfeld selbstbestimmt bewegen zu können. Dabei zeigen sie vor, wie weit man diese digitale Kompetenz denken muss: Verwesentlichung von Informationen; soziale Intelligenz und Verständigung; kritisches und flexibles Denken; Umgang mit kultureller und sozialer Heterogenität; Abstraktion und Modellbildung; Nutzung digitaler Werkzeuge; private, berufliche und öffentliche Rollenbilder; kreatives, produktives Denken; informelles und selbstbestimmtes Lernen; virtuelle Zusammenarbeit (Hartmann/Hundertpfund 2015).

In diesem Kompendium kommt zum Ausdruck, wie sehr digitale Medien tatsächlich bereits das gesamte Leben des Menschen prägen und welche Bedeutung eine kompetente Nutzung für das Menschsein hat.

Literatur

Appel, M.; C. Schreiner (2014): Mythos „Digitale Demenz". Machen digitale Medien tatsächlich dick, dumm, aggressiv, einsam, krank und unglücklich? Landau: Universität Koblenz. https://www.uni-koblenz-landau.de/de/aktuell/digitaledemenz.

Baacke, D. (1997): *Medienpädagogik*. Tübingen: Niemeyer.

Baacke, D.; Kornblum, S.; Lauffer; J.; Mikos, L.; Thiele, G. A. (1999): *Handbuch Medien: Medienkompetenz. Modelle und Projekte*. Bonn: Bundeszentrale für Politische Bildung.

Boorstin, D. J. (1992): Fernsehen verändert die menschliche Erfahrung. Massenkommunikation, elektronische Medien und das Buch. In: D. J. Boorstin; W. D. Fröhlich (Hrsg.): *Die verstellte Welt. Beiträge zur Medienökologie*. Weinheim (u. a.): Beltz, 23–33.

Brinda, T.; Diethelm, I.; Gemulla, R.; Romeike, R.; Schöring, J.; Schulte, C. (2016): Dagstuhl-Erklärung: Bildung in der digitalen vernetzten Welt. Gesellschaft für Informatik e. V. http://www.gi.de/aktuelles/meldungen/detailansicht/article/dagstuhl-erklaerung-bildung-in-der-digitalen-vernetzten-welt.html.

Diefenbach, S.; Ullrich, D. (2016): *Digitale Depression: Wie die neuen Medien unser Glücksempfinden verändern*. München: MVG Verlag.

Döbeli Honegger, B. (2012): SpitzersDigitaleDemenz – Beats Blog – Weblog von Beat Döbeli Honegger. http://blog.doebe.li/Blog/SpitzersDigitaleDemenz.

Döbeli Honegger, B. (2015): Argumente gegen das Digitale in der Schule – DelegationsArgument. http://mehrals0und1.ch/Argumente/DelegationsArgument.

Döbeli Honegger, B. (2016): *Mehr als 0 und 1. Bern: hep verlag.*

Eberhöfer, A. (2008): *Medienkompetenz vs Media Literacy*. Wien: Universität Wien. Diplomarbeit.

Enzensberger, H. M. (2000): Das digitale Evangelium. http://www.spiegel.de/spiegel/print/d-15376078.html.

Europäische Union (2006): Schlüsselkompetenzen für lebenslanges Lernen. http://europa.eu/legislation_summaries/education_training_youth/lifelong_learning/c11090_de.htm.

Gapski, H. (2001): *Medienkompetenz. Eine Bestandsaufnahme und Vorüberlegungen zu einem systemtheoretischen Rahmenkonzept*. Wiesbaden: VS Verlag für Sozialwissenschaften.

Gapski, H.; Gräßer, L. (2007): Medienkompetenz im Web 2.0. Lebensqualität als Zielperspektive. In: L. Gräßer; M. Pohlschmidt (Hrsg.): *Praxis Web 2.0. Potenziale für die Entwicklung von Medienkompetenz*. Düsseldorf/München: kopaed, 11–34.

GMK - Gesellschaft für Medienpädagogik und Kommunikationskultur (2012): Digital dement vs. medienkompetent? http://www.gmk-net.de/fileadmin/pdf/stellungnahme100912_digitale_demenz.pdf.
Groeben, N. (2004): Medienkompetenz. In: R. Mangold, P. Vorderer; G. Bente (Hrsg.): *Lehrbuch der Medienpsychologie. Göttingen*; Bern; Toronto; Seattle: Hogrefe Verlag, 27–50.
Gudjons, H. (2006): *Neue Unterrichtskultur. Veränderte Lehrerrolle. Bad Heilbrunn: Julius Klinkhardt.*
Gudjons, H. (2012): *Pädagogisches Grundwissen: Überblick – Kompendium – Studienbuch*. 11. Aufl. Bad Heilbrunn: UTB GmbH.
Haan, G. de; Rülcker, T. (2009): *Der Konstruktivismus als Grundlage für die Pädagogik*. Frankfurt u. a.: Peter Lang.
Hague, C.; Payton, S. (2010): Digital literacy across the curriculum. http://www.nfer.ac.uk/publications/FUTL06/FUTL06.pdf.
Han, B.-C. (2016): Hyperkapitalismus und Digitalisierung: Die Totalausbeutung des Menschen. sueddeutsche.de. http://www.sueddeutsche.de/politik/hyperkapitalismus-und-digitalisierung-die-totalausbeutung-des-menschen-1.3035040.
Hart, J. (2016): Top 100 Tools for Learning 2016. 10th Annual Survey of Learning Tools. http://c4lpt.co.uk/top100tools/.
Hartmann, W.; Hundertpfund, A. (2015): *Digitale Kompetenz. Was die Schule dazu beitragen kann*. Bern: hep.
Hattie, J.; Zierer, K.; Beywl, W. (2014): *Lernen sichtbar machen für Lehrpersonen*. Baltmannsweiler: Schneider.
Heinemann, G.; Gaiser, C.W. (2016): *SoLoMo – Always-on im Handel. Die soziale, lokale und mobile Zukunft des Omnichannel-Shopping*. Wiesbaden: Springer.
Heyer, P.; Rupp, . (2002): Interaktivität als Chance kultureller Praxis im Umgang mit Medien? In: N. Groeben; B. Hurrelmann (Hrsg.): *Medienkompetenz Voraussetzungen, Dimensionen, Funktionen*. Weinheim: Juventa, 92–110.
Jarren, O.; Wassmer, C. (2009): Medienkompetenz. Begriffsanalyse und Modell. Ein Diskussionsbeitrag zum Stand der Medienkompetenzforschung. *Medien und Erziehung*, 53/3, 46–51.
Kerkau, F. (2012): *Smartphone – Fernbedienung unseres Lebens. Vortrag gehalten auf der Der neue Mobile-Commerce – Marketing- und Retailstrategien für die digitale Revolution*. Düsseldorf.
Leipner, I.; Lembke, . (2015): *Die Lüge der digitalen Bildung*. München: Redline.
Liebold, B.; Nieding, G.; Ohler, P.; Pietschmann, D.; Valtin, . (2013): Digitale Demenz. Eine wissenschaftliche Verortung der aktuellen Monografie von Manfred Spitzer. *tv diskurs. Verantwortung in audiovisuellen Medien*, 63/1, 72–76.
Markowetz, A. (2015): *Digitaler Burnout. Warum unsere permanente Smartphone-Nutzung gefährlich ist*. München: Droemer.
Mayer-Schönberger, V.; Cukier, K. (2013): *Big Data: Die Revolution, die unser Leben verändern wird*. München: Redline.
Medienpädagogischer Forschungsverbund Südwest. (2015). JIM-STUDIE 2015. Jugend, Information, (Multi-)Media. Stuttgart. http://www.mpfs.de/fileadmin/JIM-pdf14/JIM-Studie_2015.pdf.
Milzner, G. (2016): *Digitale Hysterie: Warum Computer unsere Kinder weder dumm noch krank machen*. 2. Aufl. Weinheim/Basel: Beltz.

Neumann-Braun, K. (2000): Medienkompetenz und Informationsgesellschaft. Gehalten auf der LPR-MedienColloquium *„Medienkompetenz – Schlüsselqualifikation des 21. Jahrhunderts“*. Ludwigshafen.
O'Reilly, T. (2009): *What is Web 2.0*. Boston: O'Reilly Media.
Postman, N. (1992): Sieben Thesen zur Medientechnologie. In: W. D. Fröhlich; R. Zitzlsperger; B. Franzmann (Hrsg.): *Die verstellte Welt Beiträge zur Medienökologie*. Weinheim (u. a.): Beltz, 9–22.
Pöyskö, A. (2011): Ihren Medienführerschein, bitte!. medienumpulse-online, 3. http://www.medienimpulse.at/articles/view/340.
Pscheida, D. (2009): Das Internet als Leitmedium der Wissenschaft und dessen Auswirkungen auf die gesellschaftliche Wissenskultur. In: D. Müller; A. Ligensa; P. Gendolla (Hrsg.): *Leitmedien. Konzepte – Relevanz – Geschichte*. Bielefeld: transcript, 247–266.
Pscheida, D. (2010): *Das Wikipedia-Universum: Wie das Internet unsere Wissenskultur verändert*. Wetzlar: Majuskel Medienproduktion.
Rasche, J. (2009). *Alltagsoffene Medienpädagogik in der Schule: Untersuchung zu regionalen Bedingungen und praktischer Realisierung*. Kassel: kassel university press.
re:publica. (2016): Ziemlich schlechte Freunde? Depression und Social Media. re:publica. https://re-publica.de/16/session/ziemlich-schlechte-freunde-depression-und-social-media.
RobbGrieco, M. (2013): *Why History Matters for Media Literacy Education. Keynote gehalten auf der Symposium on the Historical Roots of Media Literacy*, University of Rhode Island.
Spitzer, M. (2012): *Digitale Demenz. Wie wir uns und unsere Kinder um den Verstand bringen*. München: Droemer.
Stier, S. (2012): *Die Bedeutung des Internets als Medium der politischen Kommunikation in Deutschland und den USA. Eine vergleichende Fallstudie*. Münster: LIT Verlag.
Treumann, K. P.; Baacke, D.; Heitland, K.; Hugger, K. U.; Vollbrecht, R. (2002): *Medienkompetenz im digitalen Zeitalter: Wie die neuen Medien das Leben und Lernen Erwachsener verändern*. Opladen: Leske und Budrich.
Tulodziecki. (2011): Handeln und Lernen in einer von Medien mitgestalteten Welt. Konsequenzen für Erziehung und Bildung. In: C. Albers; J. Magenheim; D. M. Meister (Hrsg.): *Schule in der digitalen Welt: Medienpädagogische Ansätze und Schulforschungsperspektiven*. Wiesbaden: Springer, 43–66.
Wampfler, P. (2013): *Facebook, Blogs und Wikis in der Schule: Ein Social-Media-Leitfaden*. 2. Auflage. Göttingen: Vandenhoeck & Ruprecht.
Weber, S. (2016): *Wie Twitter und Facebook gegen Depressionen helfen können – oder sie verstärken*. sueddeutsche.de. Berlin. http://www.sueddeutsche.de/digital/republica-wie-twitter-und-facebook-gegen-depressionen-helfen-koennen-oder-sie-verstaerken-1.2980048.
Wilke, J. (2009): Historische und intermediale Entwicklung von Leitmedien. In: D. Müller; A. Ligensa; P. Gendolla (Hrsg.): *Leitmedien: Konzepte – Relevanz – Geschichte*. Bielefeld: transcript, 29–52.
Wirz, C. (2016): Digitale Bildungsrevolution. Unser Lehrer Doktor Tablet. *Neue Zürcher Zeitung*. Zürich. http://www.nzz.ch/meinung/kommentare/digitale-bildungsrevolution-unser-lehrer-doktor-tablet-ld.84940.

Luzian Weisel

Informationskompetenz für das selbstgesteuerte Lernen. Grundlagen für das Leben und Arbeiten im digitalen Zeitalter

Einführung und Problemstellung

Gute Informationen sind schwer zu bekommen – noch schwerer ist es, mit ihnen etwas anzufangen
Sir Arthur Conan Doyle, 1859–1930, Arzt und Schriftsteller

Eine Grundvoraussetzung für das lebenslange Lernen, eine wettbewerbsfähige Forschung, eine innovative Entwicklungsarbeit sowie für eine differenzierte Entscheidungsfindung ist stets die Aneignung von Informationskompetenz (IK). Unter Informationskompetenz wird die Fähigkeit verstanden, Informationsbedarf zu erkennen, Informationen zu ermitteln, zu beschaffen, zu bewerten und effektiv zu nutzen. Dies gilt für Fragestellungen in Bildung und Beruf sowie auch im Alltagsleben und ist somit eine wichtige Voraussetzung für die informationelle Selbstbestimmung.

Informationskompetenz fördert außerdem die Lernkultur und ermöglicht erst Innovationen in Wissenschaft und Forschung, da ein wesentliches Element guter wissenschaftlicher Praxis der kompetente Umgang mit Informationen ist. Damit ist die Informationskompetenz ein unverzichtbares Ziel in der Ausbildung des beruflichen und akademischen Nachwuchses.

Allerdings muss der Begriff der Informationskompetenz von verwandten Kompetenzen wie Bibliotheks-, Medien-, Internet- und Informatik- oder Lernkompetenz (AGIK 2016) abgegrenzt werden, was nicht sehr einfach ist. Häufig wird die Informationskompetenz mit der Medienkompetenz[1] verwechselt, gleichgesetzt oder als Teilkompetenz impliziert wobei die beiden Ansätze eindeutig eine Schnittmenge hinsichtlich ihres Umgangs mit Informationen besitzen.[2]

Zur Vermittlung von Informationskompetenz wurden bisher Standards und daraus entwickelte Konzepte in Hochschulen aufgestellt. Diese sind seit 20 Jahren im internationalen und nationalen Raum bekannt. Im Rahmen der reformierten

---

1 Unter Medienkompetenz versteht man die Fähigkeit, klassische und neue Medien und durch Medien vermittelte Inhalte den eigenen Zielen und Bedürfnissen entsprechend effektiv nutzen zu können.

2 Für eine tiefergehende Betrachtung wird auf das Papier der *Arbeitsgruppe Medien und Informationskompetenz* der bundesweiten Initiative *Keine Bildung ohne Medien!* verwiesen.

DOI 10.1515/9783110501131-015

Studienordnungen des Bologna-Prozesses wurden sie reformiert, in die grundständigen Studiengänge integriert und, mit unterschiedlichen Erfolgen, akzeptiert.

Eine systematische Vermittlung von Informationskompetenz ist allerdings in den meisten Bildungs- und Forschungseinrichtungen weiterhin eher unbekannt. Einerseits liegt dies daran, dass die Bedeutung der IK für die jeweiligen Bereiche nicht erkannt wird, andererseits fehlt eine Anpassung der Standards und Konzepte an die Bedürfnisse der Lernenden, Lehrenden und Forschenden.

Diese Defizite und Herausforderungen wurden durch verschiedene Gremien in der Berufsbildung, der Hochschulpolitik und der Forschungsförderung erkannt. Seit 2010 sind diverse Papiere mit Empfehlungen entstanden. Exemplarisch wird hier das Positionspapier *Medien- und Informationskompetenz – immer mit Bibliotheken und Informationseinrichtungen*! der *Bundesvereinigung Deutscher Bibliotheks- und Informationsverbände* (BID) herangezogen, in dem 2011 eine Vision und Leitlinien für die Informationskompetenz in Bildung, Beruf und Gesellschaft im Jahr 2020 erarbeitet worden sind.

In diesem Beitrag soll anhand der Forderungen von 2011 eine Halbzeitbilanz gezogen werden: Was ist in den sechs Jahren bis 2017 realisiert worden? Welche Erfolgsbeispiele sind zu vermelden? Wo herrschen weiterhin Defizite vor? Welche unerwarteten Entwicklungen sind eingetreten? Und welche wechselseitigen Beziehungen bestehen zwischen Initiativen zur Stärkung der Medien- und Informationskompetenz und dem selbstgesteuerten und mobilen Lernen?

Vision 2020: Informationssouveräne Bürgerinnen und Bürger in Bildung, Beruf und Gesellschaft

In Zukunft wird die Aneignung von Medien- und Informationskompetenz als Schlüsselkompetenzen bereits ab der frühen Schulbildung bis hin in Studium und Berufs- und Erwachsenenbildung immer wichtiger. Deshalb sollten Medienpädagogen, Informationsfachleute und Bibliotheksspezialisten frühzeitig tragfähige Konzepte vermitteln. Dabei geht es letztlich um die Sicherung der demokratischen Gesellschaft dadurch, dass alle Bürgerinnen und Bürger an der medial vielfältigen Informationslandschaft teilhaben, wobei die Gesichtspunkte der Migration und der Inklusion zusätzlich noch besondere Herausforderungen darstellen.

Perspektive 1: Informationssouveräne Lernende und Lehrende in der Schule

In einem Interview des Digitalisierungsexperten Lars Hahn (LH) mit Tino Jelken (TL) im Deutschlandradio Kultur heißt es (Ebel 2015):

LH: Von einer flächendeckenden und fächerdurchdringenden Digitalisierung sind 2016 unsere Schulen ja leider noch weit entfernt. Die Alltagswelt von Kindern außerhalb der Schule ist heute durch Tablets, Smartphones, Internet durchdrungen. [...]

TJ: [...], dass die Masse der Pädagogen eher mit Zurückhaltung auf digitale Medien und die damit verbundenen Herausforderungen blickt?

LH: Zumindest ist das ja mal so, dass der Fachunterricht häufig noch computerfrei ist, während die Arbeitsplätze der Republik, zumindest in Dienstleistungsberufen, längst digitalisiert worden sind. Die Anforderungen der Berufswelt in Sachen Digitalisierung kann Schule so sicher nicht erfüllen.

Ersetzen wir hier den Begriff der Digitalisierung durch „Förderung von Informationskompetenz", dann kommen wir der Zustandsbeschreibung in diesem Bereich sehr nahe und es wird deutlich, dass noch Defizite bestehen.[3]

Perspektive 2: Informationssouveräne Studierende

Der kompetente Umgang mit Information ist ein wesentliches Element guter wissenschaftlicher Praxis, um digitale und analoge Recherche betreiben zu können, kritisch zu betrachten und wissenschaftlich korrekt zu zitieren.

Ein Bedarf an Informationskompetenz wird in diesem Bereich in einer Umfrage der Universität Leipzig deutlich, bei der fast jeder vierte Student angibt, bei einer wissenschaftlichen Arbeit schon einmal Inhalte fremder Arbeiten als eigene wiedergegeben zu haben (Bildungsklick 2012).

Dadurch ist für Bibliothekarinnen und Bibliothekare die Vermittlung von Medien- und Informationskompetenz an den Hochschulen in Deutschland im Rahmen des grundständigen Studiums zu einer Kernaufgabe geworden.[4] In den sogenannten *teaching libraries* erfolgt professionelle Beratung und neue Medienformen können praktisch erprobt und die dafür notwendigen Kompetenzen vermittelt werden. Für Lernende und Lehrende sind Bibliotheken als Lernorte noch wichtiger geworden.[5]

Zur Förderung von Informationskompetenz entwickeln Bibliotheks- und Informationsverbände seit dem Jahr 2010 gemeinsame Aktivitäten und haben mit ihrem Positionspapier eindeutige Empfehlungen für die Hochschulen gegeben.

---

3 Weitergehende Informationen zum aktuellen Stand sind in Portalen der Fachgruppe „Bildung und Informationskompetenz" der *Deutschen Gesellschaft für Information und Wissen e. V.* (DGI) sowie beim *Deutschen Bildungsserver* zu finden.

4 Eine Übersicht zu laufenden Maßnahmen an den Hochschulen in Deutschland seit 2007 ist im „Portal Informationskompetenz" des *Kompetenznetzwerks für Bibliotheken* (KnB) zu finden.

5 Fachbezogene Ansätze der Bibliotheken werden von Sühl-Strohmenger (2012; 2016) im „Handbuch Informationskompetenz" vorgestellt.

Dazu gehören die Verankerung von IK in Rahmencurricula verschiedener Ausbildungen und Studiengänge und die Unterstützung der Bibliotheken bei der Vermittlung und Weiterentwicklung von länderübergreifenden Standards.

Im Juli 2012 nahm die neu eingesetzte *Gemeinsame Kommission für Informationskompetenz* des *Vereins Deutscher Bibliothekare* (VDB) und des *Deutschen Bibliotheksverbandes* (dbv) ihre Arbeit auf und rief im September 2013 einen jährlichen „*Best Practice*-Wettbewerb Informationskompetenz" ins Leben. Ziel dieses Wettbewerbs ist es, vorbildliche Konzepte und Umsetzungen der Vermittlung von Informationskompetenz zu fördern und zu verbreiten.

Perspektive 3: Informationssouveräne Wissenschaftlerinnen und Wissenschaftler

Nicht nur im Bereich der Forschung an Hochschulen und Universitäten ist Informationskompetenz ein unverzichtbarer Bestandteil, sondern in der gesamten wissenschaftlichen Wertschöpfungskette stellt sie einen wesentlichen Unterstützungsprozess dar. Damit verbunden ist der Erwerb von fundierten Kenntnissen im Bereich der Informationsaufbereitung und -verarbeitung.

Im Gegensatz zum angelsächsischen Sprachraum besteht in Deutschland Nachholbedarf in der Vermittlung von IK im Forschungsbereich. Hier setzen die Empfehlungen des Handlungsfelds *IK/Ausbildung* der *Kommission zur Zukunft der Informationsinfrastruktur* (KII) aus 2011 an: „Informationskompetenz muss einen angemessenen Stellenwert in der Wissenschaft einnehmen, dabei ist eine forschungsbasierte Perspektive einzunehmen" (Leibniz-Gemeinschaft 2011). Diese Haltung wird durch wissenschaftspolitische Gremien unterstützt, allerdings fand bis heute noch kaum eine Umsetzung in konkrete Maßnahmen statt.

Die Empfehlungen der KII für den Teilaspekt Informationskompetenz/Ausbildung lauteten unter anderem:

- geeignetes Personal in informationswissenschaftlichen Disziplinen ausbilden
- eine forschungsbasierte Perspektive einnehmen
- Grundlagen bereits in der Schule vermitteln
- E-Learning/Blended-Learning-Systeme unterstützend einsetzen
- fundierte Qualitätssicherung durchführen
- neue Berufsfelder und Ausbildungsangebote in die Lehrpläne und Curricula erlauben.

Diese Empfehlungen haben das Ziel, dass Informationskompetenz in der Wissenschaft nicht nur als Zusatzqualifikation, sondern als zentralen Aspekt der Methodiken und der Methodendiskurse ihrer eigenen Fachlichkeit begreifen.

Perspektive 4: Informationssouveräne Entwicklerinnen und Entwickler in der Wirtschaft

Die Förderung von Informationskompetenz in Unternehmen oder am Arbeitsplatz ist in Deutschland – im Gegensatz zu dem angelsächsischen Sprachraum – in Theorie und Praxis noch kaum vorangekommen. Wenige forschungsbasierte Untersuchungen (Mühlbacher 2009) und unternehmenspraktische Betrachtungen (Köstlbacher 2011) stehen der Herausforderung des Digitalen Wandels und der *Produktion 4.0* in der Wirtschaft gegenüber.

Perspektive 5: Informationssouveräne Journalistinnen und Journalisten

Durch die aktuellen Trends in der journalistischen Profession ergibt sich eine Problematik, die darin besteht, dass es gegenwärtig einen Konflikt zwischen Sparmaßnahmen seitens der Verleger und dem Anspruch auf Qualitätsjournalismus gibt. Einige Schlagzeilen aus dem Jahr 2016 sollen die aktuelle Situation veranschaulichen.

Der Vertrauensverlust der Amerikaner und der Deutschen an die Presse wird in dem Artikel „USA: Vertrauen in Massenmedien durch Wahlkampf auf Rekordtiefstand" von Rötzer sichtbar (Rötzer 2016). In dem Beitrag „Vertrauen verspielt? Wie Medien um Glaubwürdigkeit kämpfen" der ARD von Juli 2016 wir deutlich, dass die Vertrauenswürdigkeit der Medien zunehmend sinkt (ARD 2016).

Ein Beispiel für den Vorwurf einer Lügenpresse führt der Artikel „Aktionismus hilft nicht gegen Desinformation im Netz" von Krempl aus (Krempl 2016).

Der Beitrag „Maschinen ohne Moral" von Banse für den Deutschlandfunk (Banse 2016) oder auch „Erzwitschere dir deine Wahl!" der FAZ zeigt auf, dass Meldungen z. B. für das soziale Netzwerk *Twitter* von Robotern verfasst werden und somit auch politische Geschehnisse wie den amerikanischen Wahlkampf beeinflussen (Lobe 2016).

Perspektive 6: Informationssouveräne Personen im alltäglichen Umgang mit dem Internet

Mit dem einfachen Zugang zu Medien und den damit angebotenen Informationen ist häufig nicht der kompetente Umgang mit ihnen gewährleistet. Die Fähigkeit, Medien und durch Medien vermittelte Inhalte den eigenen Zielen und Bedürfnissen entsprechend effektiv nutzen zu können, bedarf der Ausprägung von kritischem Denken, von Orientierungs- und Verantwortungswissen (Initiative Keine Bildung ohne Medien 2011). Oftmals werden Informationen ohne ausreichende Belege oder ohne die Überprüfung der Quellen hingenommen. Ein Beispiel hierfür ist das Wetterempfinden. Der Artikel „Der falsche ‚Bibber-Sommer' und die gefühlte Realität" von Kachelmann vergleicht die Meinungen der Bürgerinnen und Bürger, die den Sommer als eher kalt und regnerisch empfanden, mit den Wetteraufzeichnungen, die z. T. Wärmerekorde verzeichneten. Hierzu zitiert er den AfD-Mann Georg Pazderski: „Das, was man fühlt, ist auch Realität." (Kachelmann 2016).

Aktueller Stand und Perspektiven

Sichtbarkeit und Akzeptanz für den Begriff der Informationskompetenz

Durch bekannte Vertreterinnen und Vertreter renommierter Medien wie Mariette Slomka und Claus Kleber vom ZDF bekommt die Bedeutung der Informations- und Medienkompetenz eine größere Reichweite. Auch Bund und Länder sowie Fachgesellschaften und weitere private Förderorganisationen bemühen sich seit vielen Jahren jenseits der Hochschulen um die Vermittlung von Medienkompetenz im Allgemeinen, sowie von Informationskompetenz als Teilaspekt. Der Schwerpunkt der verstreuten, nicht koordinierten Initiativen liegt dabei auf den Bereichen Erziehung und Bildung. Während der Fachtagung des Deutschen Philologenverbands im November 2016 gab es schon erste Anstöße der Gymnasien „nicht nur über Digitalisierung zu reden, sondern Lehrerinnen und Lehrern konkrete Möglichkeiten vorzustellen, wie sie Digitalisierung an ihren Gymnasien umsetzen können" (DPhV 2016).

Digitale Bildung ist 2016 zum zentralen schulpolitischen und pädagogischem Thema geworden: Der Nationale IT-Gipfel stand ganz im Zeichen der Bildung und auch die Kultusministerkonferenz verabschiedete im Dezember eine umfassende Strategie für die „Bildung in der digitalen Welt" (Kultusministerkonferenz 2016). Es wurden übergreifende Ziele formuliert, Handlungsfelder identifiziert und konkrete Verfahrensvorschläge gemacht. Dabei werden sämtliche Bildungsbereiche einbezogen.

Die Präsidentin der Kultusministerkonferenz, Claudia Bogedan, erklärte:

> Bildung in der digitalen Welt ist eines der beiden Schwerpunktthemen im Präsidentschaftsjahr 2016. Digitalisierung vernetze alle Lebensbereiche miteinander – Digitalisierung verändert das Lernen. […] Schülerinnen und Schüler wachsen in einer digitalen Welt auf. Sie nutzen selbstverständlich Computer und Internet. Auch in den Schulen ist die digitale Technologie längst angekommen. Präsentationen via Notebook und Beamer sind ebenso selbstverständlich wie die Internetrecherche bei Hausaufgaben und Unterrichtsvorbereitung. […] Und die Arbeitswelt befindet sich in einem umfassenden Prozess der Neuordnung. Die Digitalisierung erfordert daher Kompetenzen, die den Kerntechniken Lesen, Schreiben und Reden zur Seite gestellt werden müssen. (Kultusministerkonferenz 2016)

Mit der Bildungsmediale 2016 wurde eine Plattform für Diskussion und Austausch über Schulen in der digitalisierten Welt geboten (Initiative D21 2016).

Das Lernen mit digitalen Medien wie Computer und Laptop im Schulunterricht ist „energisch" auszubauen, fordern die norddeutschen Kultusminister. Der Unterricht soll durch die Verwendung von digitalen Medien auf unterschiedliche Lernansprüche ausgerichtet werden (Norddeutsche Bildungsminister 2016). Schon im Jahr 2009 wies das Bundesbildungsministerium auf die Notwendigkeit hin, Medien- und Informationskompetenz in die *Berufsbildung* und die *Berufsbilder* zu integrieren. Bundesbildungsministerin Wanka erneuerte diese Forderung „Wir brauchen eine Berufsbildung 4.0". Das Ministerium stellte im September 2016 eine erste repräsentative Studie zur Nutzung digitaler Medien in betrieblicher Aus- und Weiterbildung in Deutschland vor (BMBF 2016).

Forschung zum Begriff Informationskompetenz

Für eine effektive Herangehensweise an die dargestellten Herausforderungen wird die Intensivierung der Forschung zum Konzept der Informationskompetenz in seiner fachlichen, methodischen, organisatorischen und pädagogisch-didaktischen Dimension benötigt. Folgende Teilaufgaben stellen sich, neben der hier genannten Fortschreibung der IK-Konzepte für die Anforderungen der Wissenschaften:

- *Fortschreibung der Standards*
  Die amerikanische *Association of College & Research Libraries* (ACRL) hat die Standards im Januar 2016 dem veränderten Umfeld angepasst:

  > This *Framework for Information Literacy for Higher Education* grows out of a belief that information literacy as an educational reform movement will realize its potential only through a richer, more complex set of core ideas. During the fifteen years since the publication of the Information Literacy Competency Standards for Higher Education, academic librarians and their partners in higher education associations have developed learning outcomes, tools, and resources that some institutions have deployed to infuse information literacy concepts and skills into their curricula. (ACRL 2016)

- *Ausweiten des Forschungsansatzes „information behavior"*
  Dieser wird in Deutschland gegenwärtig prominent an den vier folgenden akademischen Einrichtungen betrieben: dem Leibniz-Zentrum für Psychologische Information und Dokumentation (ZPID) Trier, der Fachhochschule Potsdam, der Humboldt-Universität zu Berlin und der Universität Regensburg.

Stellvertretend sei hier der Ansatz Informationsverhalten und Informationskompetenz des ZPID in Trier aufgeführt:

> Die Forschung zum Informationsverhalten untersucht, wie Menschen mit Information interagieren: Wie suchen Menschen (z. B. in traditionellen und digitalen Medien) nach Information? Wie nutzen sie Informationen, z. B. um Entscheidungen über ihr künftiges Handeln zu treffen? Welche kognitiven, motivationalen und emotionalen Variablen und welche sonstigen Randbedingungen beeinflussen diese Verhaltensweisen? (ZPID 2016)

- *Die Entwicklung von innovativen Lern- und Vermittlungsinstrumenten (Social Software, Web 2.0 Anwendungen)*
  Hartmann (2016) beschreibt dass die Vermittlung von Informationskompetenz in Bibliotheken durch Schulungen in Form von E-Learning-Angebote abgedeckt oder zumindest ergänzt werden sollten. Das Spektrum reiche bis hin zu *Massive Open Online Courses*. Das Erstellen qualitativ guter E-Learning-Angebote erweise sich jedoch als sehr aufwändig und Studierende wären von den Formen des selbstorganisierten Lernens häufig überfordert. Hartmann zieht die Konsequenz, dass die Online-Angebote zur Informationskompetenz auf die Lebenswelt der Lernenden Rücksicht nehmen müssen.

Administration: Fortschreibung der Bildungsstandards der Schulfächer und der Berufsbildung

Bundesweite Integration der Medienbildung und Informationskompetenz in die Bildungspläne der Schulfächer und in die Lehrerbildung ist notwendig.

Der „Referenzrahmen Informationskompetenz“ beschreibt die Teilkompetenzen, über die man verfügt, wenn man Informationen selbstständig findet, prüft, in seinen Wissensbestand übernimmt und anderen verständlich darstellt (Schulmediothek 2016). Dieser Referenzrahmen soll eine Orientierungshilfe für Lehrende und Lernende sein und die Brücke zwischen den Berufsgruppen der Bibliothekarinnen und Bibliothekaren und Lehrenden bilden.[6]

Denn speziell die Lehrerinnen- und Lehrerausbildung sowohl an den Universitäten als auch an den Pädagogischen Hochschulen – insbesondere im erziehungswissenschaftlichen Bereich – enthält Studienelemente, die Fragen und Konzepte der Medienpädagogik, Medienpsychologie und der Mediendidaktik aufgreifen. Dabei werden den Studierenden erste Kompetenzen im erzieherischen

---

6 Der Referenzrahmen lehnt sich in Absicht und Anlage an den Gemeinsamen Europäischen Referenzrahmen an.

Umgang mit elektronischen Medien vermittelt. Die zukünftigen Pädagoginnen und Pädagogen werden somit für die Anforderungen modernen Unterrichtens vorbereitet.[7]

Durchbrüche bei der Integration von Informationskompetenz in die Bildungspläne der Schulfächer sind in den Bundesländern Baden-Württemberg, Sachsen-Anhalt, Berlin-Brandenburg und Berlin zu verzeichnen (Arbeitskreis Bildung und Informationskompetenz 2015). Im neuen Bildungsplan 2016 des Landes Baden-Württemberg ist eines der fünf genannten Leitprinzipien die Medienbildung. Ebenso wird an Berliner und Berlin-Brandenburger Schulen ab dem Schuljahr 2017/18 das Basis-Curriculum Medienbildung unterrichtswirksam.

In Sachsen-Anhalt wird seit 2016 für das Gymnasium und das Fachgymnasium im Kursprogramm *Lernmethoden, Arbeit am PC und moderne Medienwelten* Informationskompetenz thematisiert (Kultusministerium Sachsen-Anhalt 2016). Das besondere Anliegen der *Deutschen Gesellschaft für Information und Wissen* (DGI) ist es, das Kursprogramm als Pflicht- und nicht nur als Wahlpflichtfach zu implementieren.

Die Medienkompetenztage auf der *Learntec* 2016 und 2017 in Karlsruhe fokussierten auf die Medienbildung in den neuen Bildungsplänen sowie der Nutzung mobiler Endgeräte im Unterricht (Landesmedienzentrum Baden-Württemberg 2017). Die Veranstaltungen warfen die Fragen auf, ob diese beiden Faktoren einen Paradigmenwechsel für das schulische Lernen bewirken und ob es sich auf das verpflichtende Lernen mit, durch und über Medien in allen Schulstufen, -arten und -fächern sowie die Verfügbarkeit leistungsstarker, mobiler und bezahlbarer Endgeräte bezieht. Vertreterinnen und Vertreter einiger Schulen zeigten anhand von Projekten die Anwendung der Medien- und Informationskompetenz.

Modellprojekte im Bund, in den Ländern und vor Ort

Erfreulich ist, das Schulen in verschiedenen Bundesländern zahlreichen Modellprojekte durchführen. Die folgenden Beispiele werden ohne Anspruch auf Vollständigkeit genannt.

Im August 2011 entstand im Niedersächsischen Landesinstitut für schulische Qualitätsentwicklung die Grundidee zum Projekt *Mobiles Lernen mit Tablet-Computern.* Ziel dieses Projektes ist es, auf das durch digitale Medien veränderte

7 Als Anregung kann hier der Beitrag „Kompetenzen für eine digitale Welt" von Wampfler zur Lehrerausbildung und Schulentwicklung dienen.

gesellschaftliche Umfeld zu reagieren und die Potentiale dieser Medien für den Unterricht zu entwickeln, zu erproben und zu evaluieren. Schülerinnen und Schüler haben innerhalb des Projektes, das von 2012 bis 2015 lief, einen sachgerechten, selbstbestimmten und verantwortlichen Umgang mit Medien erlernt. Die Nutzung von Tablet-Computern im Unterricht hat sich bewährt und ist ein Ansatz, diese Kompetenzen zu vermitteln. Inzwischen sind über 200 Schulen in Niedersachsen im Bereich „Lernen mit Mobilgeräten" aktiv. Um die Schulleitungen und Lehrkräfte weiterhin miteinander zu vernetzen und sie in der Planung, Konzeption und Umsetzung des Unterrichts zu unterstützen bietet der Fachbereich Medienbildung des Niedersächsischen Landesinstituts für schulische Qualitätsentwicklung künftig vierteljährlich Netzwerktreffen für interessierte Schulen an (Niedersächsischer Bildungsserver 2016).

Der Schulversuch *Tablets am Gymnasium* startete 2016 mit vier Pilotschulen in Baden-Württemberg. Im Rahmen eines Schulversuchs erprobt das Kultusministerium ab dem Schuljahr 2016/17 den Einsatz von Tablets im Unterricht an allgemeinbildenden Gymnasien. Es sollen die Chancen der Digitalisierung genutzt und herausgefunden werden, wie Schülerinnen und Schüler mit Tablets beim Lernen unterstützt werden können. Gemeinsam mit der Universität Tübingen soll deshalb untersucht werden, wie sowohl ein medienspezifischer als auch ein fachlicher Mehrwert durch Tablets im Unterricht erreicht werden kann. Der Schulversuch wird vom Hector-Institut für Empirische Bildungsforschung der Universität Tübingen in Kooperation mit dem Leibniz-Institut für Wissensmedien in Tübingen wissenschaftlich evaluiert. Ab dem kommenden Schuljahr 2017/2018 erproben vierzehn weitere Gymnasien Tablets im Unterricht (Ministerium für Schule, Kultus und Sport Baden-Württemberg 2016).

Auch an acht bayerischen Schulen startete ein Modellversuch (Bayerisches Staatsministerium für Bildung und Kultus, Wissenschaft und Kunst 2016).

Die Bedeutung von Informations- und Medienkompetenz für das selbstgesteuerte Lernen

Der Begriff des *selbstbestimmten Lernens* meint, dass Lernende über die Ziele und Inhalte, über die Formen und Wege, Ergebnisse und Zeiten sowie die Orte ihres Lernens selbst entscheiden. Dahingegen bedeutet *selbstgesteuertes Lernen*, dass Lernende bei vorgegebenen Inhalten und Zielen ihr eigenes Lernen eigenständig steuern und Entscheidungen über die Art und Weise ihrer Lernorganisation fällen.

Die Lernenden arbeiten dabei nicht autodidaktisch, sondern erwerben eine begleitete Methodenkompetenz, speziell eine Informationskompetenz (Wikipedia 2016).

Was trennt nun Informationskompetenz von selbstgesteuertem Lernen? Zwei Aufgaben gilt es zu meistern:

- *Wissen über das Potenzial selbstgesteuerten Lernens durch Informationskompetenz erwerben*
  Wo finde ich verlässliche Informationen, *wer* kann mir authentisch dazu Auskunft geben, *was* beinhaltet selbstgesteuertes Lernen und *wie* läuft es ab? Antworten auf diese Fragen liefern Vertrauensquellen, seien es Dokumente oder Personen.
- *Selbstgesteuertes Lernen nutzen, um Informationskompetenz zu fördern*
  Einen Beitrag hierzu lieferten für den Bibliotheksbereich der Best Practice-Wettbewerb der Gemeinsamen Kommission Informationskompetenz (2016) von VDB und dbv mit dem Thema „Der Einsatz von E-Learning bei der Vermittlung von Informationskompetenz“ und die Vorstellung der Ergebnisse auf dem 104. *Deutschen Bibliothekartag* in Nürnberg.

Fazit

Die Vermittlung und Aneignung von Medien- und Informationskompetenz muss im Rahmen eines kontinuierlichen Bildungsauftrags als ein wesentliches Element im Lebenslauf verankert werden. Neben den klassischen Bildungsinstitutionen und Hochschulen sind auch die Berufs- und Weiterbildung sowie außerinstitutionelle Bereiche einzubeziehen.

Keine Schülerin und kein Schüler, keine Auszubildende und kein Auszubildender, keine Studentin und kein Student darf ohne adäquate Kenntnisse von Medien- und Informationskompetenz die Schule, Ausbildungseinrichtung oder Hochschule verlassen. Kein Berufsbildungsabschluss sollte ohne zertifizierte Anteile der Medien- und Informationskompetenz-Vermittlung auskommen.

Die oben beschriebenen Aufgaben stellen meiner Ansicht nach eine große Herausforderung und Chance für Informations- und Medienwissenschaftlerinnen und Medienwissenschaftler, Didaktikerinnen und Didaktiker, Pädagoginnen und Pädagogen, Psychologinnen und Psychologen sowie für Fachwissenschaftlerinnen und Fachwissenschaftler und Bibliothekarinnen und Bibliothekare dar. Sie können mit ihren Kenntnissen, Erfahrungen und Konzepten darauf lokal an ihren Standorten, länderspezifisch und bundesweit Einfluss auf die Förderung der Informationskompetenz und die Auswirkungen für und auf das selbstgesteuerte Lernen nehmen.

Literatur

ACRL (2016): Framework for Information Literacy for Higher Education. http://www.ala.org/acrl/standards/ilframework.

AGIK (2016): IK kurz erklärt. http://www.informationskompetenz.ch/de/ik-kurz.

Arbeitskreis Bildung und Informationskompetenz (2015): *DGI*. http://dgi-info.de/wp-content/uploads/2015/03/Bericht-Fachgruppe-2015.pdf.

ARD (2016): Vertrauen verspielt? Wie Medien um Glaubwürdigkeit kämpfen. http://www.daserste.de/information/reportage-dokumentation/dokus/sendung/vertrauen-verspielt-102.html.

Banse, Ph. (2016): Roboterjournalismus. Maschinen ohne Moral. DLF. http://www.deutschlandfunk.de/roboterjournalismus-maschinen-ohne-moral.807.de.html?dram:article_id=341486.

Bayerisches Staatsministerium für Bildung und Kultus, Wissenschaft und Kunst (2016): „Digitale Schule 2020“: Modellversuch startet an acht bayerischen Schulen. https://bildungsklick.de/schule/meldung/digitale-schule-2020-modellversuch-startet-an-acht-bayerischen-schulen/.

BID (2011): Medien- und Informationskompetenz – immer mit Bibliotheken und Informationseinrichtungen! BID-Positionspapier. Berlin. http://www.bideutschland.de/download/file/BID_Positionspapier_Medien-%20und%20Informationskompetenz_Enquete_Internet.pdf.

Bildungsklick (2012): Jeder vierte Studierende pinnt ab. http://bildungsklick.de/a/83657/jeder-vierte-studierende-pinnt-ab/.

BMBF (2016): Wanka: „Wir brauchen eine Berufsbildung 4.0“. https://www.bmbf.de/de/wanka-wir-brauchen-eine-berufsbildung-4-0-3306.html.

Deutscher Bildungsserver (2016): Informationskompetenz in Schulen. http://www.bildungsserver.de/Informationskompetenz-in-Schulen-6055.html.

DPhV (2016): Fachtagung: „Digitalisierung am Gymnasium“. http://www.dphv.de/termine/fachtagungen/fachtagung-digitalisierung-am-gymnasium.html.

Ebel, C. (2015): Digitalisierung und Schule: „Lasst uns über die Chancen sprechen!“. https://www.vielfalt-lernen.de/2015/04/14/digitalisierung-und-schule-lasst-uns-ueber-die-chancen-sprechen/.

Gemeinsame Kommission für Informationskompetenz (2016): Best-Practice-Wettbewerb Informationskompetenz. Verein Deutscher Bibliothekare (VDB) und Deutscher Bibliotheksverband (dbv). http://www.bibliotheksverband.de/fachgruppen/kommissionen/informationskompetenz/best-practice-wettbewerb.html.

Gemeinsame Kommission für Informationskompetenz (2012): Verein Deutscher Bibliothekare (VDB) und Deutscher Bibliotheksverband *(dbv)*. http://www.bibliotheksverband.de/fachgruppen/kommissionen/informationskompetenz.html.

Hartmann W. (2016): „Förderung von Informationskompetenz durch E-Learning: Wie viel Technik soll es sein?“ In: Sühl-Strohmenger, W. (Hrsg.): *Handbuch Informationskompetenz*. Berlin, Boston: De Gruyter Saur. 127–135.

Initiative D21 (2016): Bildungsmediale. Digitaler Wandel –Wege in die Zukunft. http://www.initiatived21.de/portfolio/bildungsmediale-2016/.

Initiative Keine Bildung ohne Medien (2011): Keine Bildung ohne Medien, ohne Informations- keine Medienkompetenz! Positionspapier AG Medien und Informationskompetenz der Initiative „Keine Bildung ohne Medien!“.

http://www.keine-bildung-ohne-medien.de/positionspapiere/agmedienkompetenz_informationskompetenz.pdf.
Kachelmann, J. (2016): Lügenwetter. Der falsche „Bibber-Sommer" und die gefühlte Realität. http://uebermedien.de/8056/der-falsche-bibber-sommer-und-die-gefuehlte-realitaet/.
Köstlbacher, H. (2011): Informationskompetenz im Innovationsprozess – die Chance für Information Professionals im Zeitalter von Web 3.0. http://www.otti.de/fileadmin/user_upload/otti/Projekt/IKO/OTTI_Informationskompetenz_im_Unternehmen.pdf.
Krempl, S. (2016): Heise Online. http://www.heise.de/newsticker/meldung/Luegenpresse-Aktionismus-hilft-nicht-gegen-Desinformation-im-Netz-sagen-Experten-3085890.html.
Kultusministerkonferenz (2016): Bildung in der digitalen Welt. https://www.kmk.org/aktuelles/thema-2016-bildung-in-der-digitalen-welt.html.
Kultusministerium Sachsen-Anhalt (2016): Rahmenplan Gymnasium. Lernmethoden, Arbeit am PC und moderne Medienwelten. http://www.bildung-lsa.de/pool/RRL_Lehrplaene/Fachlehrplan_Gymnasium/rpl_modmed_gym_anh_090216.pdf.
Landesmedienzentrum Baden-Württemberg (2017): Medienkompetenztage. http://www.lmz-bw.de/landesmedienzentrum/medienzentren/stadtmedienzentrum-karlsruhe-am-lmz/medienkompetenztage.html.
Leibniz-Gemeinschaft (2011): Kommission Zukunft der Informationsinfrastruktur. Gesamtkonzept für die Informationsinfrastruktur in Deutschland. Berlin. http://www.leibniz-gemeinschaft.de/fileadmin/user_upload /downloads/Infrastruktur/KII_Gesamtkonzept.pdf.
Lobe, A. (2016): Bots für Trump. Erzwitschere dir deine Wahl! FAZ. http://www.faz.net/aktuell/feuilleton/debatten/twitter-bots-von-donald-trump-greifen-in-us-wahlkampf-ein-14455894.html.
Ministerium für Kultus, Jugend und Sport Baden-Württemberg (2016): Schulversuch Tablets am Gymnasium startet mit vier Pilotschulen. http://www.baden-wuerttemberg.de/de/service/presse/pressemitteilung/pid/schulversuch-tablets-am-gymnasium-startet-mit-vier-pilotschulen/.
Mühlbacher, S. (2009): Information Literacy in Enterprises. Glückstadt: Vwh.
Niedersächsischer Bildungsserver (2016): Netzwerk Mobiles Lernen. http://www.nibis.de/nibis.php?menid=3529.
Norddeutsche Bildungsminister (2016): Lernen mit digitalen Medien energisch ausbauen. BSB Hamburg. https://bildungsklick.de/schule/meldung/norddeutsche-bildungsminister-lernen-mit-digitalen-medien-energisch-ausbauen/.
Portal Informationskompetenz (2016*):* Bibliotheksportal des Deutschen Bibliotheksverbandes. www.informationskompetenz.de.
Rötzer, F. (2016): USA: Vertrauen in Massenmedien durch Wahlkampf auf Rekordtiefstand. Telepolis. http://www.heise.de/tp/artikel/49/49440/1.html.
Schulmediothek (2016): Referenzrahmen Informationskompetenz. http://www.schulmediothek.de/index.php?id=1077.
Sühl-Strohmenger, W. (Hrsg.) (2016): *Handbuch Informationskompetenz*. 2. Aufl. Berlin, Boston: De Gruyter Saur.
Sühl-Strohmenger, W. (Hrsg.) (2012): *Handbuch Informationskompetenz*. Berlin, Boston: De Gruyter Saur.
Wampfler, P. (2014): Kompetenzen für eine digitale Welt. Weblog. http://schulesocialmedia.com/2014/05/08/kompetenzen-fur-eine-digitale-welt-2/.

Wikipedia (2016): Selbstgesteuertes Lernen. https://de.wikipedia.org/wiki/Selbstgesteuertes_Lernen.
ZPID (2016): Informationsverhalten und Informationskompetenz. https://www.zpid.de/index.php?wahl=forschung&uwahl=informationsverhalten.

Heike Krämer und Lutz Goertz

Medienkompetenz als Grundlage. Perspektiven für die betriebliche Ausbildung

Einleitung

Wenn man als Personalentwicklerin oder Personalentwickler bzw. Trainerin oder Trainer mobiles Lernen in der beruflichen Weiterbildung einführen möchte, dürfte für viele die Akzeptanz unter jungen Leuten, die gerade ihre Ausbildung absolviert haben, eines der geringsten Probleme sein. *Digital Natives* (Prensky 2001) gelten als digital affin und oft genug wird vorausgesetzt, dass diese bereits aufgrund ihrer Mediensozialisation souverän mit mobilen Medien umgehen können. Dies würde bedeuten, dass ihnen auch das Lernen mit digitalen Medien leicht fällt. Doch Beispiele wie das folgende zeigen, dass die Grundlagen für das digitale Lernen aufgrund von mangelnder Medienkompetenz oftmals nicht gegeben sind:[1]

Eine junge Lehrerin wollte im Unterricht als Schullektüre Goethes *Faust* behandeln. Doch der gesamte Klassensatz der Bücher war plötzlich nicht mehr aufzufinden. Die Kollegin nutzte flexibel die Gelegenheit, stattdessen die Neuntklässler mit ihren Smartphones nach dem Text bzw. einzelnen Zitaten recherchieren zu lassen, zumal fast alle Schülerinnen und Schüler ein solches Gerät bei sich tragen.

Das Ergebnis war niederschmetternd: Zwar suchte der größere Teil der Klasse tatsächlich den Goethe-Text, doch während einige Schülerinnen und Schüler sich auf Websites von Schauspielhäusern verirrten, war ein Schüler kurz davor, den Text für 6,99 Euro als *eBook* herunterzuladen. Die übrigen Schülerinnen und Schüler nutzten die neue Freiheit, schauten sich die Websites ihrer Lieblingsstars an, schickten sich gegenseitig Messages oder machten Selfies. An einen geregelten Unterricht war nicht mehr zu denken, die Schulstunde war „gesprengt".

Was war schiefgelaufen? Im Grunde war die verlorene Schulstunde kein Beweis für die Unzulänglichkeiten des digitalen Lernens, sondern ein Beleg für die Bedeutung einer angemessenen Vorbereitung – und der Vermittlung von Lern- und Medienkompetenz. Schülerinnen und Schüler müssen offenbar erst lernen, wie man im Unterricht online recherchiert. Dabei muss es klare Regeln geben, was man dabei darf und was nicht.

---

1 Dieses Beispiel beruht auf Erfahrungen aus den Vorgesprächen für den *Monitor Digitale Bildung* der Bertelsmann Stiftung (Schmid et al. 2016) und wurde zuerst im Blog *Digitalisierung der Bildung* veröffentlicht (Goertz 2016).

DOI 10.1515/9783110501131-016

Dieser Beitrag hat das Ziel, zentrale Aspekte der Medienkompetenz darzustellen, die für die duale Berufsausbildung und die anschließende berufliche Laufbahn wichtig sind. Es werden Möglichkeiten aufgezeigt, wie man vor oder während der Berufsausbildung Medienkompetenzen für das digitale Lernen erlangen kann – und wie die Einordnung dieser Kompetenzen in den deutschen Qualifikationsrahmen (DQR) erfolgen kann.

Grundlage hierfür sind die Ergebnisse des Projekts *Medien anwenden und produzieren – Entwicklung von Medienkompetenz in der Berufsausbildung*, das von 2013 bis 2015 vom Bundesinstitut für Berufsbildung durchgeführt wurde. Das Projekt hatte das Ziel, den Begriff der Medienkompetenz im beruflichen Kontext zu definieren und zu prüfen, welche Medienkompetenzdimensionen als Ziel der Berufsausbildung in Ausbildungsordnungen übernommen werden sollten. Hierfür wurden neben Fallstudien und Experteninterviews umfangreiche Online-Befragungen mit Ausbildenden, Berufsschullehrenden und Auszubildenden durchgeführt.

Für den vorliegenden Beitrag wurden auszugsweise Texte aus dem Abschlussbericht (Krämer et al. 2015) sowie einer umfassenden Veröffentlichung der Ergebnisse (Krämer et al. 2017) übernommen und einige Ergebnisse aus den Befragungen vorgestellt.

Berufliche Medienkompetenz und digitales Lernen

Um Medienkompetenzen zu ermitteln, die ein souveränes Lernen mit digitalen Medien im Beruf ermöglichen, muss zunächst eine allgemeine Definition für die *Medienkompetenz im beruflichen Kontext* formuliert werden. Hier hat das Projekt *Medien anwenden und produzieren – Entwicklung von Medienkompetenz in der Berufsausbildung* eine wichtige Grundlage geschaffen. Im Folgenden werden mithilfe dieser Definition solche Medienkompetenzaspekte ermittelt, die für das Lernen mit digitalen Medien besonders wichtig sind.

Für den Begriff der allgemeinen Medienkompetenz existieren bereits verschiedene Definitionen, u. a. Baacke (1996), Tulodziecki (1998), Groeben (2002) und Hoffmann (2003). Eine erste Berücksichtigung von beruflichen Aspekten wurde hingegen erst von einer Expertenkommission des Bundesministeriums für Bildung und Forschung im Bericht *Kompetenzen in einer digital geprägten Kultur* im Jahr 2010 vorgenommen (Bundesministerium für Bildung und Forschung 2010).

Für die BIBB-Studie wurden viele der genannten Definitionen in einzelne Dimensionen zerlegt und diese von Fachexpertinnen und Fachexperten sowie Akteurinnen und Akteuren in Unternehmen (Auszubildende und Ausbilder) erweitert und mit Hilfe der Struktur-Lege-Technik (Scheele/Groeben 1984) neu bewertet. Das Ergebnis ist die folgende Definition:

„Medienkompetenz in der Berufsausbildung ist ein mehrdimensionales Konstrukt. Dieses umfasst die Entwicklung der Fähigkeit zur zielgerichteten Mediennutzung (etwa der aufgabenbezogene Einsatz einer Software), die Fähigkeit zur verantwortungsvollen Zusammenarbeit (etwa den verantwortungsvollen Einsatz von Social Media in der Kommunikation), die zielgerichtete Nutzung von Sprache (etwa den situationsbezogenen sprachlichen Ausdruck) sowie die Kompetenz zum selbstständigen Lernen (auch unter Nutzung von Medien).

Als weiterer Teilaspekt von Medienkompetenz ist im beruflichen Kontext die Fähigkeit von Bedeutung, rechtliche, ethische und wirtschaftliche Rahmenbedingungen bei der Anwendung und Produktion von Medien zu berücksichtigen.

In einigen Berufen kann zur Medienkompetenz darüber hinaus auch die Fähigkeit gehören, Innovationen aufzugreifen und voranzutreiben."

Tab. 1: Dimensionen und Aspekte der Medienkompetenz in der Berufsausbildung

Medienkompetenz in der Berufsausbildung[2]	
Dimensionen, die in der Definition enthalten sind	Aspekte, die hierzu für den Fragebogen operationalisiert wurden
Medien zielgerichtet nutzen	Der/die Auszubildende... – ... *kann aufgabenbezogen Medien auswählen und/oder entsprechende Hard und Software bedienen* – ... *kann aufgabenbezogen recherchieren und die passenden Quellen auswählen* – ... ist in der Lage, in verschiedenen Medien eigene Inhalte zu gestalten und/oder zu dokumentieren – ... beherrscht die gängigen Programme (z. B. Word, Excel, PowerPoint) – ... beherrscht die in seinem Beruf gängige fachbezogene Software

2 Die aufgeführten Kompetenzen sollen die Auszubildenden zum Ende ihrer Ausbildung erworben haben. Sie gelten somit als Kompetenzen einer selbstständig agierenden Fachkraft. Die kursiv gekennzeichneten Aspekte beziehen sich auch auf Kompetenzen für das mobile Lernen.

Tab. 1: (fortgesetzt)

Verantwortungsvolle Zusammenarbeit	Der/die Auszubildende ... – ...*kann Medien zum Austausch mit anderen und zur Zusammenarbeit nutzen (z. B. EMail, soziale Netzwerke, Foren)* – ... *bringt sich aktiv in den fachbezogenen Austausch ein und treibt diesen voran* – ... *achtet beim Umgang mit Medien darauf, andere zu respektieren und niemandem zu schaden*
Sprache zielgerichtet nutzen	Der/die Auszubildende ... – ... *kann gegenüber anderen (z. B. Kollegen oder Kunden) mündlich das ausdrücken, was ihm wichtig ist* – ... *kann Briefe und Mails formulieren, in denen er sein Anliegen ausdrücken kann, bewertet Informationen und beurteilt, ob diese für die Aufgabenstellung wichtig sind* – ... *hält sich an Regeln bei der mündlichen und schriftlichen Kommunikation (z. B. angemessene Begrüßung, Rechtschreibung, Aufbau von Briefen)* – ... *kann bewerten, ob Informationen für eine Aufgabenstellung wichtig sind*
Selbstständig lernen	Der/die Auszubildende ... – ... *kann seinen Wissensbedarf als Frage formulieren* – ... *kann selbstständig Probleme im Arbeitsablauf lösen*
Rahmenbedingungen:	Der/die Auszubildende ...
Rechtliche Grundlagen	– ... *kennt die rechtlichen Grundlagen der Mediennutzung, z. B. Copyright und Datenschutz*
Ethische Grundlagen	– ... achtet auf Vorgaben seines Unternehmens, z. B. während der Arbeit nicht das private Handy zu nutzen
Wirtschaftliche Grundlagen	– ... achtet bei der Mediennutzung auch auf wirtschaftliche und finanzielle Aspekte (z. B. Kosten, Arbeitszeit, Arbeitsmaterial)
Innovationen aufgreifen und vorantreiben	Der/die Auszubildende ... – ... setzt sich aktiv mit neuen Medienanwendungen auseinander (z. B. neue Software) – ... *kann beurteilen, ob sich neue Medienanwendungen für die eigene Arbeit nutzen lassen* – ... kann neue Medienanwendungen entwickeln und gestalten

Um diese Definition für die Praxis der Berufsausbildung handhabbar zu machen, werden die einzelnen Dimensionen in der folgenden Darstellung in ihre einzelnen Aspekte aufgegliedert. Gekennzeichnet (Kursivschrift) werden hier die Dimensionen, die für das Lernen mit digitalen Medien eine zentrale Rolle spielen:

Mit Hilfe dieser Definition und ihren Erläuterungen lässt sich bereits im *Selbsttest* ermitteln, wie es beispielsweise mit der Medienkompetenz der eigenen

Auszubildenden aussieht – und ob diese auch in der Lage sind, mit digitalen Medien selbstständig zu lernen.

Die Anforderungen an die Medienkompetenz sind sicherlich von Branche zu Branche und von Beruf zu Beruf unterschiedlich. Deswegen werden für die hier beschriebene BIBB-Studie drei verschiedene Gruppen von Berufen betrachtet, in denen Medien einen unterschiedlich hohen Stellenwert haben:

1. Berufe, die Medien konzipieren, gestalten und produzieren: Medienproduzierende Berufe (MP)
2. Berufe, die Medien integrierend in ihrer Tätigkeit anwenden: Medienintegrierende Berufe (MI)
3. Berufe, die im Rahmen ihrer Tätigkeit auch Medien nutzen: Mediennutzende Berufe (MN).

Diese Differenzierung spielt auch bei den Anforderungen an die Medienkompetenz eine Rolle, die in der Studie untersucht wird.

Ausgewählte Berufe

	Gewerblich-technischer Beruf	Kaufmännischer Beruf	Handwerks- bzw. Dienstleistungsberuf
Medienproduktion	Mediengestalter/in Digital und Print	Medienkaufleute Digital und Print	Fotograf/in
Medienintegrierende Berufe	Technische/r Produktdesigner/in	Kaufleute für Bürokommunikation	Fachangestellte für Markt- und Sozialforschung
Mediennutzende Berufe	Papiertechnologe/-in	Kaufleute im Einzelhandel	Buchbinder/in

Abb. 1: Übersicht der untersuchten Ausbildungsberufe © BIBB und MMB-Institut, 2015.

Für diese Gruppen wurden insgesamt neun Ausbildungsberufe ausgewählt, die in den letzten Jahren neu geordnet wurden und von denen somit zu erwarten war, dass Aspekte der Medienkompetenz bereits berücksichtigt wurden (vgl. Abb. 1).

Anmerkung. Bei der Operationalisierung der Dimensionen der Medienkompetenz für den Referenzrahmen des DQR war uns unsere Kollegin Barbara Lorig behilflich, die sich in den vergangenen Jahren im Rahmen von Projekten zur Kompetenzorientierung intensiver mit der Interpretation und Umsetzung des DQR beschäftigt hat. Ihr gilt dafür unser herzlicher Dank!

Medienkompetenz zum Lernen und der deutsche Qualifikationsrahmen (DQR)

Mit Blick darauf, wie Medienkompetenz – auch zum mobilen Lernen – erworben werden kann, muss berücksichtigt werden, welche Arten von Kompetenzen hier überhaupt vermittelt werden und wie komplex die Anforderungen an diese Kompetenz sind. Ein allgemein anerkanntes Klassifizierungssystem hierfür ist der Deutsche Qualifikationsrahmen für Lebenslanges Lernen (DQR). Dabei handelt es sich um die nationale Umsetzung des Europäischen Qualifikationsrahmens (EQR); er trägt zur angemessenen Bewertung und zur Vergleichbarkeit deutscher Qualifikationen in Europa bei (Arbeitskreis Deutscher Qualifikationsrahmen 2011). Das BIBB berücksichtigt die Grundlagen und die Systematik des DQR auch im Rahmen seiner Forschungsprojekte. So war es eine Aufgabe dieses Projektes zu klären, wie Medienkompetenz im Rahmen des DQR verortet werden kann, insbesondere welche Fach- und personalen Kompetenzen erforderlich sind, um Medien kompetent zu nutzen bzw. zu entwickeln.

Basierend auf den in diesem Projekt entwickelten Dimensionen der Medienkompetenz wurden deren Aspekte auf die Kompatibilität mit den beiden Kompetenzkategorien des DQR *Fachkompetenz* unterteilt in *Wissen* und *Fertigkeiten*, sowie *Personale Kompetenz*, unterteilt in *Sozialkompetenz* und *Selbstständigkeit* untersucht (vgl. Tabelle 2). Neben der Zuordnung der einzelnen Aspekte zu den Kompetenzkategorien wurden die dazugehörenden Subkategorien exemplarisch mit Beispielen aus den Dimensionen der Medienkompetenz unterfüttert. Schließlich sollte konkret für die für Ausbildungsberufe gültige Niveaustufe 4 ermittelt werden, ob die einzelnen Aspekte der Medienkompetenzdimensionen diesen Ansprüchen genügen.

Die Analyse der Dimensionen der Medienkompetenz – ausgewählt wurden hier solche Kompetenzen, die das Lernen mit mobilen Medien betreffen – hinsichtlich ihrer Kompatibilität mit den Kompetenzkategorien des DQR zeigt, dass sich nicht jeder Aspekt eindeutig zuordnen lässt (vgl. Tabelle 3). Immer dann wurden eindeutige Zuordnungen vorgenommen, wenn der Aspekt in überwiegendem Maße einer Kategorie des DQR entsprach. War dies nicht möglich, wurden auch zwei Kategorien gewählt. Zu berücksichtigen ist ebenfalls, dass handlungsorientierte Formulierungen von Kompetenzen in der Regel auch Wissensaspekte inkludieren. Deshalb finden sich in vielen Aspekten, die den *Fertigkeiten* zugeordnet wurden, auch nicht unerhebliche Wissensanteile. Zugunsten der Übersichtlichkeit wurde hier jedoch eine eindeutige Zuordnung zur Kompetenzkategorie *Fertigkeiten* vorgenommen.

Die Darstellung zeigt, dass es durch die mehrdimensionale Definition von Medienkompetenz in der Berufsausbildung gelungen ist, alle

Tab. 2: Zuordnung der Medienkompetenzdimensionen und -aspekte für das mobile Lernen zu den Kompetenzkategorien des DQR

Medienkompetenz in der Berufsausbildung zum mobilen Lernen		Kompetenzkategorien des DQR			
Dimensionen	**Aspekte**	**Fachkompetenz**		**Personale Kompetenz**	
		Wissen	Fertig-keiten	Sozial-kompetenz	Selbst-ständig-keit
Medien zielgerichtet nutzen	Der/die Auszubildende				
	– wählt Medien aufgabenbezogen aus		X		
	– recherchiert aufgabenbezogen und wählt geeignete Quellen aus		X		
Verantwortungsvolle Zusammenarbeit	Der/die Auszubildende				
	– nutzt Medien zum Austausch und zur Zusammenarbeit mit Anderen			X	
	– bringt sich aktiv in den fachbezogenen Austausch ein und treibt diesen voran			X	
	– achtet beim Umgang mit Medien darauf, andere zu respektieren und niemandem zu schaden.			X	
Sprache zielgerichtet Nutzen	Der/die Auszubildende				
	– drückt sich mündlich und schriftlich situationsbezogen aus			X	
	– berücksichtigt die Regeln der mündlichen und schriftlichen Kommunikation		X		
	– bewertet Informationen und beurteilt, ob diese für die Aufgabenstellung wichtig sind		X		
Selbstständig lernen	Der/die Auszubildende				
	– erkennt neue Entwicklungen und leitet daraus seinen/ihren Lernbedarf ab				X
	– lernt selbstständig und zielgerichtet				X
Rechtliche Grundlagen	Der/die Auszubildende beachtet die rechtlichen Grundlagen der Mediennutzung	X			
Innovationen aufgreifen und vorantreiben	Der/die Auszubildende				
	– beurteilt, ob sich neue Medienanwendungen für die eigene Arbeit nutzen lassen		X		

Tab. 3: Exemplarische Beschreibung von Deskriptoren für die Dimensionen der Medienkompetenz für DQR-Niveau 4

DQR-Niveau 4			
Über Kompetenzen zur selbstständigen Planung und Bearbeitung fachlicher Aufgabenstellungen in einem umfassenden, sich verändernden Lernbereich oder beruflichen Tätigkeitsfeld verfügen.			
Fachkompetenz		**Personale Kompetenz**	
Wissen	**Fertigkeiten**	**Sozialkompetenz**	**Selbstständigkeit**
Über vertieftes allgemeines Wissen oder über fachtheoretisches Wissen in einem Lernbereich oder beruflichen Tätigkeitsfeld verfügen	*Über ein breites Spektrum kognitiver und praktischer Fertigkeiten verfügen, die selbstständige Aufgabenbearbeitung und Problemlösung sowie die Beurteilung von Arbeitsergebnissen und -prozessen unter Einbeziehung von Handlungsalternativen und Wechselwirkungen mit benachbarten Bereichen ermöglichen.*	*Die Arbeit in einer Gruppe und deren Lern- oder Arbeitsumgebung mitgestalten und kontinuierlich Unterstützung anbieten.* *Abläufe und Ergebnisse begründen. Über Sachverhalte umfassend kommunizieren.*	*Sich Lern- und Arbeitsziele setzen, sie reflektieren, realisieren und verantworten.*
	Transferleistungen erbringen.		
Die Beschreibungen der Medienkompetenzdimensionen erfolgten handlungsorientiert. Eine solche Beschreibung von z. B. Fertigkeiten beinhaltet die Anwendung von Wissen. Darüber hinaus finden sich auch explizite Wissensbeschreibungen in den Dimensionen Rechtliche, Ethische und Wirtschaftliche Grundlagen	Beispiele hierfür zeigen die Dimensionen „Medien zielgerichtet nutzen“ und „Innovationen aufgreifen und vorantreiben“. Die dort beschriebenen Aspekte erfordern ein breites Spektrum von kognitiven und praktischen Fertigkeiten im Sinne einer ganzheitlichen Handlung, somit also auch planerischer, durchführender, kontrollierender und reflektierender Tätigkeiten.	Die Dimension „Verantwortungsvolle Zusammenarbeit“ gibt mit allen Aspekten ein gutes Beispiel für die Bedeutung der Sozialkompetenz bei der Produktion und Anwendung von Medien. Vervollständigt wird dies durch den Kommunikationsaspekt in der Dimension „Sprache zielgerichtet nutzen“.	Die Selbstständigkeit stellt einen wichtigen Aspekt in mehreren Dimensionen der Medienkompetenz dar. Ein besonderes Gewicht hat diese zum Bespiel in der Dimension „Selbstständig lernen“, denn sowohl das Erkennen des Lernbedarfs als auch das zielgerichtete Lernen sollen selbstständig erfolgen.

Kompetenzkategorien des DQR zu erfassen. Dies zeigt auch, dass Medienkompetenz für das mobile Lernen in diesem Verständnis weit mehr als technische Fähigkeiten und Fertigkeiten umfasst, da Sozialkompetenz und Selbstständigkeit ebenfalls wesentliche Inhalte von Medienkompetenz sind.
Abschließend erfolgte ein Abgleich mit den Anforderungen, die in der DQR-Matrix für das Niveau der Ausbildungsberufe festgelegt wurden mit den Aspekten der Medienkompetenz in der Berufsausbildung. Gegenstand dieses Projektes war die Analyse von dreijährigen Ausbildungsberufen, die sich somit ausschließlich dem DQR-Niveau 4 zuordnen lassen. Entsprechend wird exemplarisch dargestellt, wie sich Deskriptoren für die Dimensionen der Medienkompetenz für dieses Niveau beschreiben lassen.

Der Vergleich der Dimensionen der Medienkompetenz in der Berufsausbildung mit den Anforderungen des DQR zeigt, dass es zwischen beiden Konstrukten eine große Kompatibilität gibt. Die Dimensionen mit ihren einzelnen Aspekten sind geeignet, Beschreibungen der Medienkompetenz für medienanwendende und medienproduzierende Berufe vorzunehmen, die dem DQR-Niveau 4 entsprechen. Sie sind somit nicht nur für die Berufe des dualen Systems anwendbar, sondern können auch zur Formulierung von Lernergebnissen für andere Bildungsgänge des gleichen DQR-Niveaus herangezogen werden. Dies bedeutet auch, dass die gängigen Medienkompetenzen, die für das mobile Lernen notwendig sind, für Personen mit abgeschlossenen Berufsausbildungen, erst recht aber für Lernende mit einem akademischen Abschluss, leicht vermittelbar sind.

Medienkompetenz am Ende der Ausbildung

Um zu ermitteln, welche Inhalte zur Bildung von Medienkompetenz für die Ausbildung relevant sind, wurde das Lehrpersonal in Unternehmen und in Berufsschulen in einer umfangreichen Online-Befragung danach gefragt, welche Medienkompetenzen die Auszubildenden am Ende der Ausbildung erworben haben sollten. Von zentraler Bedeutung ist die Kompetenzdimension *Medien zielgerichtet nutzen*. Gerade die Kompetenz, die schon zu Ausbildungsbeginn von den Befragten sehr positiv hervorgehoben wird, ist am Ende der Ausbildung noch mehr gefragt. Die wichtigsten Kompetenzdimensionen, die während der Ausbildung geschult werden sollten, sind über die drei Untersuchungsgruppen hinweg nach der Einschätzung der befragten Ausbilder

- die zielgerichtete Nutzung von Sprache,
- die Beachtung von rechtlichen und ethischen Rahmenbedingungen,

- die Beachtung ökonomischer Rahmenbedingungen und
- die verantwortungsvolle Zusammenarbeit.

Diese Kompetenzen sind zu Beginn der Ausbildung meist wenig ausgeprägt, doch zum Ende sind sie unverzichtbarer Bestandteil der Medienkompetenzen, über die Absolventinnen und Absolventen dieser Ausbildung verfügen sollten. Damit stellt vor allem der sprachliche Ausdruck in seinen vielen Facetten (z. B. Telefonieren, Geschäftsbriefe schreiben, auch Präsentieren, in Arbeitsbesprechungen eigene Ideen äußern) eine Kulturtechnik dar, die als Kompetenz in allen Berufen gewünscht wird und die sowohl beim zwischenmenschlichen Umgang als auch beim Umgang mit Medien (auch beim digitalen Lernen) eine Rolle spielt.

Hier sind sich Berufsschullehrende und Ausbildende in der schriftlichen Befragung weitgehend einig. Demnach sind folgende Fähigkeiten von besonderer Bedeutung:
- die zielgerichtete Ausdrucksweise (70 Prozent der Ausbilderinnen und Ausbilder / 60 Prozent der Berufsschullehrerinnen und Berufsschullehrer ist dieses sehr wichtig),
- das selbstständige Lösen von Problemen (69/53),
- das Beachten der Regeln der mündlichen und schriftlichen Kommunikation (68/46),
- das Beherrschen der gängigen fachbezogenen Software (67/65).

Auffallend sind hier die Unterschiede in der Einschätzung der Problemlösekompetenz und dem Beachten der Regeln der Kommunikation zwischen betrieblichen Ausbilderinnen und Ausbilder sowie Berufsschullehrerinnen und Berufsschullehrern. Dies mag daran liegen, dass in Unternehmen im Arbeitsalltag andere Prioritäten gesetzt werden müssen als in der Berufsschule. Arbeiten bedeutet immer mehr das Lösen von Problemen und weniger das Abarbeiten vorgegebener Aufgaben. Und gerade im Umgang mit Kundinnen und Kunden haben Kommunikationsregeln (z. B. Rechtschreibung, Regeln für Gespräche am Telefon) nach wie vor einen hohen Stellenwert.

Weitere große Unterschiede zwischen den beiden befragten Gruppen gibt es bei der Beachtung betrieblicher Vorgaben, wie z. B. während der Arbeit nicht das private Handy zu nutzen (5/31) sowie der Beachtung wirtschaftlicher Gesichtspunkte bei der Mediennutzung, wie Kosten, Arbeitszeit, Arbeitsmaterial (47/27). Auf diese Aspekte legen Unternehmen deutlich mehr Wert als die Berufsschulen. Ein kleiner interessanter Nebeneffekt ist noch die Erkenntnis, dass weibliches Ausbildungspersonal deutlich mehr Wert darauf legt, dass die Auszubildenden beim Umgang mit Medien darauf achten, andere zu respektieren und niemandem zu schaden (70 Prozent der

Frauen ist dieses sehr wichtig gegenüber 47 Prozent der Männer). Ihnen sind auch die Regeln der mündlichen und schriftlichen Kommunikation wichtiger (69/47).

Einen immer größeren Stellenwert im Verlauf der Ausbildung erhält das selbstständige Lernen. Ausbilderinnen und Ausbilder erwarten, dass ihre Auszubildenden immer selbstständiger agieren, und dazu gehört auch, dass sie sich die Informationen zum Lernen besorgen, die sie benötigen.

Allerdings gibt es hierbei auch Unterschiede zwischen den Untersuchungsgruppen. Gerade bei den medienintegrierenden Berufen sind Medieninnovationen, die Auszubildende ins Unternehmen einbringen, nicht unbedingt gerne gesehen – und dies bleibt auch so. Für Innovationen im Rahmen der Arbeitstätigkeiten sind erfahrene Mitarbeiterinnen und Mitarbeiter und eben nicht die Auszubildenden zuständig. In medienproduzierenden Unternehmen wird hingegen die Idee der „medieninnovativen Mitarbeiterinnen und Mitarbeiter" schon deutlich früher kultiviert. Gegen Ende der Ausbildung ist die Offenheit für Medieninnovationen bei Mediengestalterinnen und Mediengestaltern, Medienkaufleuten sowie Fotografinnen und Fotografen eine zentrale Kompetenz. Eine ebenfalls wichtige Kompetenz dieser Untersuchungsgruppe ist die Beachtung medienökonomischer Rahmenbedingungen, d. h. ein verantwortungsvoller Umgang mit finanziellen und zeitlichen Ressourcen. Einige dieser Absolventinnen und Absolventen übernehmen dann auch Kostenverantwortung, in dem sie zum Beispiel eigene Budgets verwalten.

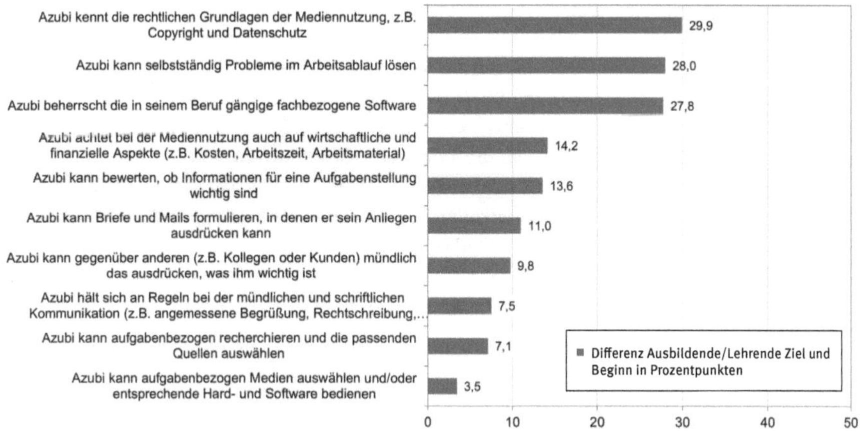

Frage 1: Wie gut beherrschte Ihr Auszubildender den jeweiligen Aspekt der Medienkompetenz unmittelbar zu Beginn der Ausbildung?;
Frage 2: Und wie wichtig ist Ihnen, dass Ihr Auszubildender diese Aspekte am Ende der Ausbildung beherrscht? Eine 1 bedeutet "Azubi beherrschte diesen Aspekt sehr gut"/"Ist mir am Ende der Ausbildung sehr wichtig", eine 6 heißt "Azubi beherrschte diesen Aspekt überhaupt nicht"/"Ist mir völlig unwichtig". Die Werte dazwischen dienen der Abstufung.
N=202 Ausbilder/Lehrer | Angaben in % für Note 1 |"

Abb. 2: Medienkompetenz im Vergleich der Relevanz als Ausbildungsziel mit der vorhandenen Kompetenz zu Beginn der Ausbildung (Krämer et al. 2015, 33).

Abschließend wurde resultierend aus den Ergebnissen der schriftlichen Befragung bei Ausbilderinnen und Ausbildern sowie Berufsschullehrerinnen und Berufsschullehrern ein Abgleich vorgenommen zwischen den Kompetenzen, die die Auszubildenden am Ende der Ausbildung erworben haben sollten und den Vorkenntnissen zu Beginn. Daraus lässt sich ableiten, welche Kompetenzen im Rahmen der Berufsausbildung besonders entwickelt werden müssen (vgl. Abb. 2).

Demnach ist die Vermittlung von rechtlichen Grundlagen das wichtigste Lernziel, und zwar über alle Untersuchungsgruppen hinweg. Gerade hier wurden auch in den Fallstudien besonders große Defizite beklagt. Das Item auf dem zweiten Platz „Azubi kann selbstständig Probleme im Arbeitsablauf lösen" beschreibt ein sehr grundsätzliches Lernziel jeder Ausbildung und rangiert sicherlich auch deswegen sehr weit vorn. Die Beherrschung der fachbezogenen Software liegt erwartbar unter den ersten drei Plätzen, da diese in der Regel nicht vor der Ausbildung erlernt werden konnte.

Tab. 4: Dimensionen der Medienkompetenz für das digitale Lernen

Medienkompetenz in der Berufsausbildung	
Dimensionen, die in der Definition enthalten sind	Aspekte, die hierzu für den Fragebogen operationalisiert wurden
Sprache zielgerichtet nutzen	Der/die Auszubildende... – *... kann gegenüber anderen (z. B. Kollegen oder Kunden) mündlich das ausdrücken, was ihm wichtig ist* – *... kann Briefe und Mails formulieren, in denen er sein Anliegen ausdrücken kann, bewertet Informationen und beurteilt, ob diese für die Aufgabenstellung wichtig sind* – *... hält sich an Regeln bei der mündlichen und schriftlichen Kommunikation (z. B. angemessene Begrüßung, Rechtschreibung, Aufbau von Briefen)* – *... kann bewerten, ob Informationen für eine Aufgabenstellung wichtig sind*
Selbstständig lernen	– *... kann selbstständig Probleme im Arbeitsablauf lösen*
Rahmenbedingungen: Rechtliche Grundlagen	– *... kennt die rechtlichen Grundlagen der Mediennutzung, z. B. Copyright und Datenschutz*

Gleicht man diese Erwartungen an die beruflichen Medienkompetenzen, die während der Ausbildung vermittelt werden sollten, mit den Aspekten für das digitale mobile Lernen ab (vgl. Tab. 1), so sind es vor allem folgende Medienkompetenzen, die vermittelt werden sollten, wenn junge Mitarbeiterinnen und Mitarbeiter E-Learning nutzen sollen: Diese Kompetenzen können demnach als Lehr-und Lerninhalte in Curricula zur Einführung in das digitale/mobile Lernen sein. Die Einordnung in den DQR (vgl. Tab. 2) zeigt, welche Art von Kompetenzen dies sind (Wissen, Fertigkeiten, Sozialkompetenzen, Selbstständigkeit). Hiernach richtet sich auch die Didaktik zur Vermittlung dieser Kompetenzen.

Medienkompetenz des Ausbildungspersonals

Die schriftliche Befragung lieferte auch Erkenntnisse über die Bewertung der Medienkompetenz von Auszubildenden im Vergleich zu Beginn der Ausbildung und zum Zeitpunkt der Befragung. Die Ausbilderinnen und Ausbilder attestierten ihren Auszubildenden in diesem Zeitraum eine Verbesserung in Schulnoten von

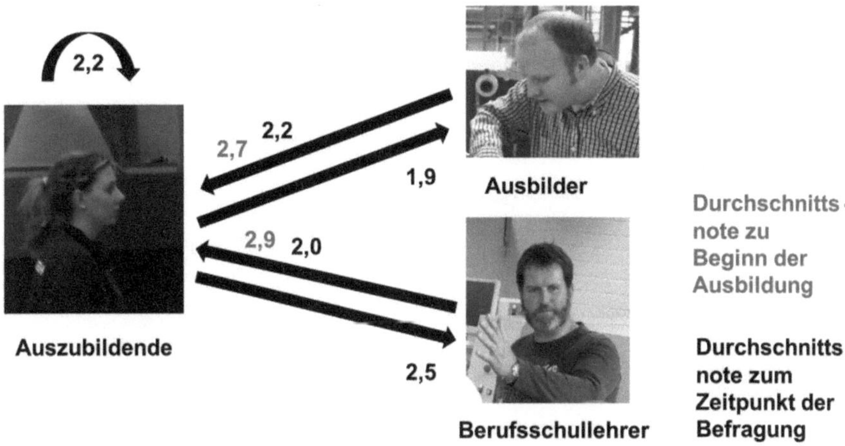

Abb. 3: Bewertung der Medienkompetenz, Vergleich zwischen Selbst- und Fremdeinschätzung (Durchschnittsnoten)[4] © BIBB und MMB-Institut, 2015, Foto links: Lutz Goertz; oben: bvdm, unten: Ronny Wilfarth.

4 Zur Lesart der Abb. 3: Die Spitze des Pfeils zeigt auf die Personengruppe, die beurteilt wird. Der Beginn des Pfeils verweist auf den Beurteiler. Die Zahl neben dem Pfeil gibt den Durchschnittswert aller Befragten der Bewertergruppe an. Rote Zahlen markieren eine (retrospektive) Einschätzung dieser Gruppe zu Beginn der Ausbildung, schwarze Zahlen zeigen die Einschätzung zum Zeitpunkt der Befragung.

2,7 auf 2,2 (vgl. Abb. 3), die Berufsschullehrerinnen und Berufsschullehrer steigerten ihre Bewertung sogar von 2,9 auf 2,0.

Und wie sehen die Auszubildenden sich selbst und ihr Ausbildungspersonal? Die Auszubildenden bewerteten ihre Medienkompetenz zum Zeitpunkt der Befragung mit 2,2, die ihrer Ausbilderinnen und Ausbilder mit 1,9; hingegen schnitten die Berufsschullehrerinnen und Berufsschullehrer mit einer Durchschnittsnote von 2,5 etwas schlechter ab.

Dieser Vergleich von Selbstbild und Fremdbild zeigt einerseits, dass Auszubildende während ihrer Ausbildung an Medienkompetenz dazugewinnen, was natürlich auch ihrer Fertigkeit zum Selbstlernen zu Gute kommt. Bei den Lehrenden, vor allem auf Seiten der Berufsschule, ist allerdings die Medienkompetenz aus der Perspektive der Auszubildenden noch ausbaufähig. Auch Studien wie der *Monitor Digitale Bildung* zum Thema Ausbildung (Schmid et al. 2016) zeigen, dass viele Lehrende an Berufsschulen digitale Medien zum Lernen nur selten einsetzen. Dies gilt umso mehr für den Einsatz von Social Media (vgl. Abb. 4).

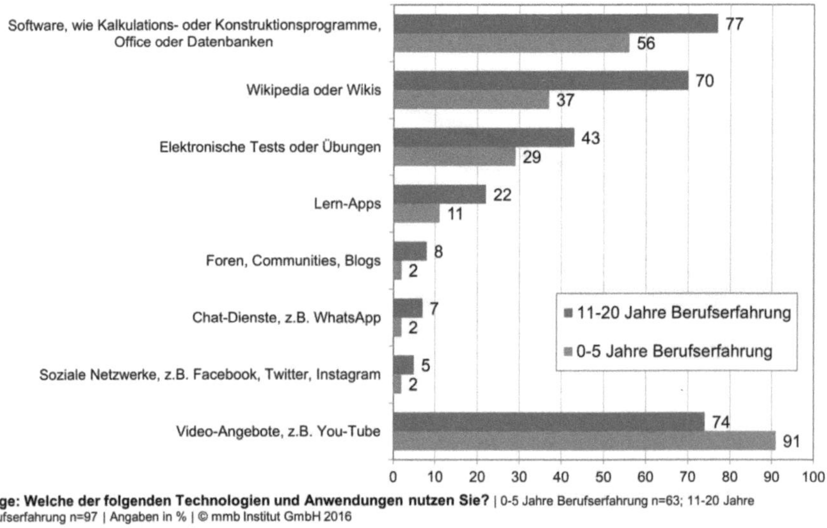

Abb. 4: Berufsschullehrer: Welche der folgenden Technologien und Anwendungen nutzen Sie? Angaben in % | 0-5 Jahre Berufserfahrung n=63; 11-20 Jahre Berufserfahrung n=97 © mmb Institut GmbH 2016.

Digitales bzw. mobiles Lernen in Unternehmen zu etablieren, bedeutet demnach auch, die Medienkompetenz des Ausbildungspersonals zu stärken. Das *Bundesministerium für Bildung und Forschung* (BMBF) hat deshalb Förderprogramme aufgelegt, in deren Projekten gezielt Lernangebote für das Lehrpersonal entwickelt werden. Im Projekt *Fit-DiM* (*Fit for Digital Media*, Zentralstelle für die Weiterbildung im Handwerk e. V. (ZWH) (2016) für das Metallhandwerk lernen beispielsweise Ausbildungsverantwortliche, maßgeschneiderte Kommunikationsstrukturen mit mobilen Medien für das eigene Unternehmen zu entwickeln, damit Arbeitsprozesse mit Azubis reibungsloser laufen und diese ihre Smartphones und Tablets auch gezielt zum mobilen Lernen einsetzen können.

Empfehlungen für die Medienkompetenzbildung von Auszubildenden

Um in der betrieblichen Ausbildung Grundlagen zu schaffen, damit Auszubildende souverän die Möglichkeiten des digitalen Lernens nutzen, lassen sich verschiedene Maßnahmen ergreifen. Die folgenden Empfehlungen richten sich dabei an Unternehmen, an berufsbildende Schulen und auch an allgemeinbildende Schulen.

Empfehlungen für die Medienkompetenzbildung an allgemeinbildenden Schulen

Die Studie *Medien anwenden und produzieren – Entwicklung von Medienkompetenz in der Berufsausbildung* hat gezeigt, dass Lehrerinnen und Lehrer meist versierte Mediennutzerinnen und Mediennutzer sind, deren Fähigkeit zur Vermittlung von Medienkompetenz aber häufig noch entwicklungsfähig ist. So ist der Einsatz von Medien häufig nicht gut vorbereitet und nur in einzelne Themen oder Aufgaben eingebettet. Die technische Ausstattung von Schulen ist in den letzten Jahren zwar deutlich verbessert worden und die Geräte werden auch verstärkt eingesetzt, aber die sinnvolle Nutzung von Internet und *Social Media*-Angeboten ist noch kein selbstverständlicher Bestandteil von Unterricht. Eine zentrale Empfehlung der für die Untersuchung befragten Expertinnen und Experten ist, den Umgang mit Medien nicht als eigenes Fach zu gestalten, sondern integrativ in allen Lehrplänen zu verankern.

Digitale Medien sollten in allen Fächern als Hilfsmittel zur Verfügung stehen und so selbstverständlich wie Bücher genutzt werden können. Schülerinnen und Schüler sollten mit Medien praxisorientiert arbeiten, z. B. indem sie Zeitungen oder Blogs erstellen. Auch sollten Verantwortliche für und in Schulen jetzt schon Diskussionen führen, wie mit der Vision der zukünftigen Nutzung hauptsächlich sprachbasierter Medien umgegangen werden soll und welche Bedeutung der Schrift und Schriftsprache dann zukommt.

Die befragten Ausbilderinnen und Ausbilder betonen die besondere Bedeutung von Kommunikations-, Präsentations- und Teamfähigkeit. Hier sehen sie die allgemeinbildenden Schulen in der Pflicht, diese Kompetenzen frühzeitig bei den Schülerinnen und Schülern zu fördern. Sie erwarten auch, dass der Umgang mit Standardsoftware und *Social Media*-Angeboten Teil der schulischen Bildung ist. Dazu gehört auch, Grenzen und Risiken der Mediennutzung aufzuzeigen sowie rechtliche und ethische Themen zumindest als Grundlagen zu vermitteln, wie z. B. Urheberrechte, die Prüfung von Quellen und einen fairen Umgang mit anderen im Netz. Auch die Auszubildenden machten Vorschläge, wie in der allgemeinbildenden Schule die Bildung von Medienkompetenz verändert werden könnte. Wenn sie Schule gestalten könnten, dann würden sie generell die IT-Ausstattung verbessern, medienkompetenzfördernden Fächern mehr Zeit einräumen, Papier-Handouts ausschließlich digital als Download anbieten, mehr berufspraktische Medienkompetenz vermitteln, vor allem durch einen verstärkten Einsatz von Bürokommunikationssoftware, sowie mehr über die Folgen eigener Aktivitäten in *Social Media*-Angeboten aufklären.

Empfehlungen für die Medienkompetenzbildung an Berufsschulen

Die befragten Expertinnen und Experten äußerten den Wunsch, dass die Qualifizierung der Berufsschullehrerinnen und Berufsschullehrer hinsichtlich der Entwicklung ihrer Medienkompetenz überprüft werden sollte. So wäre es für diese nicht unbedingt erforderlich, den Schülerinnen und Schülern technologisch immer einen Schritt voraus sein. Vielmehr sollen sie offen für Innovationen sein und den Lernenden einen zielgerichteten Umgang mit analogen und digitalen Medien vermitteln. Ziel sollte es darüber hinaus sein, länderübergreifende Standards festzulegen, die die Ausstattung der Schulen mit Medien sowie die Inhalte von Lehrerausbildung und Curricula zur Entwicklung von Medienkompetenz festlegen, damit der Unterricht in allen Bundesländern auf einem einheitlichen Niveau erfolgen kann.

Seitens der Unternehmen wird eine bessere technische Ausstattung der Berufsschulen gefordert. Die Ausbilderinnen und Ausbilder erwarten von ihrem dualen Partner die Stärkung des Bewusstseins der Auszubildenden für ethische und rechtliche Rahmenbedingungen. Wünschenswert wäre auch ein stärkerer Praxisbezug, um speziell die Kommunikations- und Präsentationskompetenzen zu verbessern. Auch die Abstimmung der Inhalte könnte zwischen Schule und Betrieb besser funktionieren, damit Inhalte nicht doppelt vermittelt werden oder die Vermittlung ähnlicher Inhalte zeitlich besser verzahnt werden könnte. Für die Auszubildenden wäre ein stärkerer Medieneinsatz, z. B. mit Tablet-PCs, notwendig. Auch sie betonen, im Einklang mit ihren Ausbilderinnen und Ausbildern, die Stärke der Berufsschule bei der Vermittlung insbesondere medienrechtlicher Grundlagen.

Empfehlungen für die Medienkompetenzbildung in Unternehmen

Da für viele Unternehmen die Entwicklung einer umfassenden Medienkompetenz immer noch eine große Herausforderung darstellt, sehen es die in der BIBB-Studie befragten Expertinnen und Experten als die Aufgabe der Politik an, Unterstützungen und Orientierungen zu geben. Dazu könnte nach ihrer Meinung auch gehören, die Vermittlung von Medienkompetenz in die Ausbildung und Qualifizierung von Ausbilderinnen und Ausbildern, z. B. auch in die AEVO, aufzunehmen.

Doch weil sich die Anforderungen an die Medienkompetenz in der Berufswelt stets weiterentwickeln, sollten auch entsprechende Weiterbildungsangebote geschaffen werden. Dies kann erfolgen durch die Bereitstellung von Lernmaterial für Auszubildende und Ausbildungsverantwortliche. Staatliche Institutionen oder Wirtschaftsinstitutionen wie beispielsweise Kammern können hierbei aber auch eine koordinierende Rolle übernehmen, indem sie vorhandene Unterlagen sowie Kursangebote systematisieren, bewerten und bekannt machen. Eine Zusammenarbeit mit Herstellerinnen und Herstellern, Verlagen, Bildungseinrichtungen sowie zahlreichen Anbieterinnen und Anbietern von Open Educational Resources (OER), d. h. kostenlosen, öffentlich verfügbaren Inhalten, dürfte schnell ein umfangreiches Angebot von Lerninhalten hervorbringen, das für einen großen Kreis von Lernenden interessant ist. Wenn hier eine „kritische Masse" von Angeboten zur Medienkompetenz erreicht wird, ist auch mit einem kontinuierlichen Stamm von Nutzern zu rechnen, für die es sich lohnt, das Content-Angebot aufrechtzuerhalten.

Ebenso könnte die konkrete Abstimmung zwischen Betrieben und Berufsschulen vor Ort eine gezielte und berufsspezifische Medienkompetenzvermittlung fördern. Grundlage hierfür ist eine regionale Bestandsaufnahme, welche technischen Gegebenheiten und welche Vermittlungskompetenzen in Betrieben und Berufsschulen vorhanden sind.

Resümee

Medienkompetenz ist eine wichtige Voraussetzung für die Etablierung des mobilen Lernens in einem Unternehmen. Dabei ist es während der Berufsausbildung wichtig, den Auszubildenden die notwendigen Grundlagen zu vermitteln. Hierzu gehört vor allem der zielgerichtete Einsatz von Sprache, also das mündliche und schriftliche Ausdrucksvermögen sowie die Einhaltung von Kommunikationsregeln. Weitere Medienkompetenzen sind die Problemlösungskompetenz und die Beachtung rechtlicher Grundlagen, wie Copyright und Datenschutz.

Der souveräne Umgang mit Medien zum Lernen bedingt aber auch entsprechende Kompetenzen des Lehrpersonals. Berufsschullehrende und Ausbildende sollten in der Lage sein, die mobile Nutzung von Lernmedien anzuleiten und entsprechende Regeln vorzugeben.

Wichtige Rollen bei dieser Vermittlung spielen Berufsschule und Ausbildungsbetrieb, aber auch bereits die allgemeinbildende Schule.

Dieser Beitrag hat einige Ergebnisse der Studie *Medien anwenden und produzieren – Entwicklung von Medienkompetenz in der Berufsausbildung* näher erläutert. Darüber hinaus hat das Projekt zahlreiche weitere Befunde und Empfehlungen hervorgebracht, die an anderer Stelle verfügbar sind:

Der Abschlussbericht der Studie (Krämer et al. 2015) steht auf der Website des Bundesinstituts für Berufsbildung zum Download bereit. Eine umfangreichere Buchveröffentlichung dazu ist im Frühjahr 2017 erschienen: Krämer et al. 2017.

Literatur

Arbeitskreis Deutscher Qualifikationsrahmen (Hrsg.) (2011): Deutscher Qualifikationsrahmen für lebenslanges Lernen. Berlin. http://www.akkreditierungsrat.de/fileadmin/Seiteninhalte/Sonstige/BMBF_DQR_aktuell.pdf.

Baacke, D. (1996): Medienkompetenz? Begrifflichkeit und sozialer Wandel. In: A. Rein (Hrsg.): *Medienkompetenz als Schlüsselbegriff*. Bad Heilbrunn: Klinkhardt, 112–124.

Bundesministerium für Bildung und Forschung (Hrsg.) (2010): *Kompetenzen in einer digital geprägten Kultur. Medienbildung für die Persönlichkeitsentwicklung, für die gesellschaftliche Teilhabe und für die Entwicklung von Ausbildungs- und Erwerbsfähigkeit*. Berlin: BMBF.

Goertz, L. (2016): Smartphones im Unterricht – ohne-Planung geht es nicht (Blog Digitalisierung der Bildung). http://www.digitalisierung-bildung.de/2016/07/05/smartphones-im-unterricht-ohne-planung-geht-es-nicht.

Groeben, N. (2002): Dimensionen der Medienkompetenz. Deskriptive und normative Aspekte. In: N. Groeben; B. Hurrelmann (Hrsg.): *Medienkompetenz. Voraussetzungen, Dimensionen*, Funktionen. Weinheim/München: Juventa, 160–200.

Hoffmann, B. (2003): *Medienpädagogik. Eine Einführung in die Theorie und Praxis*. Stuttgart: UTB.

Krämer, H.; Jordanski, G.; Goertz, L. (2017): Medien anwenden und produzieren. Entwicklung von Medienkompetenz in der Berufsbildung. Bonn: Bundesinstitut für Berufsbildung (BIBB): https://www.bibb.de/veroeffentlichungen/de/publication/show/id/8275.

Krämer, H.; Jordanski, G.; Goertz, L. (2015): Medien anwenden und produzieren – Entwicklung von Medienkompetenz in der Berufsausbildung. Abschlussbericht. Bonn: Bundesinstitut für Berufsbildung (BIBB). https://www2.bibb.de/bibbtools/tools/dapro/data/documents/pdf/eb_42417.pdf.

Prensky, M. (2001): Digital Natives, Digital Immigrants. *On the Horizon*, 9/5, 1–6.

Scheele, B.; Groeben, N. (1984): *Die Heidelberger Struktur Lege Technik (SLT)*. Weinheim: Beltz.

Tulodziecki, G. (1998): Medienkompetenz als Ziel schulischer Medienpädagogik. *Arbeiten + Lernen*, 7 (1998) 30, 13–17.

Schmid, U.; Goertz, L.; Behrens, J. (2016): Monitor Digitale Bildung. Berufliche Ausbildung im digitalen Zeitalter. Gütersloh: Bertelsmann Stiftung. https://www.bertelsmann-stiftung.de/fileadmin/files/BSt/Publikationen/GrauePublikationen/Studie_Monitor-Digitale-Bildung_Berufliche-Ausbildung-im-digitalen-Zeitalter_IFT_2016.pdf.

Zentralstelle für die Weiterbildung im Handwerk e. V. (ZWH) (2016): Fit-DiM – Fit for Digital Media. Über das Projekt. http://www.fit-dim.de/.

Autorinnen, Autoren und Herausgeber

Bremer, Claudia, Studium der Volkswirtschaftslehre und Informationswissenschaften an den Universitäten Würzburg, Albany, NY (USA) und Frankfurt a. M. Seit 2015 im Bereich Pädagogische Psychologie, Interdisziplinäres Kolleg Hochschuldidaktik der Goethe-Universität Frankfurt tätig. Zuvor 2009–2014 Geschäftsführerin von studiumdigitale, der eLearning-Einrichtung der Goethe-Universität Frankfurt, 2005–2012 Leitung der Abteilung Medien am Zentrum für Weiterbildung der Goethe-Universität Frankfurt. Publikationen und Studien sowie Koordination zahlreicher Projekte im Bereich Medienkompetenz, E-Learning-Konzeptionen und -Strategien. Qualifizierung und Beratung von Lehrenden und Bildungseinrichtungen in diesen Bereichen.

Fehling, Christian Dominic, Wissenschaftlicher Mitarbeiter, Studium der Druck- und Medientechnologie an der Bergischen Universität Wuppertal. 2013–2016 Mitarbeit im Forschungs- und Entwicklungsprojekt Social Augmented Learning. Seit 2016 Mitarbeit im Forschungs- und Entwicklungsprojekt Social Virtual Learning. Arbeitsgebiete: Einsatz digitaler Medien, insbesondere Augmented & Virtual Reality sowie mobile Endgeräte, in der beruflichen Bildung. Letzte Publikation: „Mixed Reality Learning – Lernen in der erweiterten Realität und in virtuellen Lernwelten." In: Hohenstein / Wilbers (Hrsg.): Handbuch E-Learning, 64. Erg.-Lfg. August 2016 www.social-augmented-learning.de

Goertz, Lutz, Dr. phil., ist seit 2002 Leiter der Bildungsforschung beim mmb Institut – Gesellschaft für Medien- und Kompetenzforschung mbH in Essen. Studium der Publizistik, Germanistik und Soziologie an der Westfälischen Wilhelms-Universität Münster, Dissertation 1990. Von 1991 bis 1996 wissenschaftlicher Mitarbeiter am Institut für Journalistik und Kommunikationsforschung (IJK) in Hannover und am Aufbau des Studiengangs „Medienmanagement" beteiligt. Ab 1997 Projektleiter bei „MMB – Michel Medienforschung und Beratung" in Essen. Von 1999 bis 2002 Abteilungsleiter im Referat „Aus- und Weiterbildung/Forschung" beim Deutschen Multimedia-Verband (dmmv, heute BVDW) in Düsseldorf. Seit 2012 Lehrbeauftragter an der Business Information Technology School (BITS) in Iserlohn und Berlin. Von 2004 bis 2014 IHK-Prüfer für die geregelte Weiterbildung „Medienfachwirt" in Köln. Schwerpunkte seiner Forschungsprojekte betreffen die Themen mediengestütztes Lernen und Aus- und Weiterbildung.

Krämer, Heike, Dr.-Ing., Wissenschaftliche Mitarbeiterin im Arbeitsbereich 4.2, Kaufmännische Berufe, Berufe der Medienwirtschaft und Logistik, im Bundesinstitut für Berufsbildung, Bonn. Dr. Heike Krämer studierte nach einer Ausbildung zur Schriftsetzerin an der Bergischen Universität Wuppertal Druckereitechnik und anschließend Wirtschaftswissenschaften. 2009 folgte die Promotion zum Thema Gestaltung kompetenzfördernder Arbeitssysteme in kleinen und mittleren Unternehmen der Druck- und Medienwirtschaft. Nach Tätigkeiten als Berufsschullehrerin und Bildungsreferentin eines Landesverbandes der Druckindustrie, arbeitet sie seit 1999 als wissenschaftliche Mitarbeiterin beim Bundesinstitut für Berufsbildung in Bonn. Sie ist zuständig für die Berufe der Medien- und Kommunikationswirtschaft, Druck- und Papierindustrie. In den letzten Jahren entwickelten sich Forschungsschwerpunkte in den Bereichen Strukturwandel in Medienberufen sowie Medienkompetenz in der Berufsbildung.

Nachtwey, Frank, Bibliotheks- und Informationsmanager (B.A.), Studium an der Hochschule der Medien Stuttgart. 2012–2016 Stadtbibliothek Ludwigsburg, Team Wissen, Lernen und Informationstechnik. Projektleitung bei der Konzeption und Einführung einer Online-Lernplattform sowie

DOI 10.1515/9783110501131-017

Verantwortlicher für weitere digitale Medienangebote. Seit 2012 Mitglied der Fachgruppe Neue Medien und Mobiles Lernen im Bündnis für Lebenslanges Lernen des Ministerium für Kultus, Jugend und Sport Baden-Württemberg. Seit 2016 Universität Konstanz, Kommunikations-, Informations-, Medienzentrum (KIM) im Bereich IT- und Bibliotheksdienste. Arbeitsgebiete: Einsatz digitaler Medien in der Erwachsenenbildung. www.fnachtwey.de

Nüssle, Carolin, M.A., Studium der Kultur- und Medienbildung und E-Learning und Medienbildung an der PH Ludwigsburg und PH Heidelberg. Akademische Mitarbeiterin in den Forschungsprojekten Digitale Narrationen als innovativer didaktischer Ansatz für eine ökonomische Bildung im Handel (DiNöB) und Mobilising and Transforming Teacher Education Pedagogics (MTTEP). Arbeitsgebiete: E-Learning und Multimediadidaktik.

Peböck, Karl, Dipl.-Päd., B.Ed., M.A., Studium der Religionspädagogik an der Religionspädagogischen Akademie Linz, Studium InterMedia (Media Based Learning) an der Fachhochschule Vorarlberg. Seit 2013 Lehrtätigkeit an der Pädagogischen Hochschule Vorarlberg. Seit 2016 Leiter des Zentrums für Qualitätssicherung an der Pädagogischen Hochschule Vorarlberg Arbeitsgebiete: Medienpädagogik, Qualitätssicherung, Bring Your Own Device, Lernen mit Social Media. Letzte. Veröffentlichung: „Bring Your Own Device (BYOD) – private mobile Endgeräte im Unterricht." In Jost, P.; A. Künz (Hrsg.): Digitale Medien in Arbeits- und Lernumgebungen. Lengerich: Pabst Science Publishers. 2015, (S. 109–116).

Pimmer, Christoph, PhD, Dozent an der Fachhochschule Nordwestschweiz, Promotion an der Universität Zürich; Gastforscher am UCL Institute of Education, London, und an der Columbia University, New York. Arbeitsgebiete: Digitale Wissensmedien, arbeitsbezogenes Lernen, vernetztes und mobiles Lernen und Wissensmanagement. Letzte Publikation: Pimmer, C., Chipps, J., Brysiewicz, P., Walters, F., Linxen, S., & Gröhbiel, U. (2017). Facebook for supervision? Research education shaped by the structural properties of a social media space. Technology, Pedagogy and Education.

Reiners, Almut, Dipl.-Rel.-päd., M.A., Studium Religionspädagogik und Bildungsmanagement an der Ev. Hochschule Freiburg, 2009–2011 E-Learning-Koordinatorin an der Fakultät für Bauingenieurwesen der Leibniz Universität Hannover, 2011–2012 Wissenschaftliche Mitarbeiterin im Forschungsprojekt „Mobile Learning" an der FernUniversität Hagen, seit 2013 E-Learning-Beratung und Qualifizierung mit Schwerpunkt E-Didaktik beim E-Learning-Service der Georg-August-Universität Göttingen. Arbeitsgebiete: Didaktik des E-Learning und Mobile Learning an Hochschulen, Entwicklung von Tools für die Lehre und Lehrkonzepten. Letzte Publikation: Kreutz, O./ Braun, H./ Reiners, A./ Wiebe, A. (2014): The Inverted Classroom Model in Law Studies. In: Großkurth, E./ Handke, J. (Hrsg.): The Inverted Classroom Model. The 3rd German ICM-Conference. Proceedings. Berlin, Boston: De Gruyter Oldenbourg.

Rohs, Matthias, Jun.-Prof. Dr., Studium der Erziehungswissenschaft, Soziologie und Psychologie an der Freien Universität Berlin, Promotion 2007 an der Helmut-Schmidt-Universität Hamburg, Seit 2013 Juniorprofessor für Erwachsenenbildung mit Schwerpunkt Fernstudium und E-Learning, Technischen Universität Kaiserslautern. Seit 2017 Vize-Direktor des Distance and Independent Studies Center, Technische Universität Kaiserslautern. Arbeitsgebiete: Erwachsenenbildung, insbesondere berufliche und akademische Weiterbildung. Letzte Publikation: Handbuch Informelles Lernen. Wiesbaden 2016. https://www.sowi.uni-kl.de/erwachsenenbildung

Rummler, Klaus, Dr. phil., ist Leiter der Forschungsgruppe Medienpädagogik an der Pädagogischen Hochschule Zürich. Er ist im Vorstand der Sektion Medienpädagogik der DGfE und geschäftsführender Herausgeber der Zeitschrift MedienPädagogik (www.medienpaed.com). Arbeitsgebiete: Medienpädagogik, Mobiles Lernen, Lernergenerierte Lehr-/Lernmittel. Risikolerner, Cultural Studies.

Seipold, Judith, Dr. phil., Magisterstudium der Erziehungswissenschaft, Politikwissenschaft und Psychologie. Promotion an der Universität Kassel. Arbeitsschwerpunkte: Mobiles Lernen, Lehren und Lernen mit Digitaltechnologien in formellen und informellen settings, Mediendidaktik und Lernergenerierte Contexte. www.judith-seipold.de

Sexauer, Andreas, arbeitet am Zentrum für Mediales Lernen des Karlsruher Instituts für Technologie (KIT) und koordiniert E-Learning Aktivitäten am KIT und in Projekten der Erwachsenenbildung. Seine Arbeitsschwerpunkte sind im Bereich der strategischen Erschließung neuer Lehrformate und der Medienproduktion. Er hat dazu insbesondere in der Erarbeitung der verschiedenen Aspekte des Themas MOOCs am KIT und im Verbund TU9 mitgewirkt und wirkt in strategischen Arbeitsgruppen zur Digitalisierung der Hochschulen mit. Teil dieser Arbeit war die Erarbeitung geeigneter didaktischer Konzepte und der Aufbau verlässlicher Produktionsprozesse und -mittel. In Kooperation mit dem Ministerium für Kultus, Jugend und Sport Baden-Württemberg hat er in mehreren Projekten MOOC-Formate in der Lehreraus- und -fortbildung erfolgreich erprobt und eingeführt. Als Berater hat er unter anderem das Nationale Institut für Wissenschaftskommunikation und verschiedene Einrichtungen der Erwachsenenbildung in der Einführung von E-Learning Elementen gecoacht.

Sochatzy, Florian, Dr. phil., Studium Geschichte, Anglistik und Geschichtskultur an der Universität Eichstätt-Ingolstadt. 2008–2016 wiss. M.A. an der Universität Eichstätt-Ingolstadt, Promotion 2016. Seit 2010 Geschäftsführer des Instituts für digitales Lernen. Arbeitsgebiete: Digitales Lernen, digitale Didaktik, Mediendidaktik, multimediale Schulbücher, Imperialismus. Letzte Publikation: Sochatzy, Florian (2016): Das multimediale Schulbuch (mBook) – von der Theorie in die Praxis: Konzeption, Produktion und empirische Überprüfung eines multimedialen Geschichtsschulbuchs. http://publikationen.multimedia-lernen.de) www.institut-fuer-digitales-lernen.de

Stang, Richard, Prof. Dr. phil., Diplom-Pädagoge und Diplom-Soziologe, ist seit 2006 Professor für Medienwissenschaft im Studiengang Bibliotheks- und Informationsmanagement in der Fakultät „Information und Kommunikation" der Hochschule der Medien Stuttgart (HdM). Er leitet u. a. das Learning Research Center der HdM gemeinsam mit Prof. Dr. Frank Thissen. Arbeitsschwerpunkte sind u. a. Lernwelten, Bildungs- und Kulturzentren, Lernarchitektur, Medienentwicklung, Medienpädagogik und Innovationsforschung. Er leitet derzeit Forschungsprojekte zur Entwicklung von Bildungs- und Kulturzentren. Er berät Kommunen und Einrichtungen (Bibliotheken, Volkshochschulen usw.) bei der Gestaltung von Lernräumen und kooperativer Strukturen. Stang, R. (2016): Lernwelten im Wandel. Entwicklungen und Anforderungen bei der Gestaltung zukünftiger Lernumgebungen. Berlin/Boston: De Gruyter Saur. www.learning-research.center

Thissen, Frank, Prof. Dr. phil., Studium der Germanistik und Philosophie an der Heinrich-Heine-Universität Düsseldorf. 1984–1991 wissenschaftlicher Mitarbeiter an der Heinrich-Heine-Universität, 1992–1995 Siemens AG, 1995–1997 SAP AG, 1997–2001 Professur an der Hochschule für Bibliotheks- und Informationswesen, seit 2001 Professur an der Hochschule der Medien Stuttgart,

Lehrbeauftragter an der PH Karlsruhe. Arbeitsgebiete: Geschichten- und spielbasiertes Lernen und eLearning, die Rolle von Emotionen auf Lernprozesse, mobiles Lernen, Schulentwicklung. Letzte Publikation: Thissen, Frank (2016): Mobiles Lernen in der Schule. 3. Auflage (http://www.frank-thissen.de/web/index.php/de/mobiles-lernen/mobiles-lernen-in-der-schule) www.frank-thissen.de www.learning-research.center www.innovation-lab.education

Ventzke, Marcus, PD Dr., Studium Philosophie und Geschichte an der Friedrich-Schiller-Universität Jena, 1997 Erstes Staatsexamen, 1998–2003 wiss. Mitarbeit im Sonderforschungsbereich 482 „Das Ereignis Weimar-Jena. Kultur um 1800", Promotion 2003 an der Friedrich-Schiller-Universität Jena; 2005 Zweites Staatsexamen für das Höhere LA an Gymnasien, 2005–2009 Internatsmentor und Gymnasiallehrer am Sächsischen Landesgymnasium für Hoch- und Mehrfachbegabte St. Afra in Meißen, 2009–2016 wiss. Mitarbeiter an der Katholischen Universität Eichstätt-Ingolstadt (Theorie und Didaktik der Geschichte), 2010 Mitbegründer, Gesellschafter und Geschäftsführer des Instituts für digitales Lernen (IdL), 2016 Habilitation, seit 2016 Lehrtätigkeit an der Katholischen Universität Eichstätt-Ingolstadt. Für die Entwicklung des ersten multimedial-digitalen Schulbuchs (mBook): Deutscher E-Book-Award 2015, Sonderpreis zum Schulbuch des Jahres 2016. Arbeitsgebiete: Frühneuzeitliche Geschichte (Reformation, Dreißigjähriger Krieg, Aufgeklärter Absolutismus), Geschichte und Öffentlichkeit (Angewandte Geschichte), historische Zeit, digitales Lernen. Letzte Publikationen: mBook Russlanddeutsche Kulturgeschichte, Eichstätt 2017; New technology and the potentials and limitations for constructivist instructional designers: A multimedia history Textbook. In: H.J. Woidon (Ed.), E-teaching History, Newcastle upon Tyne 2016, p. 50–64.

Wampfler, Philippe, M.A., Studium der Germanistik, Mathematik und Philosophie an der Universität Zürich. Dozent für Fachdidaktik Deutsch an der Universität Zürich sowie Gymnasiallehrer für Deutsch, Philosophie und Medienkunde. Seine wissenschaftlichen Publikationen befassen sich mit digitalen Medien in Bildungskontexten. Zuletzt erschienen: Digitaler Deutschunterricht. Neue Medien produktiv einsetzen. Göttingen 2017. http://philippe-wampfler.ch

Weichsel, Daniel, Dipl.-Biol., M.Eng., M.A., Daniel Weichsel studierte Biologie (Konstanz) und Umweltschutz (Nürtingen) bevor es ihn in der Erwachsenenbildung verschlug und er noch einen entsprechenden Weiterbildungsstudiengang (Kaiserslautern) absolvierte. Er ist Geschäftsführer am Zentrum für Mediales Lernen des Karlsruher Instituts für Technologie (KIT). Neben Projektakquise und -koordination liegen Arbeitsschwerpunkte in der Konzeption und Entwicklung von mediendidaktisch fundierten Angeboten in der universitären Aus- und Weiterbildung sowie in der Beratung von Weiterbildungseinrichtungen zum strategischen und operativen Einsatz von E-Learning. www.zml.kit.edu

Zimmermann, Amelie, Studium der Governance and Public Policy (B.A.), Sprach- und Textwissenschaften (B.A.) und Text- und Kultursemiotik (M.A.) an der Universität Passau. 2014–2016 wissenschaftliche Mitarbeiterin an der Hochschule der Medien (Institut für Angewandte Narrationsforschung und Forschungsprojekt „Digitale Narrationen als innovativer didaktischer Ansatz für eine ökonomische Bildung im Handel"). Seit 2016 wissenschaftliche Mitarbeiterin für die Professur für Neuere Deutsche Literatur/Mediensemiotik der Universität Passau im Lehrprojekt „Information and Media Literacy" (Gesamtprojekt SKILL – Strategien zur Kompetenzentwicklung: Innovative Lehr- und Beratungskonzepte in der Lehrerbildung). Promotionsprojekt zu transmedialem Erzählen von TV-Serien im Medienverbund. Arbeitsgebiete: Medien- und Literatursemiotik, Erzählforschung/Narrationstheorie, transmediales Erzählen, Storytelling.

Index

DOI 10.1515/9783110501131-018

Bei Fragen zur Produktsicherheit wenden Sie sich bitte an:
If you have any questions regarding product safety,
please contact:

Walter de Gruyter GmbH
Genthiner Straße 13
10785 Berlin
productsafety@degruyterbrill.com